职业技术教育"十四五"规划教材
"互联网+"新形态教材

工程地质与土工技术

主　编　刘宇利　刘　苍
副主编　陈一兵　钟红霞　谢　锦
主　审　刘京铄

黄河水利出版社
·郑州·

内 容 提 要

本书是职业技术教育“十四五”规划教材,主要内容包括矿物与岩石鉴定分析、地质构造评价、常见汛期地质灾害分析、水库工程地质分析、水利工程地质勘察、土的基本指标检测与运用、土体渗透变形及防治、地基变形分析以及土的稳定性分析。

本书可供高职高专水利工程、水利水电建筑工程、水利水电工程技术、水利水电工程管理等专业教学使用,也可供水利类相关专业教学使用及相关专业工程技术人员学习参考。

图书在版编目(CIP)数据

工程地质与土工技术/刘宇利,刘苍主编. —郑州:黄河水利出版社,2022.11

职业技术教育“十四五”规划教材 “互联网+”新形态教材

ISBN 978-7-5509-3419-1

Ⅰ.①工… Ⅱ.①刘… ②刘… Ⅲ.①工程地质-高等学校-教材②土工学-高等学校-教材 Ⅳ.①P642 ②TU4

中国版本图书馆 CIP 数据核字(2022)第 207824 号

组稿编辑:顾　刚　电话:0371-66026924　E-mail:1419772510@qq.com

田丽萍　66025553　912810592@qq.com

出 版 社:黄河水利出版社　网址:www.yrcp.com

地址:河南省郑州市顺河路黄委会综合楼14层　邮政编码:450003

发行单位:黄河水利出版社

发行部电话:0371-66026940、66020550、66028024、66022620(传真)

E-mail:hhslcbs@126.com

承印单位:河南承创印务有限公司

开本:787 mm×1 092 mm　1/16

印张:15.75

字数:360千字　印数:1—3 000

版次:2022年11月第1版　印次:2022年11月第1次印刷

定价:50.00元

前 言

本书是贯彻落实中共中央办公厅、国务院办公厅《关于推动现代职业教育高质量发展的意见》(2021 年 10 月)等文件精神,组织编写的职业技术教育“十四五”规划教材。教材以学生能力培养为主线,注重吸收产业升级和行业发展的新知识、新技术、新工艺、新方法、新规范,具有丰富的数字化教学资源,是理论联系实际、教学面向生产的高职高专教育精品规划教材,具有鲜明的时代特点,体现了实用性、实践性、创新性的特色。

本书编写从学生好用、实用、够用的角度出发,增加内容的趣味性,突出对职业能力的培养。通过引例、知识点、技能操作等教学素材的设计运用,以润物细无声的方式发挥教材培根铸魂的育人功能。

本书分为两个篇章,第一篇为工程地质,本篇以工程地质问题导致的大坝事故引入,让学生在学习知识的同时更好地了解课程在专业中的重要性,以及能深刻意识到作为水利人的责任与担当。这一篇还加入了关于地质的科普知识以及地质诗词的解读,增加学习趣味性,让学生在快乐学习的同时感受优秀传统文化的魅力。重组课程内容,凸显水利特色,在汛期地质灾害项目中,与时俱进,增加了北斗卫星导航系统在地质灾害安全监测中的应用等新技术。

第二篇为土工技术,本篇将工程案例、基本知识和技能应用有机地融合在一起,突出专业技术知识的实用性、综合性和先进性,培养学生进行工程地质问题分析及工程试验检测等工作能力。本篇内容紧跟行业发展,土工试验规程采用最新的规范《土工试验方法标准》(GB/T 50123—2019)。

本书编写人员及编写分工如下:项目一、三、八由湖南水利水电职业技术学院刘宇利编写,项目二、四由湖南水利水电职业技术学院刘苍编写,项目七、九由湖南水利水电职业技术学院谢锦编写,项目五由湖南水利水电职业技术学院陈一兵编写,项目六由湖南水利水电职业技术学院钟红霞编写,湖南省水务规划设计院有限公司赵燕参与项目六、七编写,湖南北斗微芯产业发展有限公司彭铃亮参与项目三编写。本书由刘宇利、刘苍担任主编,刘宇利负责全书统稿;由陈一兵、钟红霞、谢锦担任副主编;由湖南水利水电职业技术学院刘京铄担任主审。

本书在编写过程中,得到了各院校的专家、教授以及黄河水利出版社的支持、帮助,同时,参考了不少相关专业书籍和资料,对提供帮助的同仁及书籍、资料的作者,在此一并致以诚挚的谢意!

由于编者水平有限,书中难免存在错漏和不足之处,恳请广大师生及专家、读者批评指正。

编 者

2022 年 8 月

本书互联网全部资源二维码

目 录

项目一　矿物与岩石鉴定分析

【学习目标】

1. 能简易鉴定常见的造岩矿物。
2. 会分析矿物对水利工程的影响。
3. 能简易鉴定常见的岩石。
4. 会分析岩石的工程地质性质。

【教学要求】

知识要点		重要程度
矿物的鉴定分析	矿物的形态	C
	矿物的物理性质	B
	造岩矿物简易鉴定方法	A
	对水工建筑物影响较大的几种矿物特征	A
岩石的鉴定分析	三大类岩石的成因	B
	岩石的结构与构造	C
	岩石的简易鉴定方法	A
岩石的工程地质性质分析	岩石的风化作用	C
	岩石的工程分类	B
	岩石的工程地质性质	A

注：表中知识要点的重要程度，A>B>C（全书同）。

【项目导读】

矿物是在各种地质作用中所形成的具有相对固定化学成分和物理性质的均质物体，是组成岩石的基本单位。据国际矿物学会（International Mineralogical Association）统计，目前世界已发现并命名公认的矿物有5 208种，但是组成岩石的主要矿物仅有20~30种，这些组成岩石主要成分的矿物称为造岩矿物，而不同的矿物通常具有不同的形态和物理性质，这些特性直接影响着岩石的工程性质，因此我们要具备识别主要造岩矿物的能力。

岩石是地壳发展过程中，由一种或多种矿物组成、在成分和结构上具有一定规律的集合体，是构成地壳的最基本单位。岩石按照成因可分为三大类：岩浆岩、沉积岩和变质岩。岩石不仅是研究地质构造、水文地质、地质灾害等的基础，也是人类一切工程（水利、交通、建筑等）建筑物的地基和原材料，为了建筑物的安全稳定，必须从认识岩石入手去探讨它们的工程地质性质问题。

码1-1　微课-地质作用

任务一 矿物的鉴定分析

❖引例❖

1926年建成的美国加利福尼亚州的圣弗朗西斯坝(见图1-1),坝高约70 m,1928年3月5日实际蓄满,一周后,大坝在午夜时分溃坝,事先无任何警告迹象,大约在70 min内,水库里的水全部冲向下游,导致约450人丧生。

图1-1 圣弗朗西斯坝溃坝后现场

调查表明:坝基一部分位于倾向河谷的片岩上,坝基另一部分位于黏土充填的砾岩上,砾岩含有石膏脉。水库蓄水后,砾岩中的石膏遇水溶解,砾岩中的胶结物很快崩解,渗透水流将其淘蚀冲刷,引起大坝失事。

可见,石膏的可溶性直接影响了圣弗朗西斯坝的安全,作为未来的工程师,我们要在地壳上建造建筑物,就要对组成地壳的各种矿物性质非常熟悉。那么,除石膏外,还有哪些矿物对水工建筑物地基有影响呢?它们有哪些特征呢?我们该如何鉴定这些矿物?

❖知识准备❖

矿物是在各种地质作用中所形成的具有相对固定化学成分和物理性质的均质物体,是组成岩石的基本单位。绝大多数矿物为固态,只有极少数呈液态(自然汞)和气态(如火山喷气中的CO_2、SO_2等)。已发现的矿物约有3 000多种,但组成岩石的主要矿物仅为20~30种,这些组成岩石主要成分的矿物称为造岩矿物,如石英、方解石及正长石等。

一、矿物的形态

矿物的形态是指矿物的外形特征,一般包括矿物单体及同种矿物集合体的形态。矿物形态受其内部构造、化学成分和生成时的环境制约。

(一)单体形态

码 1-2 微课-矿物

思政案例 1-1

大多数造岩矿物是结晶质,少数为非晶质。结晶质矿物内部质点(原子、分子或离子)在三维空间有规律重复排列,形成空间格子构造,如食盐为立方晶体格架。

对于非晶质矿物,由于其性能极其复杂,截至目前,人们对其研究还很粗浅。非晶质矿物的内部质点排列无规律性,故没有规则的外形。常见的非晶质矿物有玻璃质矿物和胶体矿物两种。

常见的矿物单晶体形态有:

(1)片状、鳞片状——如云母、绿泥石等;

(2)板状——如长石、板状石膏等;

(3)柱状——如角闪石(长柱状)、辉石(短柱状)等;

(4)立方体状——如岩盐、方铅矿、黄铁矿等;

(5)菱面体状——如方解石、白云石等。

(二)矿物集合体形态

同种矿物多个单体聚集在一起的整体就是矿物的集合体。矿物的集合体的形态取决于单体的形态和它们的集合方式。集合体按矿物结晶粒度大小进行分类,肉眼可分辨其颗粒的叫作显晶质矿物集合体,肉眼不能辨认的则叫作隐晶质或非晶质矿物集合体。

常见的矿物集合体形态有:

(1)粒状——如橄榄石等;

(2)纤维状——如石棉、纤维石膏等;

(3)肾状、鲕状——如赤铁矿等;

(4)钟乳状——如褐铁矿等;

(5)土状——如高岭石等;

(6)晶簇状——如石英(见图 1-2)等。

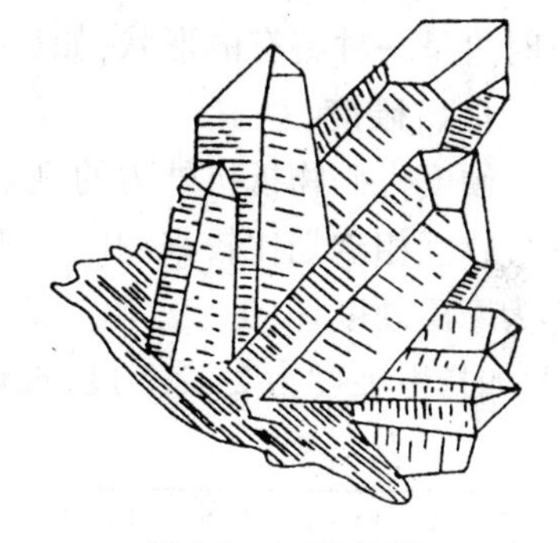

图 1-2 石英晶簇

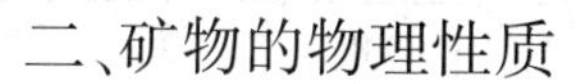

二、矿物的物理性质

由于成分和结构的不同,每种矿物都有自己特有的物理性质,所以矿物物理性质是鉴别矿物的主要依据。

(一)颜色

颜色是矿物对不同波长可见光吸收程度不同的反映。它是矿物最明显、最直观的物理性质。据成色原因可分为自色和他色等。自色是矿物本身固有的成分、结构所决定的颜色,具有鉴定意义,例如黄铁矿的浅黄铜色。他色则是某些透明矿物混有不同杂质或其他原因引起的。

(二)条痕

条痕是矿物粉末的颜色,一般是指矿物在白色无釉瓷板(条痕板)上划擦时所留下的粉末的颜色。某些矿物的条痕与矿物的颜色是不同的,如黄铁矿的颜色为浅黄铜色,而条痕为绿黑色。条痕比矿物的颜色更为固定,但只适用于一些深色矿物,对浅色矿物无鉴定意义。

(三)透明度

透明度是指矿物允许光线透过的程度。肉眼鉴定矿物时,一般可分成透明、半透明、不透明三级。这种划分无严格界限,鉴定时以矿物的边缘较薄处为准。透明度常受矿物厚薄、颜色、包裹体、气泡、裂隙、解理以及单体和集合体形态的影响。

(四)光泽

光泽是矿物表面反射光线时表现的特点。根据矿物表面反光能力的强弱,用类比方法常分为四个等级:金属光泽、半金属光泽、金刚光泽及玻璃光泽。另外,由于矿物表面不平或集合体形态的不同等,可形成某种独特的光泽,如丝绢光泽、油脂光泽、蜡状光泽、珍珠光泽、土状光泽等。矿物遭受风化后,光泽强度就会有不同程度的降低,如玻璃光泽变为油脂光泽等。

(五)解理和断口

矿物在外力作用(敲打或挤压)下,沿着一定方向破裂并产生光滑平面的性质称为解理。这些平面叫解理面。根据解理产生的难易和肉眼所能观察的程度,可将矿物的解理分成五个等级:最完全解理、完全解理、中等解理、不完全解理、最不完全解理。不同种类的矿物,其解理发育程度不同,有些矿物无解理,有些矿物有一向或数向程度不同的解理。如云母有一向解理,长石有二向解理,方解石则有三向解理。

如果矿物受外力作用,无固定方向破裂并呈各种凹凸不平的断面,则叫作断口,断口有时可呈一种特有的形状,如贝壳状、锯齿状、参差状等。

(六)硬度

硬度指矿物抵抗外力的刻划、压入或研磨等机械作用的能力。在鉴定矿物时常用一些矿物互相刻划比较来测定其相对硬度,一般用10种矿物分为10个相对等级作为标准,称为摩氏硬度计,见表1-1。实际工作中还可以用常见的物品来大致测定矿物的相对硬度,如指甲硬度为2~2.5度,玻璃为5.5~6度,小钢刀为5~5.5度。

表1-1　摩氏硬度计

硬度	1	2	3	4	5	6	7	8	9	10
矿物	滑石	石膏	方解石	萤石	磷灰石	长石	石英	黄玉	刚玉	金刚石

(七)其他性质

相对密度、磁性、电性、发光性、弹性和挠性、脆性和延展性等性质对于鉴定某些矿物有时也是十分重要的。利用与稀盐酸反应的程度,对于鉴定方解石、白云岩等碳酸盐矿物是有效的手段之一。

三、造岩矿物简易鉴定方法

正确地识别和鉴定矿物,对于岩石命名、鉴定和研究岩石的性质,是一项不可或缺且非常重要的工作。准确的鉴定方法需借助各种仪器或化学分析,最常用的为偏光显微镜、电子显微镜等。但对于一般常见矿物,用简易鉴定方法(或称肉眼鉴定方法)即可进行初步鉴定。所谓简易鉴定方法,即借助一些简单的工具,如小刀、放大镜、条痕板等,对矿物进行直接观察、测试。为了便于鉴定，表1-2列出了常见造岩矿物的主要特征。

表1-2　常见造岩矿物的主要特征

编号	矿物名称	形状	颜色	光泽	硬度	解理	相对密度	其他特征
1	石英	块状、六方柱状	无色、乳白色	玻璃、油脂	7	无	2.6~2.7	晶面有平行条纹，贝壳状断口
2	正长石	柱状、板状	玫瑰色、肉红色	玻璃	6	完全	2.3~2.6	两组晶面正交
3	斜长石	柱状、板状	灰白色	玻璃	6	完全	2.6~2.8	两组晶面斜交，晶面上有条纹
4	辉石	短柱状	深褐色、黑色	玻璃	5~6	完全	2.9~3.6	
5	角闪石	针状、长柱状	深绿色、黑色	玻璃	5.5~6	完全	2.8~3.6	
6	方解石	菱形六面体	乳白色	玻璃	3	三组完全	2.6~2.8	滴稀盐酸起泡
7	云母	薄片状	银白色、黑色	珍珠、玻璃	2~3	极完全	2.7~3.2	透明至半透明，薄片具有弹性
8	绿泥石	鳞片状	草绿色	珍珠、玻璃	2~2.5	完全	2.6~2.9	半透明，鳞片无弹性
9	高岭石	鳞片状	白色、淡黄色	暗淡	1	无	2.5~2.6	土状断口，吸水膨胀滑黏
10	石膏	纤维状、板状	白色	玻璃、丝绢	2	完全	2.2~2.4	易溶解于水产生大量SO_4^{2-}

注：1. 硬度是指其抵抗外力刻划的能力，硬度等级越高，硬度越大；
2. 解理是指矿物受外力作用后沿一定方向裂开呈光滑平面的性质，无解理即称为断口。

四、对水工建筑影响较大的几种矿物特征

在实际工作中，对水工建筑影响较大的几种造岩矿物的特征，在评价岩石性质时，有着特别重要的意义。

（一）黑云母与绿泥石

黑云母比白云母容易风化，风化后失去弹性并呈松散状态，降低了原岩强度。所以，当岩石中含黑云母较多且呈定向排列时，建筑物易沿此方向产生滑动，直接影响到水工建筑物地基的稳定。绿泥石的特性与黑云母相似，绿泥石薄片具有挠性，抗滑性能很低。

（二）石膏与硬石膏

二者皆能溶于水，当石膏呈夹层状存在于岩层之间时，就会形成软弱夹层，在流水的

作用下,会被溶解带走,这样就使原岩强度显著降低,透水性大大增强;硬石膏遇水作用后会变为石膏($CaSO_4+2H_2O \rightarrow CaSO_4 \cdot 2H_2O$),体积将膨胀60%。所以,含有石膏和硬石膏夹层的岩石要避免作为水工建筑物的地基。

(三)黄铁矿

黄铁矿易风化而析出硫酸($FeS_2+O_2 \rightarrow Fe_2O_3+SO_2 \rightarrow SO_2+H_2O \rightarrow H_2SO_3$),而硫酸对钢筋和混凝土具有侵蚀作用,故含黄铁矿较多的岩石不宜作为建筑物的地基和建筑材料。

(四)黏土矿物

黏土矿物(包括高岭石、蒙脱石和水云母等)硬度小,吸水性强,吸水后体积膨胀,易软化,具可塑性,尤其是蒙脱石吸水后体积可膨胀数倍。所以,黏土矿物具有高压缩性,易于引起建筑物较大的沉降,而且吸水后其强度大为降低。因此,由黏土质岩石构成的斜坡和地基,在水的作用下容易失稳破坏。

❖技能应用❖

技能1 肉眼鉴定常见矿物

一、目的

(1)学会观察和认识常见矿物的主要物理性质,初步掌握肉眼鉴定矿物的方法,同时为岩石的鉴定与分析打下坚实的基础。

(2)开阔学生视野,巩固课堂上所学知识,促使学生去思考、探索,使学生对课程产生浓厚的兴趣,并转化为学生进一步学好知识的动力。

二、要求

要求学生利用所学到的矿物有关理论知识,学会观察和认识常见矿物的主要物理性质,初步掌握用肉眼鉴定矿物的方法,并要求认识几种常见的矿物,尤其对水利工程有影响的几种矿物,掌握它们的主要鉴别特征;进而初步掌握用肉眼观察认识矿物的鉴别方法,并能够认识其中一些有代表性、与水利工程有关的矿物。

三、方法

矿物是地壳中化学元素在各种地质作用下形成的,并具有一定的化学性质和物理性质的自然均匀体,是组成岩石的基本单位。鉴定矿物的方法有很多,但基本和简便的方法是肉眼鉴定法,它也是野外最常用的方法之一。

观察矿物的形态(个体形态、集合体形态),观察矿物的主要物理性质(光学方面的物理性质如颜色、条痕、透明度,矿物力学方面的物理性质如硬度、解理、断口,其他方面的物理性质如比重、磁性),同时借助于小刀、放大镜、地质锤、条痕板、磁铁、硬度计和简单的试剂(如盐酸等)来鉴别矿物。

四、仪器、材料

矿物和岩石标本,小刀、放大镜、地质锤、条痕板、磁铁、硬度计和简单的试剂(如盐酸等)。

五、步骤

(1)观察矿物的形态。

(2)观察矿物的主要物理性质(光学方面、力学方面及其他方面)。

(3)用肉眼对矿物进行鉴定。

六、注意事项

(1)要爱护标本、仪器和其他用具。

(2)观察时标本和标本盒子一起拿,试验完毕按原状整理好,不要乱换、带走,以免弄乱。

任务二 岩石的鉴定分析

❖引例❖

马尔帕塞坝位于法国东南部瓦尔省莱朗河上,混凝土双曲拱坝,最大坝高 66.0 m,是当时世界上最薄的拱坝(见图 1-3)。1954 年 9 月建成,1959 年 12 月 2 日大坝突然溃决,震惊了全世界,溃坝后造成死亡和失踪 500 余人,财产损失 300 亿法郎。

图 1-3 马尔帕塞坝

当时,全世界已建拱坝近 600 座,马尔帕塞坝是第一座失事的现代双曲薄型拱坝,也是当时拱坝建造史上唯一的一座在瞬间几乎全部破坏的拱坝。大坝坝址区岩体由带状片麻岩组成,岩层走向为南北向,片麻岩呈眼球状和片状。节理倾角一般为 35°~50°,倾向下游右岸,断裂发育,产状不规则且有夹泥,变形性和疏松性大,抗剪强度低。法国政府曾多次组织失事后的地质调查,至今仍无定论,但各专家一致认为,大坝的坝座岩体质量很差,是影响大坝溃坝的重要因素之一。

可见,掌握岩石的性质,才能更好地保障建在其上建筑的安全。那么,什么样的岩石具有什么样的性质呢?它们又是怎样形成的呢?我们如何去鉴别呢?

❖知识准备❖

岩石是由一种或多种矿物组成的天然集合体。岩石是天然产出的具稳定外形的矿物或玻璃集合体,按照一定的方式结合而成的。岩石是构成地壳和上地幔的物质基础。按成因分为岩浆岩、沉积岩和变质岩。其中,岩浆岩是由高温熔融的岩浆在地表或地下冷凝所形成的岩石,也称火成岩;喷出地表的岩浆岩称喷出岩或火山岩,在地下冷凝的则称侵入岩。沉积岩是在地表条件下由风化作用、生物作用和火山作用的产物经水、空气和冰川等外力的搬运、沉积和成岩固结而形成的岩石。变质岩是由先成的岩浆岩、沉积岩或变质岩,由于其所处地质环境的改变经变质作用而形成的岩石。地壳深处和上地幔的上部主要由火成岩和变质岩组成。从地表向下 16 km 范围内火成岩大约占 95%,沉积岩只有不足 5%,变质岩最少,不足 1%。地壳表面以沉积岩为主,它们约占大陆面积的 75%,洋底几乎全部为沉积物所覆盖。

一、岩浆岩

码 1-3　微课-岩浆岩上

(一)岩浆岩的成因

岩浆岩是由岩浆冷凝而形成的岩石。岩浆是一种以硅酸盐为主和一部分金属硫化物、氧化物、水蒸气及其他挥发性物质(CO_2、CO、SO_2、HCl 及 H_2S 等)组成的高温(940~1 200 ℃)高压(大约几百兆帕)熔融体。岩浆在地下深处与周围环境是处于一种平衡状态,当地壳运动出现深大断裂或软弱带后,平衡被破坏,则岩浆向压力小的方向运动,沿着断裂带或软弱带侵入地壳或喷出地表冷凝而成岩浆岩。由岩浆侵入地壳而形成的岩浆岩叫侵入岩,它又可分为深成岩和浅成岩,而喷出地表形成的岩浆岩称为喷出岩(又叫火山岩)。

思政案例 1-2

(二)岩浆岩的产状

岩浆岩的产状,是指岩浆岩体的大小、形态和围岩的相互关系及其分布特点。由于岩浆岩形成时所处的地质环境不同,岩浆活动也有差异,因而岩浆岩的产状是多种多样的(见图 1-4)。

1. 岩基

岩基是一种规模巨大的深成侵入岩体,出露面积大于 100 km^2,形状不规则,表面起伏不平,多由花岗岩等酸性岩石组成。如天山、秦岭等地的岩基。三峡坝址区就是选定在面积约 200 多 km^2 岩基的南部。

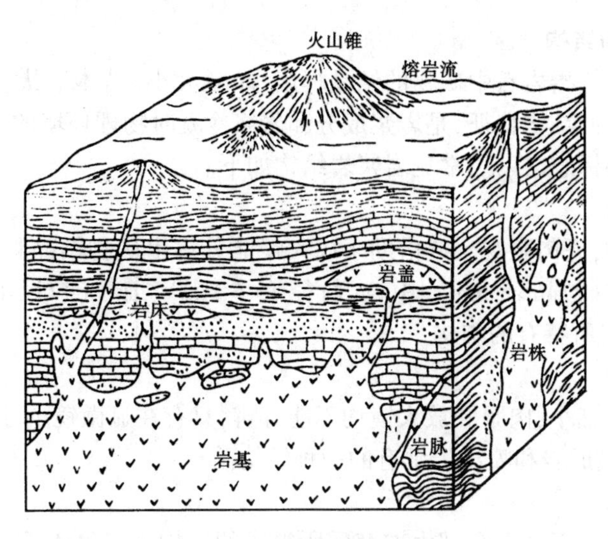

图 1-4　岩浆岩体的产状

2. 岩株

岩株是一种规模较岩基小的深成侵入岩体，平面上近于圆形，与围岩接触面比较陡，下部与岩基相连，多由中酸性岩组成。如黄山的花岗岩等。

3. 岩盘和岩盆

上凸下平似面包状的岩体称岩盘（又叫岩盖），规模一般不大，直径可达数千米；中央凹下、四周高起的岩体称为岩盆，规模一般较大，直径可达数十至数百千米。

4. 岩床

岩床是岩浆沿岩层层面侵入而形成的板状岩体，其产状与围岩层面一致，厚度小于数十米，但延伸广，主要由基性岩组成。如黄河三门峡坝基就是一处岩床。

5. 岩脉和岩墙

岩脉是岩浆沿裂隙侵入而形成的狭长形岩体，其产状与围岩层面斜交，宽度为数厘米至数十米，长度可达数十千米以上。其中产状近于直立的又叫岩墙。

6. 熔岩流

熔岩流是岩浆喷出地表后沿山坡或河谷流动，经冷凝而形成的岩体。

7. 火山锥

火山锥是岩浆沿火山颈喷出地表而形成的圆锥状岩体。

（三）岩浆岩的组成成分

岩浆岩的化学成分以 SiO_2、Al_2O_3、Fe_2O_3、FeO、MgO、CaO、K_2O 和 Na_2O 等为主。其中 SiO_2 的含量最大，SiO_2 的含量在不同岩浆中有多有少，很有规律。

码 1-4　微课-岩浆岩下

岩浆岩的矿物成分分为两大类：第一类为硅铝矿物（又称浅色矿物），富含硅、铝，如石英、长石、白云母等；第二类为铁镁矿物（又称深色矿物），富含铁、镁，如黑云母、角闪石、辉石等。但是，对某种岩石而言，并不是这些矿物都同时存在，通常仅由二三种主要矿物组成，如花岗岩的主要矿物是石英、长石、黑云母。

(四)岩浆岩的结构

岩浆岩的结构是指岩石中矿物的结晶程度、晶粒大小、晶体形状,以及彼此间相互组合关系等。岩浆岩的结构特征,是岩浆成分和岩浆冷凝时物理环境的综合反映,是区分和鉴定岩浆岩的重要标志之一。常见岩浆岩结构如下。

1. 显晶质结构

岩石中的矿物,凭肉眼观察或借助于放大镜能分辨出矿物结晶颗粒的结构。按矿物颗粒大小可分粗粒(粒晶>5 mm)、中粒(粒径 1~5 mm)、细粒(粒径<1 mm)等结构。如图 1-5(a)为侵入岩所特有的结构。

2. 隐晶质结构

矿物颗粒非常细小,肉眼和放大镜均不能分辨,只有在显微镜下才能看出矿物晶粒特征。图 1-5(b)为浅成岩和喷出岩常有的一种结构。

3. 玻璃质结构

玻璃质结构指岩石几乎全部由玻璃质所组成的结构。多见于喷出岩中,它是岩浆迅速上升至地表时温度骤然下降,来不及结晶所致。

4. 斑状结构

岩石由两组直径相差甚大的矿物颗粒组成,其大晶粒散布在细小晶粒中,大的叫斑晶,细小的叫基质,基质为隐晶质及玻璃质的,称为斑状结构,基质为显晶质的,则称为似斑状结构[见图 1-5(c)、(d)]。斑状结构为浅成岩及部分喷出岩所特有的结构,似斑状结构主要分布于浅成岩和部分深成岩中。

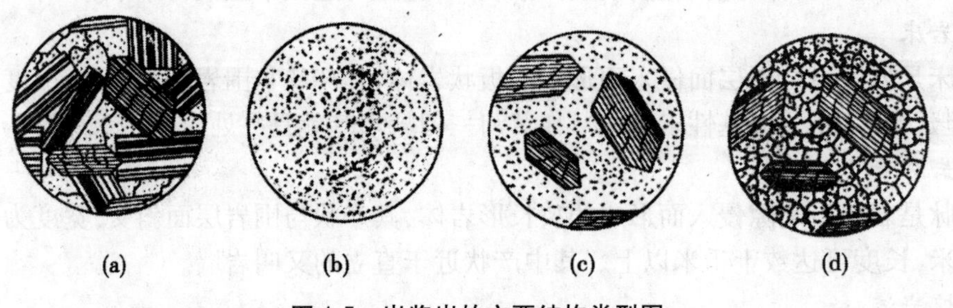

图 1-5　岩浆岩的主要结构类型图

(五)岩浆岩的构造

岩浆岩的构造是指岩石中矿物在空间的排列、配置和充填方式,它反映的是岩石的外貌特征。常见岩浆岩的构造如下所述。

思政案例 1-3

1. 块状构造

岩石中矿物分布比较均匀,岩石结构也均一的为块状构造。它是岩浆岩中最常见的一种构造。

2. 流纹构造

流纹构造指岩石中由不同颜色的粒状矿物、玻璃质和拉长的气孔等,沿熔岩流动方向作平行排列所形成的一种流动构造。它是酸性岩中最常见的一种构造(见图 1-6)。

3. 气孔构造和杏仁构造

岩石中分布有大小不同的圆形或椭圆形孔洞的称气孔构造。气孔是岩浆快速冷却时，气体逸出所造成的空洞，如果气孔被后来的物质所充填，则称杏仁构造。喷出岩常具有这种构造。

图 1-6　流纹构造

（六）岩浆岩的分类及简易鉴定方法

1. 岩浆岩的分类

岩浆岩的分类依据，主要为岩石的化学成分、矿物组成、结构、构造、形成条件和产状等。首先，根据岩浆岩的化学成分（主要是 SiO_2 的含量）及由化学成分所决定的岩石中矿物的种类与含量关系，将岩浆岩分成酸性岩、中性岩、基性岩及超基性岩。其次，根据岩浆岩的形成条件将岩浆岩分为喷出岩、浅成岩和深成岩。在此基础上，再进一步考虑岩浆岩的结构、构造、产状等因素，据此划分的岩浆岩的主要类型。岩浆岩的分类见表 1-3。

2. 岩浆岩的简易鉴定方法

在野外进行鉴定时，第一步观察岩体的产状等，判定是不是岩浆岩及属何种产状类型。第二步观察岩石的颜色以初步判断岩石的类型。含深色矿物多、颜色较深的，一般为基性岩或超基性岩；含深色矿物少、颜色较浅的，一般为酸性岩或中性岩。相同成分的岩石，隐晶质的较显晶质的颜色要深一些。应注意岩石总体的颜色，并应在岩石的新鲜面上观察。第三步观察岩石中矿物的成分、组合及特征，并估计每种矿物的含量，即可初步确定岩石属何大类。第四步观察岩石的结构、构造特征，区别是喷出岩还是浅成岩或深成岩。第五步综合分析，据表 1-3 确定岩石的名称。

表 1-3　岩浆岩的分类

<table>
<tr><td colspan="4">岩石类型</td><td colspan="2">酸性</td><td colspan="2">中性</td><td>基性</td><td>超基性</td></tr>
<tr><td colspan="4">化学成分特点</td><td colspan="4">富含 Si、Al</td><td colspan="2">富含 Fe、Mg</td></tr>
<tr><td colspan="4">SiO_2 含量/%</td><td colspan="2">>65</td><td colspan="2">65~52</td><td>52~45</td><td><45</td></tr>
<tr><td colspan="4">颜色</td><td colspan="6">浅色（灰白、浅红、褐等）→深色（深灰、黑、暗绿等）</td></tr>
<tr><td colspan="4" rowspan="2">矿物成分 / 结构 / 构造 / 成因</td><td>主要的</td><td>正长石
石英</td><td>正长石</td><td>斜长石
角闪石</td><td>斜长石
辉石</td><td>橄榄石
辉石</td></tr>
<tr><td>次要的</td><td>黑云母
角闪石</td><td>角闪石
黑云石</td><td>黑云石
辉石</td><td>角闪石
橄榄石</td><td>角闪石</td></tr>
<tr><td colspan="2" rowspan="2">喷出岩</td><td rowspan="2">流纹状
气孔状
杏仁状
块状</td><td rowspan="2">玻璃质
隐晶质
火山碎屑
斑状</td><td colspan="6">黑曜岩、浮岩、火山凝灰岩、火山角砾岩、火山集成岩</td></tr>
<tr><td colspan="2">流纹岩</td><td>粗面岩</td><td>安山岩</td><td>玄武岩</td><td>苦橄岩</td></tr>
<tr><td rowspan="3">侵入岩</td><td rowspan="2">浅成岩</td><td rowspan="2">块状</td><td rowspan="2">隐晶质
似斑状
细粒</td><td colspan="6">伟晶岩、细晶岩、煌斑岩等各种脉岩类</td></tr>
<tr><td colspan="2">花岗斑岩</td><td>正长斑岩</td><td>闪长玢岩</td><td>辉绿岩</td><td>苦橄玢岩</td></tr>
<tr><td>深成岩</td><td>块状</td><td>全晶质
等粒状</td><td colspan="2">花岗岩</td><td>正长岩</td><td>闪长岩</td><td>辉长岩</td><td>橄榄岩
辉石岩</td></tr>
</table>

上述直接观察鉴定岩石的方法，可简便快速地大致鉴定出大多数岩石的类别和名称，但有些岩石，特别是结晶颗粒细小的岩石，用这种方法是难以鉴别的。这时，若要准确地定出岩石的名称，则必须借助于一些精密仪器，最常用的是偏光显微镜。

二、沉积岩

沉积岩是地壳表面分布最广的一种岩石，占陆地面积的75%。所以，对沉积岩特征的研究具有重要意义。

（一）沉积岩的形成

码1-5　微课-沉积岩上

沉积岩的形成可分为四个阶段。

1. 风化阶段

地表或接近地表的岩石受温度变化，水、氧气和生物等因素作用，使原来坚硬完整的岩石，逐渐破碎成松散的碎屑或形成新的风化产物。

2. 搬运阶段

原岩风化产物除少部分残留在原地外，大部分被流水、风、冰川、海水和重力等搬运带走，其中起主要作用的是流水搬运。搬运方式主要有机械搬运和化学搬运两种。

3. 沉积阶段

当搬运能力减弱或物理化学环境变化，被搬运的物质便逐渐沉积下来。一般可分为机械沉积、化学沉积和生物化学沉积等作用。沉积下来的物质最初是松散状态，故称为松散沉积物。

4. 硬结成岩阶段

早期沉积的松散物质被后来的沉积物不断覆盖，在上覆物质压力和一些胶结物质的作用下，逐渐使原物质压密、孔隙减小、脱水固结或重结晶而形成致密坚硬的岩石。

（二）沉积物的矿物组成

组成沉积岩的矿物，按成因可分为以下几类。

1. 碎屑矿物（继承矿物）

碎屑矿物指原岩风化后残留下来的抗风化能力较强、耐磨损的矿物碎屑，如石英、长石、白云母等。

2. 黏土矿物

黏土矿物指原岩经风化分解后产生的次生矿物，如高岭石、蒙脱石、水云母等。

3. 化学沉积矿物

化学沉积矿物指经化学作用和生物化学作用，从水溶液中析出或结晶而形成的新矿物，如方解石、白云石、石膏、岩盐、铁和锰的氧化物等。

4. 有机物质

有机物质指由生物作用或生物遗骸，经有机化学变化而形成的物质，如石油、泥炭、贝壳等。

（三）沉积岩的结构

沉积岩的结构是指组成岩石矿物的颗粒大小、形状及结晶程度。常见的有下列几种。

1. 碎屑结构

码 1-6 微课-沉积岩下

碎屑结构指由直径大于 0.005 mm 的碎屑物质被胶结而形成的一种结构。碎屑结构按颗粒大小可分为砾状结构(粒径>2 mm)、砂状结构(粒径 2~0.05 mm)、粉砂状结构(粒径 0.05~0.005 mm);按颗粒形状可分为棱角状结构、次棱角状结构、圆状结构和次圆状结构;按胶结类型可分为基底胶结、孔隙胶结和接触胶结(见图 1-7);按胶结物的成分又可分为硅质、钙质、铁质、泥质等。

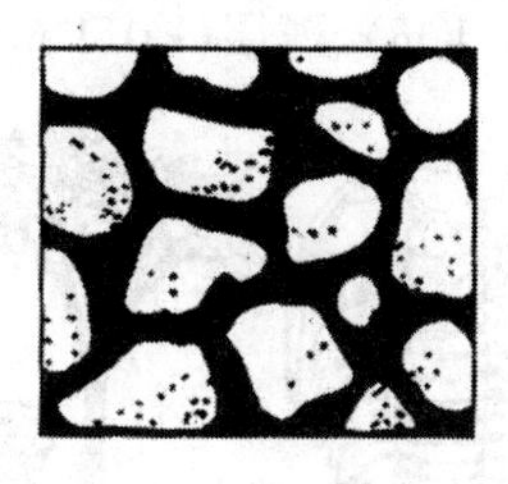

(a)基底胶结

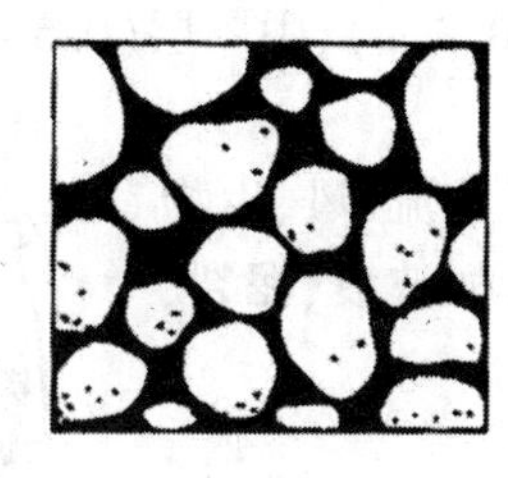

(b)孔隙胶结

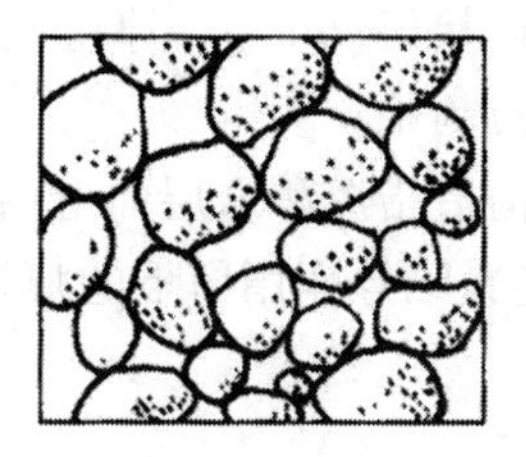

(c)接触胶结

图 1-7 沉积岩的胶结类型

2. 泥质结构

泥质结构指由粒径小于 0.005 mm 的黏土矿物和细小矿物碎屑所组成的结构。它是黏土岩的主要特征。

3. 结晶结构

结晶结构指由溶液中的沉淀物,经结晶作用和重结晶作用而形成的一种结构。它是化学岩或生物化学岩所特有的结构。

4. 生物结构

思政案例 1-4

生物结构指几乎全由生物遗体或碎片所组成的结构。如贝壳状结构、生物碎屑结构等。

(四)沉积岩的构造

沉积岩的构造是指沉积岩各个组成部分的空间分布和排列方式。

1. 层理构造

层理是沉积岩在形成过程中,由于沉积环境的改变,使先后沉积的物质在颗粒大小、形状、颜色和成分在垂直方向上发生变化而显示出来的成层现象。层理构造是沉积岩最重要的一种构造特征,是沉积岩区别于岩浆岩和变质岩的最主要标志。

根据层理的形态,可将层理分为下列几种类型(见图 1-8):

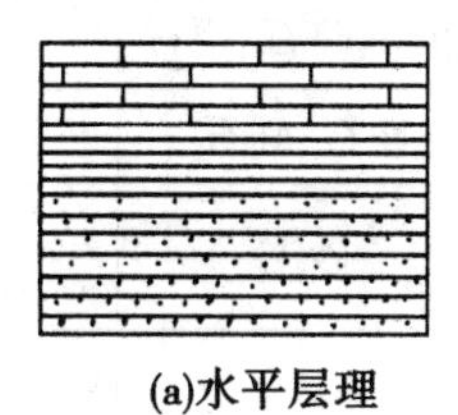

(a)水平层理

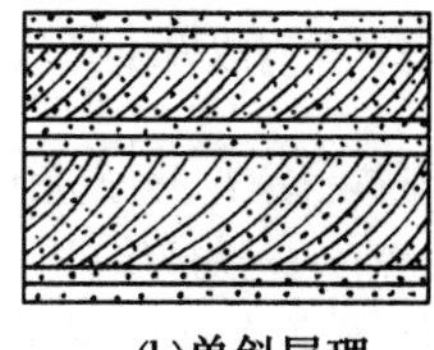

(b)单斜层理

(c)交错层理

图 1-8 层理类型

(1)水平层理。层理面与层面相互平行,主要见于细粒岩石(黏土岩、粉细砂岩等)中。它是在比较稳定的水动水条件下形成的。如闭塞海湾、海和湖的深水带沉积物中。

(2)单斜层理。层理面向一个方向与层面斜交,这种斜交层理在河流及滨海三角洲沉积物中均可见到,主要是由单向水流所造成的。

(3)交错层理。由多组不同方向的斜层理互相交错重叠而成,它是由于水流的运动方向频繁变化造成的,多见于河流沉积层中。

层与层之间的界面称为层面,上下层面之间的垂直距离称为岩层厚度。岩层按其厚薄可分为块状层(>1 m)、厚层(1~0.5 m)、中厚层(0.5~0.1 m)、薄层(<0.1 m)。

2. 层面构造

层面构造指沉积岩层面上由于水流、风、生物活动、阳光暴晒等作用留下的痕迹,如波痕、泥裂、雨痕等。

3. 化石

保存在岩石中被石化了的古代生物遗骸、遗迹统称为化石。化石可以确定岩石形成的环境和地质年代,也是沉积岩独有的构造特征(见图 1-9)。

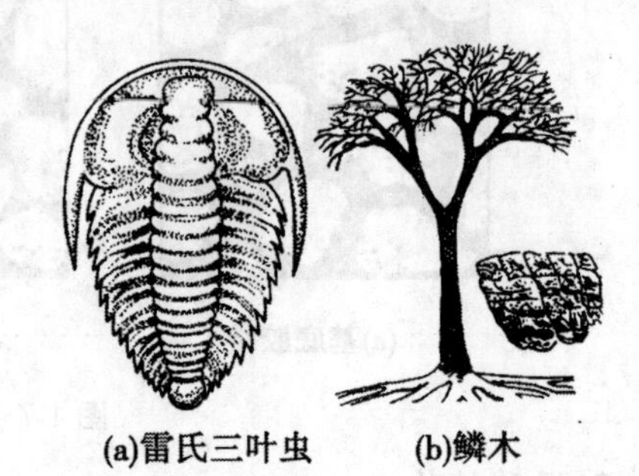

(a)雷氏三叶虫　(b)鳞木

图 1-9　两种典型化石

4. 结核

结核指沉积岩中含有与周围沉积物质在成分、颜色、结构、大小等方面不同的物质围块。如石灰岩中常见的燧石结核,黄土中的钙质结核等。

(五)沉积岩的分类

根据沉积岩的组成物质、结构和形成条件,可将沉积岩分为碎屑岩、黏土岩、化学岩及生物化学岩类(见表 1-4)。

(六)常见的沉积岩

1. 砾岩及角砾岩

砾岩及角砾岩是由 50%以上粒径大于 2 mm 的碎屑颗粒胶结而成的。由磨圆度较好的砾石胶结而成的称为砾岩;由带棱角的角砾胶结而成的称为角砾岩。胶结物的成分与胶结类型,对砾岩的强度有很大影响。如硅质基底胶结的石英砾岩,非常坚硬、难以风化,而泥质胶结的砾岩则相反。

表 1-4　主要沉积岩分类

岩类	结构	主要矿物成分	主要岩石	
			松散的	胶结的
碎屑岩	砾状结构>2 mm	岩石碎屑或岩块	角砾、碎石、块石	角砾岩
			卵石、砾石	砾岩
	砂状结构 2~0.05 mm	石英、长石、云母、角闪石、辉石、磁铁矿等	砂土	石类砂岩 长石砂岩
	粉砂状结构 0.05~0.005 mm	石英、长石、黏土矿物、碳酸盐矿物	粉砂土	粉砂岩

续表 1-4

岩类	结构		主要矿物成分	主要岩石	
				松散的	胶结的
黏土岩	泥质结构<0.005 mm		黏土矿物为主,含少量石英、云母等	黏土	泥岩 页岩
化学岩及生物化学岩	化学结构及生物结构	致密状 粒状 鲕状	方解石为主,白云石		泥灰岩 石灰岩
			白云石、方解石		白云质灰岩 白云石
		结核状 鲕状	石英、蛋白石、硅胶	硅藻土	燧石岩 硅藻岩
		块状 纤维状	钾、钠、镁的硫酸盐及氧化物		石膏 岩盐、钾盐
		致密状	碳、碳氢化合物,有机质	泥炭	煤、油页岩

2. *砂岩*

思政案例 1-5

砂岩由50%以上2~0.05 mm的砂粒组成。砂岩按颗粒大小可分为粗砂岩、中砂岩和细砂岩;按碎屑成分又可分为石英砂岩(含石英>90%)、长石砂岩(含长石>25%、石英<75%)和岩屑砂岩(含岩屑>25%、石英<75%、长石<10%)。砂岩也随胶结物的成分和胶结类型的不同,其强度也不相同。如硅质基底胶结的砂岩质地坚硬,而泥质接触胶结的砂岩松散易碎。

3. *粉砂岩*

粉砂岩由50%以上粒径为0.05~0.005 mm的粉砂组成。成分以石英为主,长石次之。胶结物常为黏土、钙质和铁质。颜色多为棕红色或褐色,常显水平层理。

4. *泥岩*

泥岩由黏土经脱水固结而成,矿物成分主要为高岭石、蒙脱石和水云母等。其特点是:固结不紧密、不牢固、强度较低;层理不发育,常呈厚层状、块状;遇水易泥化,其强度显著降低。

5. *页岩*

页岩的成因与泥岩相同,但具明显薄层理(又称页理),能沿层理面分成薄片,岩性致密均一、不透水。根据混入物的成分或岩石的颜色可分为钙质页岩、硅质页岩、黑色页岩或碳质页岩等。除硅质页岩强度稍高外,其余的易风化、性质软弱、浸水后强度显著降低。

6. *石灰岩*

思政案例 1-6

石灰岩又名灰岩。常呈浅灰至深灰等色。矿物成分以方解石为主,其次含少量的白云石和黏土矿物等。结构致密、质地坚硬,强度较高,遇冷稀盐酸剧烈起泡。可溶蚀成各种岩溶形态。按成因和结构不同,还有生物碎屑灰岩、竹叶状灰岩、鲕状灰岩等类型。

7. 白云岩

白云岩多为浅灰、淡黄色。矿物成分主要为白云石,其次含有少量的方解石。白云岩的外观与石灰岩相似,但滴上冷稀盐酸基本不起泡。硬度较灰岩略大。岩石风化面上常有刀砍状溶蚀沟纹(刀砍纹)。

8. 泥灰岩

石灰岩中黏土矿物含量达 25%~50%时,称为泥灰岩。颜色有灰色、黄色、褐色等。强度低,易风化。

三、变质岩

思政案例 1-7

地壳中已成岩石,由于构造运动和岩浆活动等所造成的物理化学环境的改变,使原来岩石在成分、结构和构造上发生一系列变化而形成的新岩石叫变质岩。这种改变岩石的作用称为变质作用。

(一)变质作用类型

促使岩石变质的因素主要是温度、压力及化学性质活泼的气体和液体,它们主要来源于地壳运动和岩浆活动。根据各种变质因素所起的主导作用不同,可将变质作用分为以下几种类型(见图 1-10)。

思政案例 1-8

1. 接触变质作用

岩浆上升侵入围岩时,围岩受到岩浆高温或岩浆分导出来的挥发组分及热液的影响,从而使接触带附近的围岩发生变质的作用,称为接触变质作用。其中主要变质因素是温度的变质作用,称为热接触变质作用;变质因素除温度外,主要是从岩浆中分异出来的挥发物质所产生的交代作用,称为接触交代变质作用。接触变质带的岩石一般较破碎、裂隙发育、透水性大、强度较低。

码 1-7　微课-变质岩

2. 区域变质作用

在广大范围内发生,并由温度、压力等多种因素引起的变质作用,称为区域变质作用。变质作用方式以重结晶、重组合为主,如黏土质岩石可变为片岩和片麻岩。

3. 动力变质作用

地壳运动产生的强烈定向压力,使岩石发生的变质作用,称为动力变质作用,也叫碎裂变质作用。其特征是常与较大的断层伴生,原岩挤压破碎、变形并有重结晶现象。

(二)变质岩的矿物成分

组成变质岩的矿物,一部分是与原岩所共有的,如石英、长石、云母、角闪石、辉石、方解石等;另一部分是变质作用后产生的特有变质矿物,如红柱石、蓝晶石、硅灰石、绿泥石、绿帘石、绢云母、滑石、叶蜡石、蛇纹石、石榴子石等。这些矿物可作为鉴别变质岩的重要标志。

(三)变质岩的结构

1. 变余结构

原岩在变质过程中,由于重结晶、变质结晶作用不完全,使原岩的结构特征被部分保

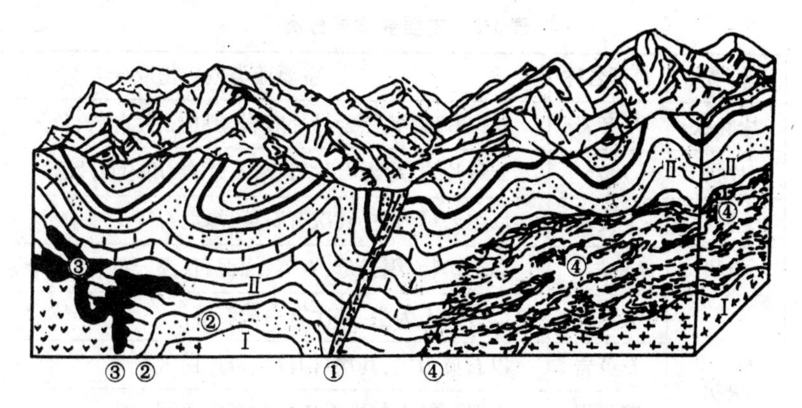

①动力变质作用带；②热接触变质作用带；③接触交代变质作用带；④区域变质作用带；
Ⅰ—岩浆岩；Ⅱ—沉积岩。

图 1-10 变质作用的类型示意

留下来的一种结构，称为变余结构。这种结构在低级变质岩中较常见。

2. 变晶结构

原岩在固体状态下发生重结晶、重组合等变质作用过程中所形成的结构，称为变晶结构。这是变质岩中最常见的结构。

3. 碎裂结构

原岩在定向压力作用下，岩石发生破裂、弯曲，形成碎块状甚至粉末状后又被黏结在一起的结构，称为碎裂结构。它是动力变质岩中常见的一种结构。

(四)变质岩的构造

1. 片理构造

片理构造是指岩石中含有大量片状、板状和柱状等矿物，在定向压力作用下平行排列而形成的一种构造。岩石极易沿此方向劈开，劈开面为片理面。一般片理面平整光亮，延伸不远。它又可分为以下几种构造：

(1)片麻状构造。指石英、长石等浅色粒状矿物和云母、角闪石等暗色片状、柱状矿物相间定向排列所形成的断续条带状构造。

(2)片状构造。指岩石中片状、柱状、纤维状矿物定向排列所形成的薄层状构造。具有沿片理面可劈成不平整薄板的特征。

(3)千枚状构造。指由细小片状变晶矿物定向排列所形成的一种构造。片理面上具有丝绢光泽。

(4)板状构造。指岩石结构致密，矿物颗粒细小，沿片理面易裂开成厚度近于一致的薄板状构造。它是岩石受较轻的定向压力作用而形成的。

2. 块状构造

块状构造指岩石中矿物均匀分布、结构均一，无定向排列的一种构造。它是大理岩、石英岩等常有的构造。

(五)变质岩的分类

变质岩的种类很多，通常是按其构造特征来划分岩石类型的，见表 1-5。

表1-5 主要变质岩分类

类别	构造	岩石名称	主要亚类或矿物成分
片理状岩类	片麻状	片麻岩	花岗片麻岩、黑云母片麻岩、斜长石片麻岩、角闪石片麻岩
	片状	片岩	云母片岩、绿泥石片岩、滑石片岩、角闪石片岩
	千枚状	千枚岩	以绢云母为主,其次有石英、绿泥石等
	板状	板岩	黏土矿物、绢云母、石英、绿泥石、黑云母、白云母等
块状岩类	块状	大理岩	以方解石为主,其次有白云石等
		石英岩	以石英为主,其次含有绢云母、白云石等
		碎裂岩	主要由较小的岩石碎屑和矿物碎屑组成
		糜棱岩	主要为石英、长石及少量绢云母、绿泥石等组成

(六)常见变质岩

(1)片麻岩。颜色深浅不一。变晶结构,典型的片麻状构造。主要矿物为长石、石英、黑云母、角闪石等,有时出现红柱石、石榴子石等。根据成分又进一步分为花岗片麻岩、角闪斜长片麻岩、黑云母片麻岩等。一般较坚硬,强度较高,但若云母含量增多且富集在一起,则强度大为降低,并较易风化。

(2)片岩。颜色深浅不一,视矿物成分而定。变晶结构,片状构造。片状矿物含量大,粒状矿物以石英为主。根据矿物成分不同,又可分为云母片岩、绿泥石片岩、滑石片岩、角闪石片岩等。片岩强度较低,且易风化,由于片理发育,易于沿片理裂开。

(3)千枚岩。多为黄绿、红、灰等色。岩石细密,具千枚状构造。矿物成分主要有绢云母、绿泥石、石英等。片理面具强丝绢光泽。性质较软弱,易风化破碎。

千枚岩与片岩相似,但千枚岩的颗粒很细,即重结晶程度较差。千枚岩与板岩也相似,但千枚岩的丝绢光泽明显,并具千枚构造,而无明显的板状构造。

(4)板岩。常为深灰、灰绿、紫红等色。变余结构,具明显的板状构造,易裂开成薄板。矿物颗粒细小,主要成分为泥质和硅质。岩性均匀致密,敲之发声清脆。板岩与页岩相似,但页岩较软,没有板状构造,没有光泽。板岩常用作建筑材料。

(5)石英岩。常呈白色,含杂质时,又显黄褐、褐红等色。由石英砂岩和硅质岩经变质而成。矿物成分以石英为主,其次为云母等。变晶结构,块状构造。岩石坚硬,抗风化能力强,可用作良好的建筑物地基。

(6)大理岩。由石灰岩或白云岩经重结晶作用变质而成。主要矿物成分为方解石、白云石。变晶结构,块状构造。洁白的细粒大理岩(汉白玉)和带有各种花纹的大理岩,常用作建筑材料和装饰材料等。硬度较小,与盐酸作用起泡,具有可溶性。

(7)碎裂岩。由原岩经强烈挤压破碎而形成的动力变质岩。是由大小不一的各种棱角状碎屑聚集而成的。具碎裂结构。分布常与断裂和褶皱作用有关。如断层角砾岩、压碎岩等。

❖技能应用❖

技能2 肉眼鉴定常见岩石

一、目的

(1)学会观察和认识常见的岩石,了解三大类岩石的主要特征(矿物成分、结构和构造),初步掌握肉眼鉴定岩石的方法,同时为后续内容打下坚实的基础。

(2)开阔学生视野,巩固课堂上所学知识,促使学生去思考、探索,使学生对课程产生浓厚的兴趣,并转化为学生进一步学好知识的动力。

二、要求

要求学生利用所学到的土力学与工程地质的有关理论知识,对组成地壳的三大类岩石(岩浆岩、沉积岩、变质岩)的主要特征(矿物成分、结构和构造)有所了解,进而初步掌握肉眼观察认识岩石的鉴别方法,并能够认识其中一些有代表性、与工程有关的岩石。

三、方法

岩石是在各种地质作用下,由一种或多种矿物组成的集合体。认识岩石的方法有很多,但基本和简便的方法是肉眼鉴定法,它也是野外最常用的方法之一。

观察三大类岩石(岩浆岩、沉积岩、变质岩)的矿物成分、结构、构造特征,借助小刀、放大镜、地质锤、罗盘仪、稀盐酸等来确定岩石的名称和进行描述。

四、仪器、材料

岩石标本,小刀、放大镜、地质锤、条痕板、磁铁、硬度计和简单的试剂(如盐酸等)。

五、步骤

(一)岩浆岩

(1)观察岩石的颜色。

(2)观察岩石中主要的矿物成分。

(3)观察岩石的结构和构造特征。

(4)综合所见到的特征,确定岩石的名称和进行描述。

(二)沉积岩

(1)根据物质成分、结构、构造等将所鉴定的岩石属于哪一大类岩石区分开。

(2)鉴定岩石的结构类型。

(3)其所鉴定的岩石属碎屑结构,就应按粒度大小及其含量进一步区分。

(4)除碎屑外,还要对胶结物成分做鉴定。

(5)对碎屑岩碎屑颗粒形态进行鉴定描述。

(6)组成岩石的物质成分鉴定。

(7)岩石构造的鉴定。

(8)岩石颜色的描述。

(三)变质岩

(1)区别常见的几种变质岩的构造。

(2)观察变质岩的结构。

(3)对其矿物成分做出准确的鉴定,并且估计各种矿物的含量。

(4)观察变质岩的颜色也要注意其总体和新鲜面的颜色。

(5)根据分类命名原则,确定所要鉴定的岩石名称。

六、注意事项

(1)要爱护标本、仪器和其他用具。

(2)观察时标本和标本盒子一起拿,试验完毕按原状整理好,不要乱换、带走,以免弄乱。

任务三　岩石的工程地质性质分析

❖引例❖

三峡大坝坝址为什么选在三斗坪?三斗坪距湖北省宜昌市区 40 km,这里河谷开阔,基岩为坚硬完整的花岗岩,具有修建混凝土高坝的优越地形、地质和施工条件,被瑞士一位著名水电专家称为"上帝送给中国人的礼物"。

三斗坪坝址,是经过了大量的地质勘探,在两个坝区、15 个坝段、数十个坝轴线中,历时 24 年、经由专家充分论证才最终选定的。据了解,三峡大坝选址之初,从三峡出口南津关起,上溯至石牌止,13 km 河段中初选了 5 个坝段,统称为南津关石灰岩坝区。另外,从莲沱起,上溯至美人沱止,25 km 河段中初选了 10 个坝段,统称为美人沱花岗岩坝区。然后,对这 15 个坝段进行勘察研究,经筛选,选择南津关坝区的南津关坝段和美人沱坝区的三斗坪坝段进行深入的地质勘察。1959 年,初定美人沱花岗岩坝区为三峡工程坝址。

美人沱花岗岩坝区的 10 个坝段,地质构造背景、岩性条件基本相似,地质条件的差异主要反映在河谷地貌和岩石表面风化深度两个方面,经综合比较后,在 1979 年的选址会议上,最终选定三斗坪为三峡工程拦江大坝的坝址。

那么,三峡大坝为什么不选石灰岩坝区?岩石的风化程度对岩石的工程地质性质有什么样的影响?

❖知识准备❖

一、岩石的工程地质性质评述

不同岩石具有不同的工程地质性质,同一岩石由于外部条件不一,其工程地质性质也不一样。岩石的工程地质性质主要受其矿物成分、结构、构造、成因、水和风化作用等因素的影响。

码 1-8　微课-岩石的工程地质性质评述

(一)岩浆岩的工程地质性质

1. 深成侵入岩

深成岩常形成岩基等大型侵入体,岩性较均一,致密坚硬,孔隙率小,透水性弱,抗水性强,常被选为理想的建筑物地基。但深成岩抗风化能力差,特别是含铁镁矿物较多时,更易风化破碎,风化层厚度较大。此外,深成岩经过多期地壳变动影响,一般裂隙比较发育,强度和抗水性都减弱,但可储存地下水。

2. 浅成侵入岩

浅成岩的岩体规模一般较小,有时相互穿插,岩性较复杂,颗粒大小不均一,较易风化,特别是与围岩接触部位,岩性不均,节理裂隙发育,岩石破碎,风化变质严重,透水性增大。当浅成岩很致密时,岩石透水性小,强度高,是良好的隔水层。岩体体积较大时,也是良好的建筑地基。

3. 喷出岩

喷出岩一般原生孔隙和节理发育,产状不规则,厚度变化大,岩性很不均一,因此强度低,透水性强,抗风化能力差。但对玄武岩和安山岩等岩石,如果孔隙、节理不发育,颗粒细小或是致密的玻璃质时,则强度高、抗风化能力强,也是良好的建筑地基和建筑石材。但需注意喷出岩呈岩流产出时,与下伏岩层或多次喷发之间存在的松散软弱土层或风化层会对建筑地基的稳定产生影响。

(二)沉积岩的工程地质性质

沉积岩的重要特征是具层理构造,因而它具有明显的各向异性。

1. 胶结的碎屑岩

此类岩石主要取决于胶结物的成分、胶结类型。如硅质胶结的岩石强度高、抗水性强;钙质、石膏质和泥质胶结的岩石,强度低,抗水性弱;基底胶结的岩石,则较坚硬、强度高,透水性弱;接触胶结的岩石强度较低,透水性强;孔隙胶结的岩石强度和透水性介于两者之间。此外,碎屑岩的成分等对岩石的工程地质性质也有一定影响,如石英质砂岩和砾岩就较长石质的砂岩和砾岩强度高。

2. 黏土岩

黏土岩主要有泥岩和页岩。质地软弱,强度低,容易风化,受力后压缩变形量大,遇水后易软化和泥化。若含高岭石、蒙脱石成分,还具有较大的膨胀性和崩解性,因此不宜作大型水工建筑物的地基。作为岸坡岩石,也易发生滑动破坏。但其透水性小,可作为隔水层和防渗层。

3. 化学岩

化学岩最常见的是石灰岩和白云岩。一般岩性致密,强度高,但抗水性弱,具有可溶性,在水流作用下易形成溶隙、溶洞、地下暗河等岩溶现象。所以,在这类岩石地区进行水工建筑时,渗漏及塌陷是主要的工程地质问题。此外,当石灰岩中夹有薄层泥灰岩时,可能会沿此层产生滑动。

(三)变质岩的工程地质性质

变质岩的工程地质性质与原岩及变质作用特点密切相关。一般情况下,由于原岩矿物成分在高温高压下重结晶作用的结果,岩石的力学性质、抗水性等较变质前相对提高。但如果在变质过程中形成滑石、绿泥石、绢云母等软弱变质矿物,则其力学强度降低,抗风化能力减弱。动力变质作用和接触变质作用形成的岩石,构造破碎、裂隙发育、透水性强、强度较低。但断层破碎带可储存地下水。

变质岩的片理构造会使岩石具有各向异性特征,沿片理方向抗剪强度低,易产生滑动,一般不利于坝基和边坡稳定。

通常而言,板岩、千枚岩、云母片岩、滑石片岩及绿泥石片岩等岩石的工程地质性质较差;而片麻岩、石英岩及大理岩等岩石致密坚硬、岩性较均一、强度高,是建筑物的良好地基,但裂隙发育时,可使其工程地质性质降低。

二、风化作用

地表或接近地表的岩石在太阳辐射、水和生物活动等因素的影响下,使岩石遭受物理的和化学的变化,称为风化。引起岩石这种变化的作用,称风化作用。风化作用能使岩石成分发生变化,能把坚硬岩石变成松散的碎屑或土层,降低岩石的力学强度;风化作用又能使岩石产生裂隙,破坏岩石的完整性,影响斜坡和地基的稳定。

(一)风化作用的类型

1. 物理风化作用

由于温度的变化,岩石孔隙、裂隙中水的冻融以及盐类物质的结晶膨胀等作用,使岩石发生机械破碎的作用,称为物理风化作用。

(1)热力风化。岩石在白天受到阳光照射时,表层首先受热发生膨胀,而内部还未受热,仍然保持着原来的体积。在夜间,外层首先冷却收缩,而内部余热未散,仍保持着受热状态时的体积。这样,岩石由于长期处于表里胀缩不一,便逐渐产生了纵横交错的裂隙以致破裂,岩体便由表及里一层一层地遭受破坏。同时又因大多数岩石是由多种矿物组成的,而不同矿物的膨胀系数不同,当温度变化时矿物胀缩也不一致,天长日久,也能使岩体崩裂破碎。

(2)冻融风化。在高寒地区,当气温降到0 ℃或0 ℃以下时,岩石裂隙中的水由液态变成固态,体积膨胀,产生了很大压力,使岩石裂隙扩大;当冰融化后,水沿着扩大了的裂隙向深部渗入,如此一冻一融反复进行,就像冰楔子一样直到把岩体劈开破裂,称为冰劈作用(见图1-11)。

此外,当水中溶解有盐类物质时,水分蒸发后盐类便在裂隙中结晶,对岩石产生了撑胀作用,也会使岩石裂隙扩大,导致岩石崩解。

2. 化学风化作用

化学风化作用是指岩石在水、水溶液和空气中的氧与二氧化碳等作用下所引起的破坏作用。这种作用不仅使岩石破碎,更重要的是使岩石成分发生变化,形成新矿物。化学风化作用的方式主要有:

(1)水化作用。水和某种矿物结合形成新矿物。例如:

$$CaSO_4 + 2H_2O \longrightarrow CaSO_4 \cdot 2H_2O$$

（硬石膏）　　　　（石膏）

水化作用可使岩石因体积膨胀而致破坏。

（2）氧化作用。是氧和水的联合作用，对氧化亚铁、硫化物、碳酸盐类矿物表现比较突出。例如：黄铁矿氧化后生成的硫酸对岩石和混凝土具有强烈的侵蚀破坏作用。

$$2FeS_2 + 7O_2 + 2H_2O \longrightarrow 2FeSO_4 + 2H_2SO_4$$

（黄铁矿）　　　　（硫酸亚铁）

（3）水解作用。指矿物与水的成分发生化学作用形成新的化合物。例如：水解作用会使岩石成分发生改变，结构破坏，从而降低岩石的强度。

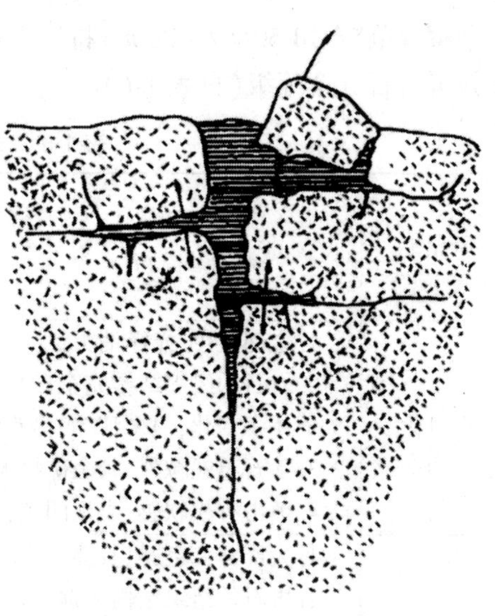

图 1-11　冰劈作用

（4）溶解作用。指水直接溶解岩石矿物的作用。例如：

$$4K(AlSi_3O_8) + 6H_2O \longrightarrow 4KOH + Al_4(Si_4O_{10})(OH)_8 + 8SiO_2$$

（正长石）　　　　（高岭石）　　（硅胶）

$$CaCO_3 + H_2O + CO_2 \longrightarrow Ca(HCO_3)_2$$

（碳酸钙）　　　　（重碳酸钙）

溶解作用促使岩石孔隙率增加，裂隙加大，使岩石遭受破坏。

3. 生物风化作用

生物风化作用是指岩石由生物活动所引起的破坏作用。这种破坏作用包括机械的（如植物根系在岩石裂隙中生长）和化学的（如生物的新陈代谢中析出的有机酸对岩石产生的腐蚀、溶解）。此外，人类的工程活动也对岩石风化产生一定的影响。

在自然界中，上述三种风化作用是彼此并存，互相影响的。在不同地区，它们作用的强弱有主次之分。例如：在干寒和高山地区以物理风化为主，而在湿热多雨地区则以化学风化为主。

（二）岩体的风化程度分级

岩石风化后产生的碎屑物质，残留在原地的称残积物（层）。残积物与其下伏的风化岩石构成了地表的风化层。由于受原岩岩性、地质构造、地形、气候等因素的影响，风化层的厚度各处不一。

不同规模、不同类型的水工建筑物，对地基强度等的要求和工程处理措施是不同的。对大多数建筑物来说，并不是将风化岩石全部开挖，基础置于新鲜岩石之上，而是在保证建筑物安全稳定、经济合理的前提下，只对那些风化较严重、工程地质性质不能满足设计要求的岩体，加以开挖或进行工程处理，而对那些风化轻微，稍加处理后就能满足要求的岩体，就不必开挖。所以为了说明岩体的风化程度及其变化规律，正确评价风化岩石对水利工程建设的影响，就必须对岩体按风化程度进行分级（垂直分带）。《水利水电工程地质勘察规范》(GB 50487—2008)将岩石按风化程度分为全风化、强风化、弱风化、微风化和新鲜岩石五个等级(见表1-6)。

表1-6　岩体的风化程度分级

<table>
<tr><th colspan="2">风化带</th><th>主要地质特征</th><th>风化岩纵波速与新鲜岩纵波速之比</th></tr>
<tr><td colspan="2">全风化</td><td>1. 全部变色,光泽消失;
2. 岩石的组织结构完全破坏,已崩解和分解成松散的土状或砂状,有很大的体积变化,但未移动,仍残留有原始结构痕迹;
3. 除石英颗粒外,其余矿物大部分风化蚀变为次生矿物;
4. 锤击有松软感,出现凹坑,矿物手可捏碎,用锹可以挖动</td><td><0. 4</td></tr>
<tr><td colspan="2">强风化</td><td>1. 大部分变色,只有局部岩块保持原有颜色;
2. 岩石的组织结构大部分已破坏,小部分岩石已分解或崩解成土,大部分岩石呈不连续的骨架或心石,风化裂隙发育,有时含大量次生夹泥;
3. 除石英外,长石、云母和铁镁矿物已风化蚀变;
4. 锤击哑声,岩石大部分变酥,易碎,用镐撬可以挖动,坚硬部分需爆破</td><td>0. 4~0. 6</td></tr>
<tr><td rowspan="2">中等风化(弱风化)</td><td>上带</td><td>1. 岩石表面或裂隙面大部分变色,断口色泽较新鲜;
2. 岩石原始组织结构清楚完整,但大多数裂隙已风化,裂隙壁风化剧烈,宽一般5~10 cm,大者可达数十厘米;
3. 沿裂隙铁镁矿物氧化锈蚀,长石变得浑浊、模糊不清;
4. 锤击哑声,用镐难挖,需用爆破</td><td rowspan="2">0. 6~0. 8</td></tr>
<tr><td>下带</td><td>1. 岩石表面或裂隙面大部分变色,断口色泽新鲜;
2. 岩石原始组织结构清楚完整,沿部分裂隙风化,裂隙壁风化剧烈,宽一般1~3 cm;
3. 沿裂隙铁镁矿物氧化锈蚀,长石变得浑浊、模糊不清;
4. 锤击发音较清脆,开挖需用爆破</td></tr>
<tr><td colspan="2">微风化</td><td>1. 岩石表面或裂隙面有轻微褪色;
2. 岩石组织结构无变化,保持原始完整结构;
3. 大部分裂隙闭合或为钙质薄膜充填,仅沿大裂隙有风化蚀变现象,或有锈膜浸染;
4. 锤击发音清脆,开挖需用爆破</td><td>0. 8~0. 9</td></tr>
<tr><td colspan="2">新鲜岩石</td><td>1. 保持新鲜色泽,仅大的裂隙面偶见褪色;
2. 裂隙面紧密,完整或焊接状充填,仅个别裂隙面有锈膜浸染或轻微蚀变;
3. 锤击发音清脆,开挖需用爆破</td><td>0. 9~1</td></tr>
</table>

通常在一个区域或一个剖面里从全风化带到新鲜岩石均有发育,但也常有缺失个别风化带或仅有一两个风化带的情况。

(三)防治岩石风化的主要方法

1. 挖除法

挖除法适用于风化层较薄的情况,当厚度较大时通常只将严重影响建筑物稳定的部分剥除。

2. 抹面法

抹面法指用水和空气不能透过的材料如沥青、水泥、黏土层等覆盖岩层。

3. 胶结灌浆法

胶结灌浆法指用水泥、黏土等浆液灌入岩层或裂隙中,以加强岩层的强度,降低其透水性。

4. 排水法

为了减少具有侵蚀性的地表水和地下水对岩石中可溶性矿物的溶解,适当做一些排水工程。

❖技能应用❖

技能3　岩石风化程度简易野外鉴别

一、目的

(1)学会观察岩石风化程度,初步掌握岩石风化等级确定的方法,同时为后续工程地质勘察打下坚实的基础。

(2)开阔学生视野,巩固课堂上所学知识,培养学生艰苦奋斗、勤勤恳恳、勇于尝试的科学和探索精神。

二、要求

要求学生利用所学到的岩石风化的有关知识,利用简易工具,学会野外观察岩石的风化程度的方法。

三、方法

岩石风化程度简易识别主要是观察岩石表面裂隙,矿物的风化程度,颜色的变化,用地质锤敲击声音的清脆程度等方面进行鉴别。

四、仪器、材料

实习区地形图、罗盘、放大镜、地质锤、照相机、卷尺、野外记录本等。

五、步骤

(1)观察岩石表面裂隙颜色,断口色泽。

(2)观察岩石组织结构有无变化,测量裂隙宽度。

(3)观察矿物风化程度。

(4)用地质锤敲击发音,判断岩石风化程度。

六、注意事项

(1)野外实践学生需穿着长衣、长裤和防滑运动鞋或者登山鞋,视天气情况带上雨具或者遮阳帽,禁止一切不安全的行为,严谨攀登悬崖峭壁,不得在水中玩耍。

(2)爱护实习区内公共财物、自然环境,不得随意涂写、敲打、刻划,不随意破坏一草一木,不得随意乱扔垃圾。

【课后练习】

请扫描二维码,做课后练习与技能提升卷。

项目一　课后练习与技能提升卷

项目二　地质构造评价

【学习目标】

1. 掌握地质年代的分类及确定方法,能阅读地质年代表。
2. 掌握岩层产状三要素及用地质罗盘和手机智能地质罗盘测量的方法。
3. 掌握褶皱构造的成因和类型,能进行野外识别和工程评价。
4. 掌握断裂构造的成因和类型,能进行野外识别和工程评价。
5. 了解地质图的基本内容,能进行地质图的阅读。

【教学要求】

知识要点		重要程度
地质年代认知	地质年代的概念及分类	C
	绝对地质年代的确定方法	B
	相对地质年代的确定方法	A
	地质年代表的阅读	A
岩层产状测量	岩层产状要素	A
	岩层产状要素的测量	A
	水平岩层、倾斜岩层与直立岩层	C
褶皱构造识别及其工程评价	褶皱要素与褶曲形态	B
	褶皱的类型	B
	褶皱构造的野外识别	A
	褶皱构造对工程的影响	A
断层构造识别及其工程评价	节理	B
	断层构造要素与类型	B
	断层构造的野外识别	A
	断层构造对工程的影响	A
地质图识读	地质图的概念及分类	C
	地质图的基本内容	A
	地质图的识读	A

【项目导读】

思政案例 2-1

地壳自形成以来,每时每刻都在运动、发展和变化着,如山脉隆起、地壳下沉、火山喷发、地震、岩石倾斜、弯曲、破裂等,这些变动称为地壳运动(或构造运动)。地壳运动是由内力地质作用引起的。其基本形式有垂直运动和水平运动两种。

地壳运动的结果,导致地壳岩石产生变形和变位,并形成各种地质构造。所以地质构造就是指组成地壳的岩层因受构造应力作用产生变形或变位而留下的形迹。

地质构造有五种基本类型:水平构造、倾斜构造、直立构造、褶皱构造和断裂构造。

这些地质构造不仅改变了岩层的原始产状、破坏了岩层的连续性和完整性,还降低了岩体的稳定性和增大了岩体的渗透性,因此研究地质构造对分析地貌成因、找水、找矿以及对水利工程建设有着非常重要的意义。

任务一　地质年代认知

❖引例❖

关于地球年龄的问题,有几种不同的概念。地球的天文年龄是指地球开始形成的时间,这个时间同地球起源的假说有密切关系。地球的地质年龄是指地球上地质作用开始之后的时间。从原始地球形成经过早期演化到具有分层结构的地球,估计要经过几亿年,所以地球的地质年龄小于它的天文年龄。

同位素测年技术为解决地球和地壳的形成年龄带来了希望。首先,人们着手于对地球表面最古老的岩石进行了年龄测定,获得了地球形成年龄的下限值为 40 亿年左右,如南美洲圭亚那的古老角闪岩的年龄为(41.30±1.7)亿年、格陵兰的古老片麻岩的年龄为 36 亿~40 亿年、非洲阿扎尼亚的片麻岩的年龄为(38.7±1.1)亿年等,这些都说明地球的真正年龄应在 40 亿年以上。其次,人们通过对地球上所发现的各种陨石的年龄测定,惊奇地发现各种陨石(无论是石陨石还是铁陨石,无论它们是何时落到地球上的)都具有相同的年龄,大致在 46 亿年左右,从太阳系内天体形成的统一性考虑,可以认为地球的年龄应与陨石相同。最后,取自月球表面的岩石的年龄测定,又进一步为地球的年龄提供了佐证,月球上岩石的年龄值一般为 31 亿~46 亿年。综上所述,一般认为地球的形成年龄约为 46 亿年。

地质体及地质过程时间维的确定是一项重要而复杂的研究任务。准确标定某一地质体的年代是区域地质学、地球化学、矿床学和构造学研究中不可缺少的内容,对于区域地史演化规律的研究和找矿方向的确定,都具有十分重要的理论和实际意义。我们要了解两种地质年代的概念及确定地质年代的方法。

❖知识准备❖

地球形成至今已有约 46 亿年,对整个地质历史时期,地球的发展演化及地质事件的记录和描述需要一套相应的时间概念即地质年代。地质学以绝对年代和相对年代两种方法来表示时间。表示地质事件发生距今的实际年数称为绝对年代(实际年龄);而表示地质事件发生的先后顺序称为相对年代。这两方面结合,才构成对地质事件及地球、地壳演变时代的完整认识,地质年代表正是在此基础上建立起来的。

一、绝对地质年代的确定

码 2-1　微课-地质年代 1

(一)放射性同位素的方法

根据一些元素(K、Rb、Re、Sm、Lu、U 和 Th)的放射性衰变规律,来测定岩石和矿物的形成年代。这种测年提供了关于地球地质历史的信息,并已用于标定地质年代表。

自然界放射性同位素种类很多,能够用来测定地质年代的要具备以下条件:

(1)具有较长的半衰期,那些在几年或几十年内就蜕变殆尽的同位素是不能使用的。

(2)该同位素在岩石中有足够的含量,可以分离出来并加以测定。

(3)其子体同位素易于富集并保存下来。

通常用来测定地质年代的放射性同位素如表 2-1 所示。从表 2-1 中可看出,铷-锶法、铀(钍)-铅法(包括 3 种同位素)主要用以测定较古老岩石的地质年龄;钾-氩法的有效范围大,几乎可以适用于绝大部分地质时间,而且由于钾是常见元素,许多常见矿物中都富含钾,因而使钾-氩法的测定难度降低、精确度提高,所以钾 - 氩法应用最为广泛;^{14}C 法由于其同位素的半衰期短,它一般只适用于 5 万年以来的年龄测定。另外,开发的钐 - 钕法和 ^{40}Ar-^{39}Ar 法以其准确度提高、分辨率增强,显示了其优越性,可以用来补充上述方法的一些不足。

表 2-1　放射性同位素测定绝对地质年代

母体同位素	子体同位素	半衰期($T_{1/2}$)	有效范围	测定对象
铷(^{87}Rb)	锶(^{87}Sr)	500 亿年	T_0~10^8 年	云母、钾长石、海绿石
铀(^{238}U)	铅(^{206}Pb)	45.1 亿年		品质铀矿、锆石、独居石、黑色页岩
铀(^{235}U)	铅(^{207}Pb)	7.13 亿年		
钍(^{232}Th)	铅(^{208}Pb)	139 亿年		
钾(^{14}K)	氩(^{40}Ar)	14.7 亿年	T_0~10^4 年	云母、钾长石、角闪石、海绿石
碳(^{14}C)	氮(^{14}N)	5 692 年	50 000 年至今	有机碳、化石骨骼
钐(^{150}Sm)	钕(^{144}Nd)			云母、钾长石、角闪石、海绿石
氩(^{40}Ar)	氩(^{39}Ar)			

(二)其他方法

例如:古地磁法、释光、裂变径迹、纹泥等。

二、相对年代的确定

相对年代通常用下列方法确定。

(一)地层层序法

地层是指在一定地质时期内所形成的层状岩石的总称。未经构造运动改变的岩层大都是水平岩层,且按照下老上新的规律排列[见图 2-1(a)],若后期构造运动使某些岩层发生变动(倾斜、直立或倒转),可利用沉积物中的某些构造特征(如斜层理、泥裂、波痕等)来恢复岩层顶、底面,进一步判断岩层之间的相对新老关系[见图 2-1(b)]。

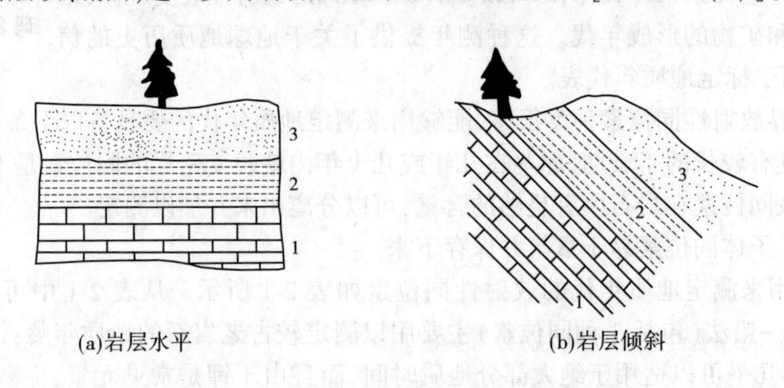

注:1、2、3—依次由老到新。

图 2-1 地层层序法(岩层层序正常时)

(二)古生物法

自然界中的生物是从由无到有,由简单到复杂,由低级到高级不断发展、变化着的,而且这种演化是不可逆转的。不同地质时期形成的地层中会保存不同的古生物化石,这样我们可以根据岩层中化石的复杂与繁简程度,来推断地层的相对新老关系。

(三)地层接触关系法

不同时期形成的岩层,其分界面的特征即互相接触关系,可以反映各种构造运动和古地理环境等在空间上和时间上的发展演变过程。因此,它是确定和划分地层年代的重要依据。

地层接触关系有以下几种类型(见图 2-2):

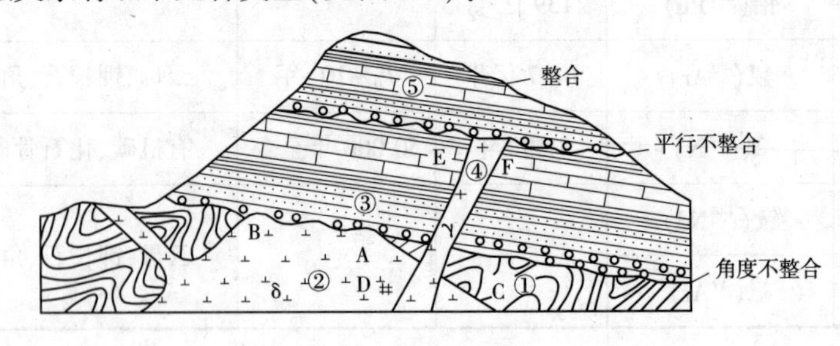

图 2-2 岩层接触关系

(1)整合接触。指上下两套岩层产状一致,互相平行,连续沉积形成。反映岩层形成期间地壳比较稳定,没有强烈的构造运动。地层自下而上依次由老到新。

(2)平行不整合。平行不整合又称假整合,是指上、下两套地层的产状彼此平行一致,但其间缺失某些地质年代的岩层而直接接触。两套岩层之间的接触面往往起伏不平,常分布一层砾岩(俗称底砾岩,其砾石常为下伏地层的碎块、砾石)。据此可以判断上下两套岩层的新老关系。

(3)角度不整合。指上、下两套地层产状不同,彼此呈角度接触,其间缺失某些时代的地层,接触面多起伏不平,也常有底砾岩和风化壳。不整合面的存在标志着地壳曾发生过强烈的地壳运动。与平行不整合相同,据此也可以判断岩层之间的新老关系。

上述三种接触类型是沉积岩之间或轻微变质岩之间的接触关系。此外,利用岩浆岩和其他围岩之间的接触关系,也可以来判断岩层之间的相对新老关系(见图 2-2)。

不同时代的岩层常被岩浆侵入穿插,侵入者年代新,被侵入者年代老,切割者年代新,被切割者年代老。

三、地质年代表

通过对全球各个地区地层划分和对比以及对相关岩石的实际年龄测定,按年代先后顺序进行科学系统性的编年,建起了国际上通用的地质年代表,中国区域地质年代表见表 2-2。

地质年代表中使用了不同级别的地质年代单位,最大的时间单位是宙(eon),其下分别是代(era)、纪(period)、世(epoch)、期(age)、时(chron)。

码 2-2 微课-地质年代 2

必须说明,年代表虽有时间的概念,也就是说,当获悉该化石是何宙、代、纪、世、期或时的遗物,间接可知道它形成的粗略时间。

最初人们把地壳发展的历史分为第一纪(大致相当于前寒武纪,即太古宙元古宙)、第二纪(大致相当于古生代和中生代)和第三纪 3 个大阶段。相对应的地层分别称为第一系、第二系和第三系。1829 年,法国学者德努瓦耶在研究巴黎盆地的地层时,把第三系上部的松散沉积物划分出来命名为第四系,其时代为第四纪。随着地质科学的发展,第一纪和第二纪因细分成若干个纪被废弃了,仅保留下第三纪和第四纪的名称,这两个时代合称为新生代。现第三纪已分为古近纪和新近纪,故仅留有第四纪的名称。

地层单位分国际性地层单位、全国性或大区域性地层单位和地方性地层单位。国际性地层单位适用于全世界,是根据生物演化阶段划分的。因为生物门类(纲、目、科)的演化阶段,全世界是一致的,包括宇、界、系、统。与此相对应的地质年代单位是宙、代、纪、世。如太古代形成的地层叫太古界,石炭纪形成的地层称为石炭系等。全国性或大区域性地层单位有阶、时带,地方性地层单位有群、组、段、层。

表 2-2　中国区域地质年代表

相对年代：宙	相对年代：代	相对年代：纪	相对年代：世	绝对年龄(百万年)	主要构造运动	我国地史简要特征
显生宙 P_h	新生代 C_z	第四纪Q	全新世Q_4	0.01	喜马拉雅运动	地球表面发展成现代地貌，多次冰川活动，近代各种类型的松散堆积物及黄土形成，华北、东北有火山喷发。人类出现
			晚更新世Q_3	0.12		
			中更新世Q_2	1		
			早更新世Q_1	2.6		
		新近纪N	上新世N_2	5.3		我国大陆轮廓基本形成，大部分地区为陆相沉积，有火山岩分布，台湾岛，喜马拉雅山形成。哺乳动物和被子植物繁盛，是重要的成煤时期，有主要的含油地层
			中新世N_1	23.3		
		古近纪E	渐新世E_3	32		
			始新世E_2	56.5		
			古新世E_1	65		
	中生代 M_s	白垩纪K	晚白垩世K_2		燕山运动	中生代构造运动频繁，岩浆活动强烈，我国东部有大规模的岩浆岩侵入和喷发，形成丰富的金属矿，我国中生代地层极为发育，华北形成许多内陆盆地，为主要成煤时期。三叠纪时华南仍为浅海沉积，以后为大陆环境。生物显著进化，爬行类恐龙繁盛，海生头足类菊石发育，裸子植物以松柏、苏铁及银杏为主，被子植物出现
			早白垩世K_1	137		
		侏罗纪J	晚侏罗世J_3			
			中侏罗世J_2			
			早侏罗世J_1	205		
		三叠纪T	晚三叠世T_3		印支运动	
			中三叠世T_2			
			早三叠世T_1	250		
	古生代 P_s 晚古生代 P_{z2}	二叠纪P	晚二叠世P_2		海西运动	晚古生代我国构造运动十分广泛，尤以天山地区较强烈。华北地区缺失泥盆系至下石炭统沉积，遭受风化剥蚀，中石炭纪至二叠纪由海陆交替相变为陆相沉积，植物繁盛，为主要成煤期。华南地区一直为浅海相沉积，晚期成煤，晚古生代地层以砂岩、页岩、石灰岩为主，是鱼类和两栖类动物大量繁殖时代
			早二叠世P_1	295		
		石炭纪C	晚石炭世C_3			
			中石炭世C_2			
			早石炭世C_1	354		
		泥盆纪D	晚泥盆世D_3			
			中泥盆世D_2			
			早泥盆世D_1	410		
	早古生代 P_{z1}	志留纪S	晚志留世S_3		加里东运动	寒武纪时，我国大部分地区为海相沉积，生物初步发育，三叶虫极盛。至中奥陶世后，华北上升为陆地。缺失上奥陶统和志留系沉积，华南仍为浅海，头足类，三叶虫，腕足类笔石、珊瑚、蕨类植物发育，是海生无脊椎动物繁盛时代。早古生代地层以海相石灰岩、砂岩、页岩等为主
			中志留世S_2			
			早志留世S_1	438		
		奥陶纪O	晚奥陶世O_3			
			中奥陶世O_2			
			早奥陶世O_1	490		
		寒武纪∈	晚寒武世$∈_3$			
			中寒武世$∈_2$			
			早寒武世$∈_1$	543		
元古宙 P_t	新元古代 P_{t3}	震旦纪Z		680	晋宁运动	元古宙地层在我国分布广、发育全，厚度大，出露好。华北地区主要为未变质或浅变质的海相硅镁质碳酸盐岩及碎屑岩类
		南华纪N_h		800		
		青白口纪Q_n		1 000		
	中元古代 P_{t2}	蓟县纪J_x		1 400	吕梁运动	屑岩河
		长城纪C_b		1 800		
	古元古代P_{t1}	滹沱纪H_t		2 500	五台运动	
太古宙 A_r	新太古代 A_{r3}					
	中太古代 A_{r2}					
	古太古代 A_{r1}			3 600		
冥古宙H_D				4 600		

任务二　岩层产状

❖引例❖

莫伊埃坝位于美国爱达荷洲的莫伊埃河上，1924 年建成。1925 年遭特大洪水，左岸溢洪道及坝座基岩被冲走，使坝的左端失去支承，但坝体仍然完整屹立如旧，未受到损坏。

该坝坝址处河谷狭窄，左岸山脊单薄，它分割莫伊埃河与一条大致平行的支流。两岸岩体为成层石英岩，岩层倾向下游，倾角为 30°～45°，支承拱坝的左岸岩体内存在着松软的夹层，出露在支流的回水区，因此容易遭到流水的侵蚀和冲刷，致使坝座基岩被冲走。

可见，岩层的产状也影响着建筑物的安全，那么，岩层产状应该怎么测量呢？

❖知识准备❖

岩层产状指岩层在空间产出的状态和方位的总称。测量岩层的产状要素必须用地质罗盘。测量岩层产状是地质研究工作中的基础工作之一。测量和研究岩层及构造面的产状有助于恢复岩相古地理沉积环境，有助于研究构造发展史（褶皱包括单斜、水平、不整合接触、构造层划分），有助于野外结合不同地形区特点追索地层的延伸、展布，有助于地质图的编制等。

一、岩层产状要素

码 2-3　微课-岩层产状

岩层产状是指岩层在空间的位置。用走向、倾向和倾角表示，地质学上称为岩层产状三要素。

（一）走向

岩层面与水平面的交线叫走向线（见图 2-3 中的 *AOB* 线），走向线两端所指的方向即为岩层的走向。走向有两个方位角数值，且相差 180°，如 NW350°和 SE170°。岩层的走向表示岩层的延伸方向。

（二）倾向

层面上与走向线垂直并沿倾斜面向下所引的直线叫倾斜线（见图 2-3 中的 *OD*），倾斜线在水平面上投影（见图 2-3 中的 *OD′*）所指的方向就是岩层的倾向。对于同一岩层面，倾向与走向垂直，且只有一个方向。岩层的倾向表示岩层的倾斜方向。

（三）倾角

倾角是指岩层面和水平面所夹的最大锐角（或二面角）（见图 2-3 中的 α）。

除岩层面外，岩体中其他面（如节理面、断层面等）的空间位置也可以用岩层产状三要素来表示。

二、岩层产状要素的测量

岩层产状要素需用地质罗盘测量（见图 2-4）。测量方法如下（见图 2-5）。

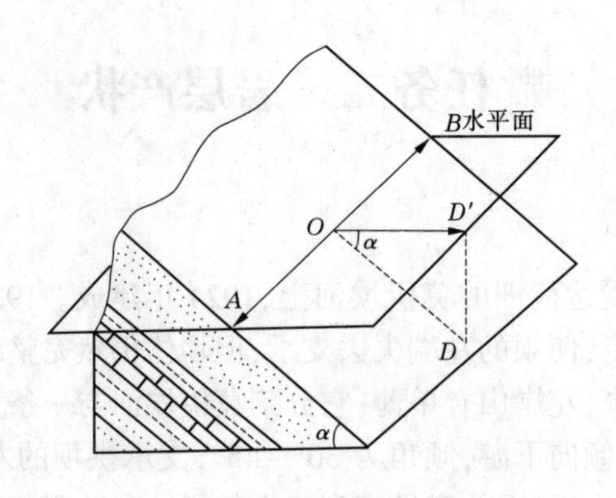

AOB—走向线；OD—倾斜线；OD′—倾斜线在水平面上的投影，箭头方向为倾向；α—倾角。

图 2-3　岩层产状要素图

图 2-4　地质罗盘仪

图 2-5　岩层产状要素测量

(一)测量走向

将罗盘的长边与岩层面贴触，如罗盘无长边，则取与南北方向平行的边与层面贴触，并使罗盘放水平(水准气泡居中)，此时罗盘长边(或S—N)与岩层的交线即为走向线，磁针(无论南针或北针)所指的度数即为所求的走向。

(二)测量倾向

把罗盘的N极指向岩层层面的倾斜方向，同时使罗盘的短边(或与东西方向平行的边)与层面贴触，气泡居中，罗盘放水平，此时北针所指的度数即为所求的倾向。

(三)测量倾角

将罗盘侧立，以其长边(NS边)紧贴层面，并与走向线垂直，然后转动罗盘背面的旋钮，使下刻度盘的活动水准气泡居中，倾角指针所指的度数即为倾角大小。若是长方形罗盘，此时桃形指针在倾角刻度盘上所指的度数，即为所测的倾角大小。

岩层产状有两种表示方法：

(1)方位角表示法。一般记录倾向和倾角，如SW205°∠65°，即倾向为南西205°，倾角65°,其走向则为NW295°或SE115°。

(2)象限角表示法。一般测记走向、倾向和倾角,一组走向为北西320°,倾向南西230°,倾角35°的岩层产状,可写成:N320°W,S230°W,∠35° 。在地质图上,岩层的产状用符号"⊥35°"表示,长线表示走向,短线表示倾向,数字表示倾角。长短线必须按实际方位画在图上。

三、水平岩层、倾斜岩层和直立岩层

根据岩层的产状可以将岩层分为水平岩层、倾斜岩层和直立岩层三种类型。

(一)水平岩层

水平岩层指岩层倾角为0°的岩层。

绝对水平的岩层很少见,一般把岩层产状近于水平(一般倾角小于5°)的岩层称为水平岩层,又称为水平构造。如图2-6所示。

图2-6 水平岩层

典型的水平岩层没有走向和倾向,倾角为0°。

水平岩层一般出现在地壳运动影响轻微的地区。沉积岩层得以保持水平状态。常形成阶梯状陡崖、塔状、柱状或城堡状地貌、方山、桌山等地貌。

水平岩层的新岩层在上,老岩层在下;岩层的厚度等于岩层顶、底面标高之差;岩层的露头宽度取决于岩层的厚度和地面坡度;地质界线在地质图上与地形等高线平行或重合,而不相交。

(二)倾斜岩层(单斜构造)

倾斜岩层是指层面和水平面有一定交角,且倾向基本一致的岩层。倾斜岩层绝大多数是原始水平岩层经构造变动后变成的,是各种构造变形的组成部分。根据组成倾斜岩层的岩层面向,可分为正常层序的倾斜岩层和倒转层序的倾斜岩层。

倾斜岩层产状的倾角$0° < \alpha < 85°$,岩层呈倾斜状,如图2-7所示。

倾斜岩层按倾角大小又可分为:缓倾岩层,$\alpha < 30°$;陡倾岩层,$30° < \alpha < 60°$;陡立岩层,$\alpha \geqslant 60°$。

倾斜岩层的露头宽度,取决于岩层本身的产状、厚度及地形坡度、坡向之间的关系。单斜构造的岩层常形成的地貌有单面山$\alpha < 40°$和猪背岭$\alpha > 40°$。

(三)直立岩层

岩层产状的倾角$\alpha \geqslant 85°$,岩层呈直立状,如图2-8所示。因直立岩层露头形态不受地形影响,其露头宽度等于岩层厚度。因此,厚度愈大,露头愈宽;厚度愈小,露头愈窄。岩层呈直立构造说明岩层受到强有力的挤压,直立岩层一般出现在构造强烈的地区。

图 2-7　倾斜岩层

图 2-8　直立岩层

任务三　褶皱构造

❖引例❖

色尔古水电站,位于四川省阿坝藏族羌族自治州黑水县境内,是黑水河水电梯级开发的第四级电站。工程由首部枢纽、引水系统和厂区(地下厂房)枢纽等建筑物组成。色尔古水电站工程区关系密切的Ⅲ级构造单位是由一系列向南突起的弧形紧密同斜倒转褶皱及相伴生的压扭性断层组成。工程区及邻近的主要断裂都有强烈程度不等的第四纪活动性。这些资料表明,色尔古水电站的工程建设过程难度空前。

由于褶皱构造中存在着不同的裂隙,导致岩层的完整体受到破坏。因此,褶皱区岩层的强度及稳定性较原有岩层有所降低,如何在褶皱区布置工程建筑?必须对场地褶皱构造有详尽的勘察和分析,才能进行合理的布置。

码 2-4　微课-褶皱构造

思政案例 2-2

❖知识准备❖

褶皱构造是指岩层受构造应力作用后产生的连续弯曲变形。绝大多数褶皱构造是岩层在水平挤压力作用下形成的,褶皱构造是岩层在地壳中广泛发育的地质构造形态之一,它在层状岩石中最为明显,在块状岩体中则很难见到。褶皱构造的每一个向上或向下弯曲称为褶曲。两个或两个以上的褶曲组合叫褶皱。褶皱构造的规模大小不一,大者可达几十至几百千米,小者手标本上可见。研究褶皱的产状、形态、类型、成因及分布特点,对于查明区域地质构造和工程地质条件,具有重要意义。

码 2-5 微课-褶皱

思政案例 2-3

一、褶皱要素

褶皱构造的各个组成部分称为褶皱要素(见图 2-9)。

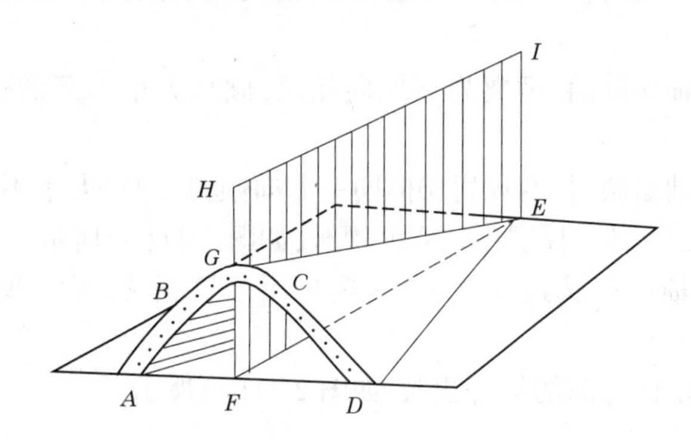

AB—翼;被 ABGCD 包围的内部岩层—核;BGC—转折端;EFHI—轴面;
EF—轴线;EG—枢纽。

图 2-9 褶皱要素示意图

(1)核部。褶曲中心部位的岩层。当风化剥蚀后,常把出露在地表最中心的岩层称为核部。

(2)翼部。核部两侧的岩层。一个褶曲有两个翼。

(3)翼角。翼部岩层的倾角。

(4)轴面。对称平分两翼的假象面。轴面可以是平面,也可以是曲面。轴面与水平面的交线称为轴线;轴面与岩层面的交线称为枢纽。

(5)转折端。从一翼转到另一翼的弯曲部分。在横剖面上,转折端常呈圆弧形。

二、褶皱的基本形态和特征

褶皱的基本形态是背斜和向斜(见图 2-10)。

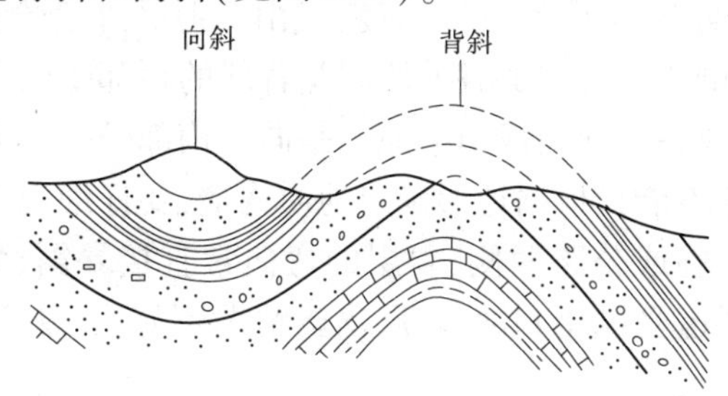

图 2-10 背斜和向斜

(1)背斜:岩层向上弯曲,两翼岩层相背倾斜,核部岩层时代较老,两翼岩层依次变新并呈对称分布。

(2)向斜:岩层向下弯曲,两翼岩层相向倾斜,核部岩层时代较新,两翼岩层依次变老并呈对称分布。

三、褶皱的类型

根据轴面产状和两翼岩层的特点,将褶皱分为以下五种。

(1)直立褶皱。轴面直立,两翼岩层倾向相反,且倾角大小近似相等的褶皱,如图 2-11(a)所示。

(2)倾斜褶皱。轴面倾斜,两翼岩层倾向相反,倾角大小不等的褶皱,如图 2-11(b)所示。

(3)倒转褶皱。轴面倾斜,两翼岩层向同一方向倾斜,倾角大小不等,其中一翼倒转,老岩层位于新岩层之上,另一翼层序正常的褶皱,如图 2-11(c)所示。

(4)平卧褶皱。轴面产状近于水平,一翼岩层层序正常,另一翼则倒转的褶皱,如图 2-11(d)所示。

(5)翻卷褶皱。轴面弯曲的平卧褶皱,如图 2-11(e)所示。

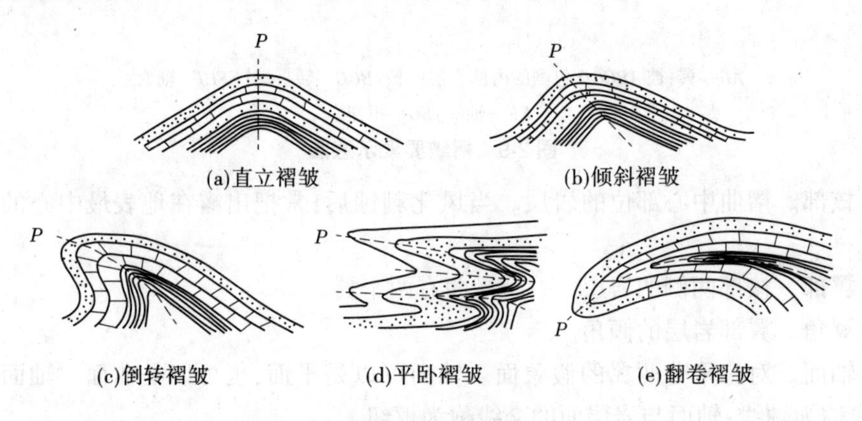

图 2-11　根据轴面产状褶皱的分类

四、褶皱构造的野外识别

在野外识别褶皱时,首先判断褶皱是否存在,并区别背斜和向斜,然后再确定其形态特征。地质构造形成初期,通常向斜成谷,背斜成山。但野外恰恰相反,常见的是背斜成谷,向斜成山,称为地形倒置。背斜成谷的原因是背斜的顶部受张力影响,裂隙比较发育,容易被侵蚀并逐渐低凹成谷。向斜成山的原因是向斜槽部受挤压力,岩层坚硬,不易被侵蚀而成山。因此,野外绝不能只根据地形确定地质构造,要仔细观察。

在少数情况下,沿河谷或公路两侧,岩层的弯曲常直接暴露,背斜或向斜易于识别。在多数情况下,由于岩层遭受风化剥蚀,岩层出露情况不好,无法看到它的完整形态。这时需按下列方法进行分析:

首先,垂直于岩层走向观察,若岩层对称重复出现,便可肯定有褶皱构造;否则,没有褶皱构造(见图 2-12)。

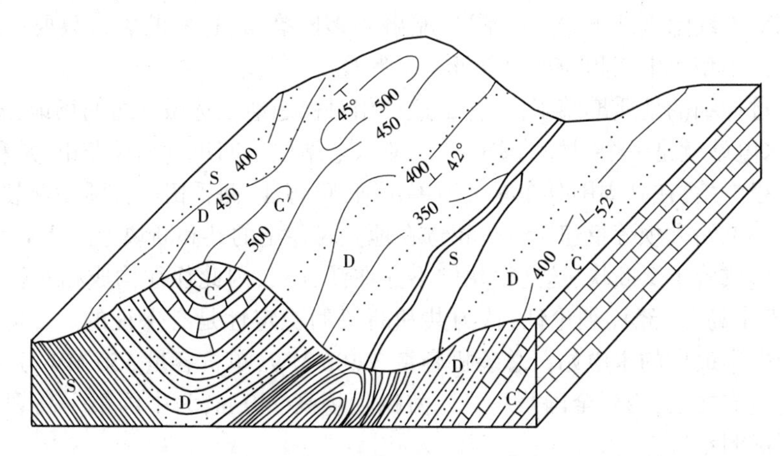

图 2-12　褶皱构造立体示意图

其次,分析岩层的新老组合关系。若中间是老岩层,两侧是新岩层,则为背斜;若中间是新岩层,两侧是老岩层,则为向斜。

最后,根据两翼岩层产状和轴面产状,对褶皱进行分类和命名。

五、褶皱构造对工程的影响

(一)褶皱核部

褶皱核部岩层由于受水平挤压作用,节理发育、岩石破碎、易于风化、岩石强度低、透水性强、在石灰岩地区还往往使岩溶较为发育,所以建筑工程应尽量避开该区域。若必须修建,须注意岩层的塌落、漏水及涌水问题。

(二)褶皱翼部

褶皱翼部布置建筑工程时,如果开挖边坡的走向近于平行岩层走向,且边坡倾向与岩层倾向一致,边坡倾角大于岩层倾角,则容易造成顺层滑动现象。如果边坡与岩层走向的夹角在 40°以上,或者两者走向一致,而边坡倾向与岩层倾向相反或两者倾向相同,但岩层倾角更大,则对开挖边坡的稳定较有利。

对于隧道等深埋地下工程,一般应布置在褶皱翼部。因为隧道通过均一岩层有利于稳定,而背斜顶部岩层受张力作用可能塌落。向斜核部是储水较丰富的地段。

任务四　断裂构造

❖引例❖

美国洛杉矶附近鲍尔得温山水库,库址距一大断层带仅 300 m,有几条小断层从坝下经过。施工时做了沥青和黏土铺盖等封闭防渗和排水措施,但断层的错动使封闭防渗层错裂 30 mm,水沿断裂渗流,使地基中的粉细砂受到潜蚀,1963 年潜蚀洞穴塌陷,使坝溃决。

我国西南地区水能资源丰富,但由于该地区位于亚欧板块和印度洋板块交界线附近,在这种板块交界线附近地下岩层很活跃,暗藏很多断裂带,这些断裂带只要一活动,就容易地震。对大中型水电工程应如何选址是个考验。

只要经过详细的地质勘察工作,找出这种相对稳定地段选做建筑的场地,安全是有保障的,二滩水电站就是一个很好的实例。二滩水电站位于四川省攀枝花市,是雅砻江流域开发第一梯级电站,在其周围分布有金河—菁河、雅砻江、西番田等大活动断裂,且均发生过强烈地震。电站大坝等枢纽工程位置选在地壳较稳定的共和断块上。活动性大断裂往往将地壳切割成若干个断块,这些段块中不存在活断层,因此往往构成相对稳定的地区,往往称为“安全岛”。经详细论证,认为共和断块的稳定性是有保证的。二滩工程是20世纪建成的中国最大的水电站。总装机容量3 300 MW,单机容量550 MW,这在21世纪初三峡电站建成之前,均列全国第一。二滩拱坝坝高240 m,为中国第一高坝,有亚洲最大的地下厂房洞室群。

❖知识准备❖

码2-6　微课-地震

断裂构造是岩层受地应力作用后,当应力超过岩石本身强度使其连续性和完整性遭受破坏而发生破裂的地质构造,是地壳上分布最普通的地质构造形迹之一。这种构造使岩石破碎,地基岩体的强度及稳定性降低,其破碎带常为地下水的良好通道,隧道及地下工程通过时,容易发生坍塌,甚至冒顶。因此,这种构造的存在,是一种不良的地质条件,给工程建筑物特别是地下工程带来重大危害,须予以足够重视。研究断裂构造对找矿勘探、水文地质与工程地质以及了解区域构造特点均有实际意义。

根据破裂之后的岩层有无明显位移,将断裂构造分为节理和断层两种形式。

一、节理

没有明显位移的断裂称为节理(或裂隙)。节理在岩层中广泛分布,且往往成组、成群出现,规模大小不一,可从几厘米到几百米。

节理按照成因分为三种类型:①原生节理:岩石在成岩过程中形成的节理,如泥裂等;②次生节理:风化、爆破等原因形成的裂隙,如风化裂隙等,这种节理产状无序、杂乱无章,通常只称为裂隙不称为节理;③构造节理:有构造应力所形成的节理。

上述三种节理中,构造节理分布最广,几乎所有的大型水利水电工程都会遇到。所以,下面只重点介绍构造节理。

构造节理按照形成的力学性质分为张节理和剪节理。

(一)张节理

张节理指由张应力作用产生的节理。多发育在褶皱的轴部。具有如下特征:

(1)节理面粗糙不平,无擦痕。

(2)张节理多开口,一般被其他物质充填。

(3)在砾岩或砂岩中的张节理常常绕过砾石或砂粒。

(4)张节理一般较稀疏、间距大,而且延伸不远。

(5)张节理有时沿先期形成的剪节理发育而成,被称为追踪张节理。

(二)剪节理

剪节理指由剪应力作用产生的节理。具有如下特征:

(1)节理面平直光滑,有时可见擦痕。

(2)剪节理一般是闭合的,没有充填物。

(3)在砾岩或砂岩中的剪节理常常切穿砾石或砂粒。

(4)剪节理产状较稳定,间距小、延伸较远。

(5)发育完整的剪节理呈 X 形。若 X 形节理发育良好,则可将岩石切割成棋盘状。如图 2-13 所示。

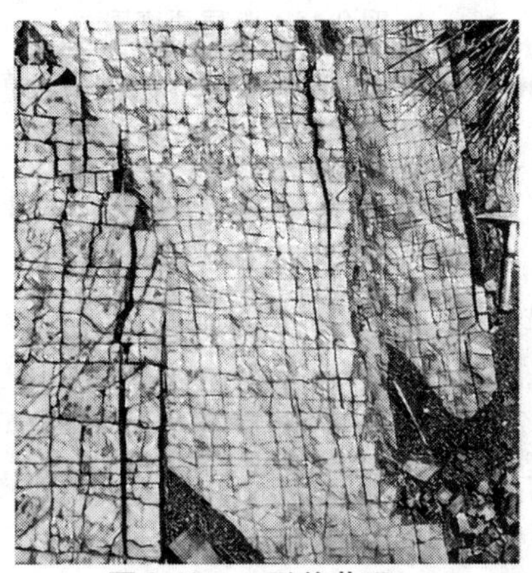

图 2-13　X 形剪节理

二、断层构造

有明显位移的断裂称为断层。断层在岩层中也比较常见,其规模大小不一,可从几厘米到几千米,甚至达上百千米。

码 2-7　微课-断层构造

思政案例 2-4

(一)断层要素

断层的基本组成部分称为断层要素(见图 2-14)。断层要素包括断层面、断层线、断层带、断盘及断距。

(1)断层面。指岩层发生断裂并沿其发生位移的破裂面。它的空间位置仍由走向、倾向和倾角表示。它可以是平面,也可以是曲面。

(2)断层线。指断层面与地面的交线。其方向表示断层的延伸方向。

(3)断层带。包括断层破碎带和影响带。断层破碎带是指被断层错动搓碎的部分,常由岩块碎屑、粉末、角砾及黏土颗粒组成,其两侧被断层面所限制(如图 2-14 中的 e 所示)。影响带是指靠近破碎带两侧的岩层受断层影响裂隙发育或发生牵引弯曲的部分

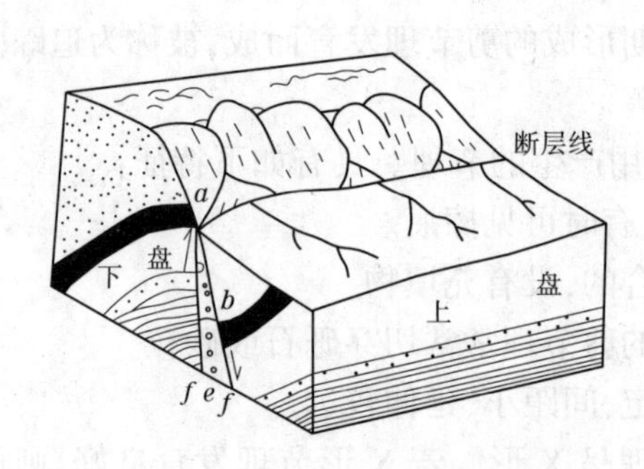

ab—断距;e—断层破碎带;f—断层影响带。

图 2-14　断层要素图

(如图 2-14 中的 f 所示)。断层带的宽度取决于断层的规模,一般为几厘米至数十米,少数达上百米。

(4)断盘。断层面两侧相对位移的岩块称为断盘。其中,断层面之上的称为上盘,断层面之下的称为下盘。

(5)断距。指断层两盘沿断层面相对移动的距离。

(二)断层的基本类型

按照断层两盘相对位移的方向,可将断层分为以下三种类型:

(1)正断层。上盘相对下降,下盘相对上升的断层,如图 2-15(a)所示。正断层的断层线一般较为平直,破碎带较宽,断层面的倾角多大于 45°。

(2)逆断层。上盘相对上升,下盘相对下降的断层,如图 2-15(b)所示。逆断层的规模一般较大,断层破碎带宽度较小、断层面较为弯曲或波状起伏,常有上、下方向的擦痕。逆断层一般在构造运动强烈的地区出现较多。

(3)平移断层。是指两盘沿断层面做相对水平位移的断层,如图 2-15(c)所示。平移断层的断层面较陡,甚至直立,且平直、光滑。

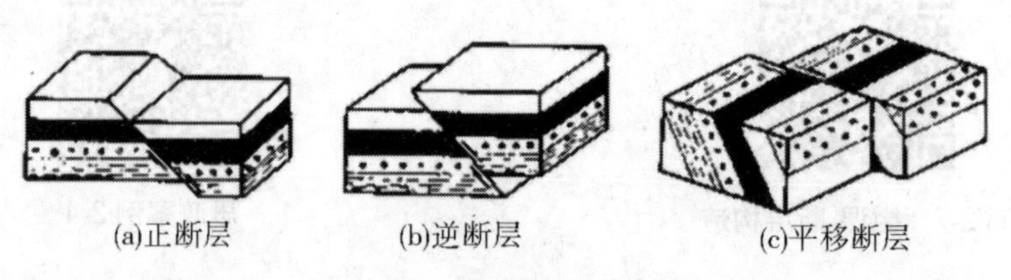

(a)正断层　(b)逆断层　(c)平移断层

图 2-15　断层类型示意图

在自然界中,有时断层不是单独存在的,而是呈组合形式存在,常见的组合形式有以下四种(见图 2-16)。

(1)阶梯状断层。多个断层面倾向相同(或相近)而又相互平行的正断层,其上盘依次下降呈阶梯状。

(2)地堑。由两条正断层组合而成,两边岩层沿断层面相对上升,中间岩层相对下降。

(3)地垒。由两条正断层组合而成,与地堑相反,断层面之间的岩层相对上升,两边岩层相对下降。

上述三种组合形式,偶尔在逆断层中也会见到。

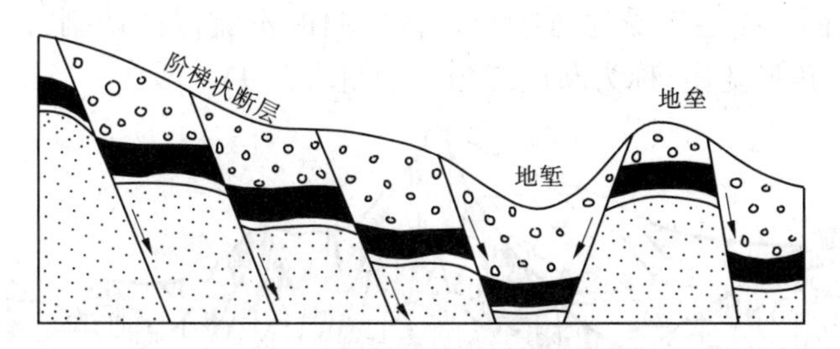

图 2-16　阶梯状断层、地堑及地垒

(4)叠瓦式断层造。由一系列产状平行的冲断层或逆掩断层组合而成(见图 2-17)。各断层的上盘依次逆冲形成像瓦片般的叠覆。

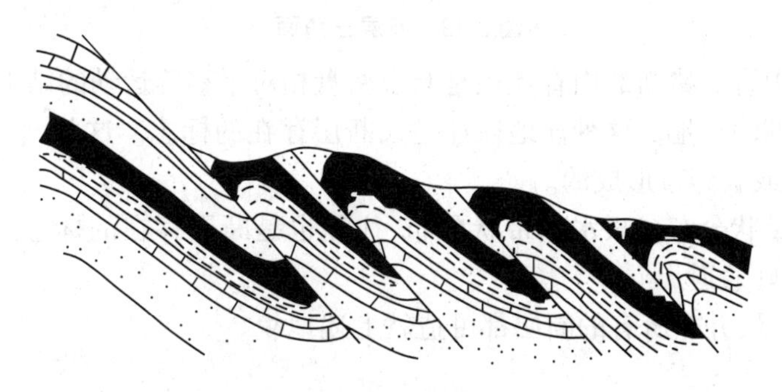

图 2-17　叠瓦式断层

(三)断层的识别

断层的发生,必然会在地貌、地层及构造等方面得到反映,这就形成了所谓的断层标志,也是识别断层的主要依据。

1. 地貌标志

(1)断层崖。由于断层两盘的相对运动,常使断层的上升盘形成陡崖,称为断层崖。如东非大裂谷形成的断层崖(见图 2-18);太行山前断裂带使太行山拔地而起,成为华北平原的西部屏障等。但值得指出的是,并非任何陡崖都是断层所致。

图 2-18　东非大裂谷形成的断层崖

(2)断层三角面。断层崖受到与崖面垂直方向的水流侵蚀切割,便可形成沿断层走向分布的一系列三角形陡崖,称为断层三角面(见图 2-19)。

图 2-19　断层三角面

(3)错断的山脊。错断的山脊往往是断层两盘相对平移等运动的结果。

(4)串珠状湖泊洼地。这种洼地往往是大断层存在的标志。这些湖泊洼地主要是由断层引起的断陷或破碎带形成的。

(5)泉水的带状分布。泉水呈带状分布,往往也是断层存在的标志。因为断层破碎带是地下水的良好通道。

需要说明的是,并非所有的断层都可造就上述地貌。

2. *地层标志*

地层标志是识别断层的可靠证据之一。

(1)岩层沿走向突然中断,而和另一岩层相接触,则说明有断层发生(见图 2-20)。

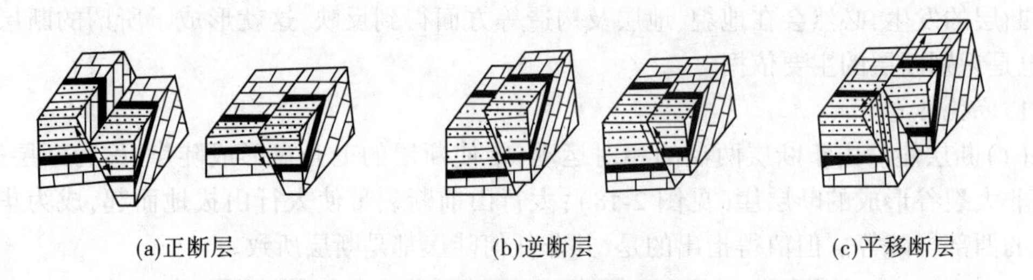

(a)正断层　(b)逆断层　(c)平移断层

图 2-20　断层造成岩层中断

(2)垂直岩层走向,若发现地层出现不对称的重复或缺失,则可判定有断层发生(见图 2-21)。

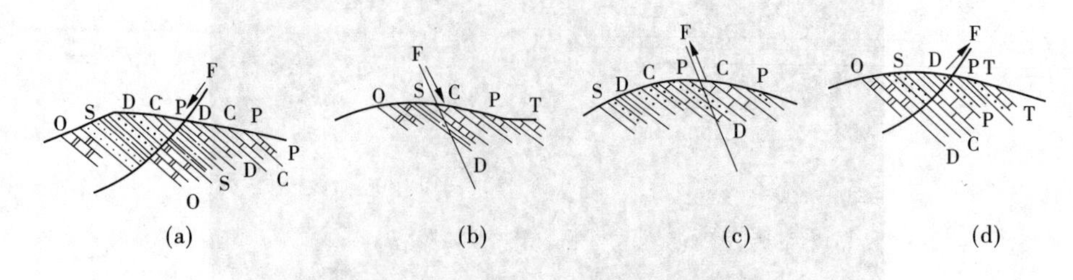

(a)　(b)　(c)　(d)

图 2-21　断层造成的地层重复和缺失

3. 构造标志

由于构造应力的作用,沿断层面或断层破碎带及其两侧,常常出现一些伴生的构造变动现象。这些现象是识别和确定断层性质的又一重要标志。常见的这些现象有擦痕、阶步、牵引褶皱及构造岩等。

(1)擦痕和阶步。断层两盘相互错动时,在断层面上留下的摩擦痕迹称为擦痕。有时在断层面上存在有垂直于擦痕方向的小台阶称为阶步。擦痕和阶步如图 2-22。

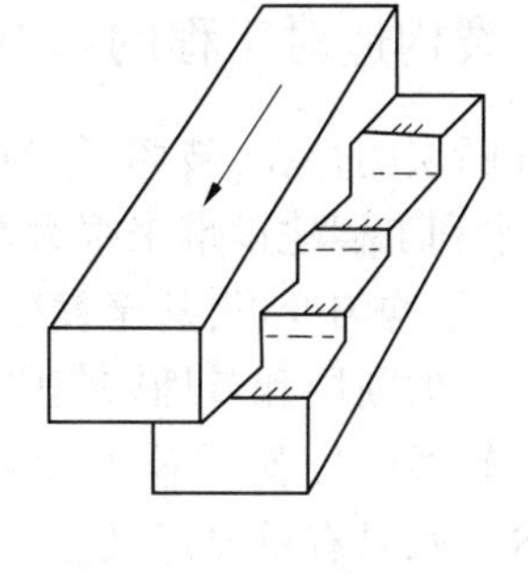

图 2-22　擦痕和阶步

(2)牵引褶皱。断层两盘相对错动时,断层附近的岩层因受断层面摩擦力的拖曳发生弧形弯曲拖曳现象,称为断层牵引褶皱(见图 2-23)。

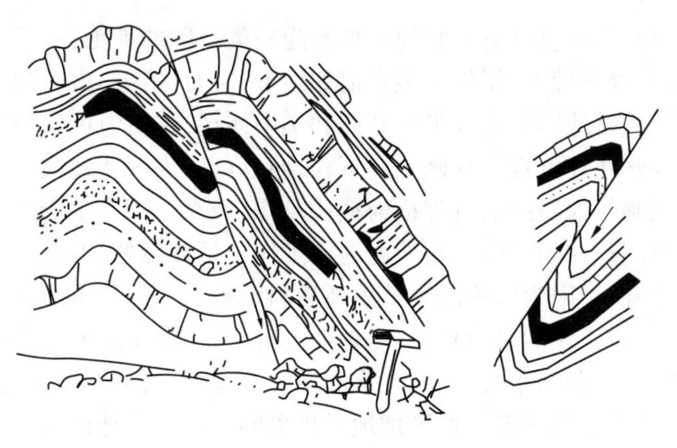

图 2-23　牵引褶皱

(3)构造岩。构造岩是指断层发生时,由于构造应力的作用,使断层带中岩石的矿物成分、结构、构造等发生强烈变化,甚至变质形成新的岩石。主要有断层角砾岩、断层泥、糜棱岩等。

需要说明的是,并非每一条断层都具有上述特征,而且有些特征也并非是断层的专利。所以在野外认识断层时,应多方面综合考察,才能得出可靠的结论。

4. 断层性质的判断

在判断出断层存在的前提下,我们需要根据两盘相对运动的方向来判断断层的性质。判断方法如下:

(1)根据擦痕判断。擦痕表现为一端粗而深,一端细而浅。由粗而深端向细而浅端指示另一盘的运动方向。另外,用手指顺擦痕轻轻抚摸,常常可以感觉顺一个方向比较光滑,而相反方向比较粗糙,感觉光滑的方向表示另一盘的运动方向。

(2)根据阶步判断。阶步的陡坎面向另一盘的运动方向(见图2-22)。

(3)根据牵引褶皱判断。牵引褶皱弧形弯曲突出的方向指示本盘的运动方向(见图2-23)。

三、断裂构造对工程的影响

节理和断层的存在,破坏了岩石的连续性和完整性,降低了岩石强度,增强了岩石的透水性,给水利工程建设带来很大影响。如节理密集带或断层破碎带,会导致水工建筑物的集中渗漏、不均匀变形,甚至发生滑动破坏,因此在选择坝址、确定渠道及隧洞线路时,要尽量避开大的断层和节理密集带,否则必须对其进行开挖、帷幕灌浆等方法处理,甚至调整坝或洞轴线的位置。不过,这些破碎地带,有利于地下水的运动和富集,因此断裂构造对于山区找水具有重要意义。

任务五　地质图

❖引例❖

什么是地质图?你可以试着把它简单理解为一类特殊的地图,在标准的经纬度、地理标志、行政区域划分等基础上,添加了很多诸如地形、岩石、地层、古生物、矿产和地质年代等地质信息。地质图是地质研究成果的载体和集中体现,它不但可以为矿产资源、地质环境和地质灾害的勘察及评价提供基础地质资料,而且可以为创新地质科学理论开启道路。

地质学家们把制作地质图的过程称为地质填图,顾名思义是在地形图上填绘准确的地质信息。地质填图这一项工作是在所有地质工作中最基础的,然而又最有难度、最艰苦的工作。说它最基础,是因为地质图是从事地质科学研究、找矿、预防各类地质灾害的基础工具,也是所有地质工作的最后总结,是地质工作的结晶和表现。说它最有难度,是因为地质填图是一项高度科学集成、要求严格的系统工程,是对某个时期特定区域的地质科研成果的记录,表达了地质学家对该区域地质现象的认识。地球已经历了46亿年的历史演化,地质现象非常复杂。我们平时在路边看见的大部分岩石、地层已经历了数百万年、数亿年甚至更长时间的地壳运动的改造,多数已不再像它们初始沉积时那样近水平分布,而是被挤压、拉张,从而褶皱、掀斜,或者被切断,或者被深部侵入的岩浆岩弄得千疮百孔,更有甚者被强烈的造山作用改造得支离破碎、面目全非。有道是岁月变迁、沧海桑田,我们今天所看见的地球表面洋陆格局与几亿年、十几亿年之前的洋陆格局完全不同。地质学家们在一个地区填制地质图,就是要把那些经历了复杂历史的地层、岩石、地质构造等,按照规定的比例尺填绘在相应比例尺的地形图上,难度之大可想而知。

不仅如此,在野外填制地质图,地质学家们还要经历各种艰难险阻。现在"驴友"们追求的跋山涉水、风餐露宿的生活,对于地质学家们来讲,只是工作常态,家常便饭。在填

图工作的过程中,除了道路险阻和高温酷暑,他们还攀过岩、溜过索道、蹚过冰水,遭遇过山体滑坡、崩塌和突如其来的暴雨冰雹袭击等。

值得欣慰的是,这些填图工作后来取得了很多的成果。正是一代代地质工作者的艰辛努力,使祖国大地上的山川平原,一点一点向我们揭开了它被重重时光掩盖的过往,变成了一幅幅地质图件,为矿产资源、地质环境和地质灾害的勘察及评价提供了基础地质资料。

❖知识准备❖

地质图是反映各种地质现象和地质条件的图件。它一般是将自然界的地质情况用规定的符号表示在平面上,或按一定的比例缩小投影绘制在平面上的图件。主要用来表示地层岩性和地质构造条件的地质图,称为普通地质图,习惯上简称为地质图。此外,还有专门性的地质图,常用来表示某一项地质条件,或服务于某一专门的国民经济目的,如专门表示第四纪沉积层的第四纪地质图,表示地下水条件的水文地质图,服务于各种工程建设的工程地质图等。地质图是地质工作的最基本图件,各种专门性的地质图件一般都是在它的基础上绘制出来的。在水利水电建设中,当缺乏工程地质图时,往往直接利用地质图作为水电建设的依据或参考,因此学会分析和阅读地质图是很重要的。

一、地质图的基本内容

码 2-8　微课-地质图

一幅完整的地质图应包括平面图、剖面图和柱状图。平面图是反映地表地质条件的图。它一般是通过地质勘测工作,在野外直接填绘到地形图上编制出来的。剖面图是反映地表以下某一断面地质条件的图。地质剖面图可以通过野外测绘或勘探工作编制,也可以在室内根据地质平面图来编制。柱状图常见的有钻孔柱状图、综合地层柱状图等。钻孔柱状图是反映某一点(钻孔所在位置)地层岩性在垂直方向上的变化情况;综合地层柱状图是综合性地反映一个地区各年代的地层特征、厚度和接触关系等。地质平面图全面地反映了一个地区的地质条件,是最基本的图件。地质剖面图是配合平面图,反映一些重要部位的地质条件,它对地层层序和地质构造现象的反映要比平面图更清晰、更直观,因此一般地质平面图都附有剖面图。

地质平面图应有图名、图例、比例尺、编制单位和编制日期等。

地质图图例中,地层图例严格地要求自上而下或自左而右,从新地层到老地层排列。

比例尺的大小反映了图的精度,比例尺越大,图的精度越高,对地质条件的反映也越详细、越准确,在一定范围内要求做的地质工作量(如野外观测路线长度、观测点密度、勘探试验工作多少等)就越多。一般地质图比例尺的大小,是由水利工程的类型、规模、设计阶段和地质条件的复杂程度决定的。

地质图上反映的地质条件,一般包括地层岩性、岩层产状、岩层接触关系、褶皱和断裂等。这些条件要采用不同的符号和方法,才能综合表示在一幅图中。

二、地质图的阅读

(一)阅读地质图的步骤

(1)先看图名和比例尺,以了解图的位置及精度。

(2)阅读图例,了解图中有哪些岩层及其新老关系,并熟悉图例的颜色及符号,这样在正式读图前,就对图中出现的地质情况有个概略的了解。

(3)正式读图时先分析地形,了解本区的地形起伏及山川形势。

(4)阅读岩层的分布、产状及其和地形的关系。通过对岩层分布、新老关系及产状的阅读,分析各年代地层接触关系;分析图中有无褶皱、褶皱类型、轴部、翼部位置等。

(5)阅读图上有无断层、断层性质及分布,并分析断层两侧地层分布特征。

(6)综合分析各种地质构造现象之间的关系、规律性及其形成过程。

(二)宁陆河地质图分析

现根据宁陆河地区地质平面图(见图 2-24)及综合地层柱状图(见图 2-25),对该区地质条件进行分析如下:

本区最低处在东南部宁陆河谷,高程 300 余 m,最高点在二龙山顶,高程达 800 余 m,全区最大相对高差近 500 m。区内地形地貌特征明显地受地层岩性、地质构造控制。山脉延伸方向多沿岩层走向大体呈南北方向延伸。一般志留纪页岩、背斜轴部及断层带多形成河谷低地,而石英砂岩、石灰岩及年代较新的粉细砂岩则形成高山。宁陆河先是顺背斜轴部的页岩分布区自北向南流,至泥盆系石英砂岩处,则折向东南方向顺 F3 断层发育。

本区出露地层有:志留系(S)、泥盆系上统(D_3)、二叠系(P)、中下三叠系(T_{1-2})、辉绿岩墙(V_x)、侏罗系(J)、白垩系(K)及第四系(Q)。各时代岩性、厚度等特征可看综合地层柱状图。第四系主要沿宁陆河谷分布,侏罗系及白垩系地层分布在东部红石岭,其余各系地层出露则与地质构造有关。

从图 2-25 中可以看出,泥盆系与志留系地层间虽然岩层产状一致,但缺失中下泥盆系地层,且上泥盆系底部存在底砾岩,因此两者之间为假整合接触,二叠系与泥盆系地层间缺失石炭系,也为假整合接触。侏罗系在图中与 D_3、P、T_{1-2} 三个年代的老岩层相接触,因此为不整合接触。第四系与老岩层间也为不整合接触。图 2-25 中其余沉积地层间都为整合接触关系。辉绿岩是顺张性正断层 F:呈岩墙状侵入到二叠系、三叠系石灰岩中,局部地段岩墙也有顺两组扭性断裂延展现象。因此,辉绿岩与二叠系、三叠系地层为侵入接触,而与侏罗系间则为沉积接触。所以辉绿岩形成时代应在晚中三叠系以后,侏罗系以前。

宁陆河地区有三个褶皱构造,即十里沟倒转背斜,白云山倒转向斜和红石岭直立向斜。

十里沟倒转背斜轴部在十里沟附近,轴向近南北延伸,向北因受 F3 平推断层影响,轴部向北偏移至宁陆河南北向河谷段。轴部地层为志留系页岩、长石砂岩,并有第四系松散层广泛覆盖,两翼对称分布的为泥盆系上统(D_3)、二叠系(P)、下中三叠系地层,但两翼只见到泥盆系上统和部分二叠系地层,三叠系已分布在图幅以外。两翼岩层走向近南北,均向西倾,但两翼岩层倾角较缓,45°~50°,东翼倾角可达 63°~71°。

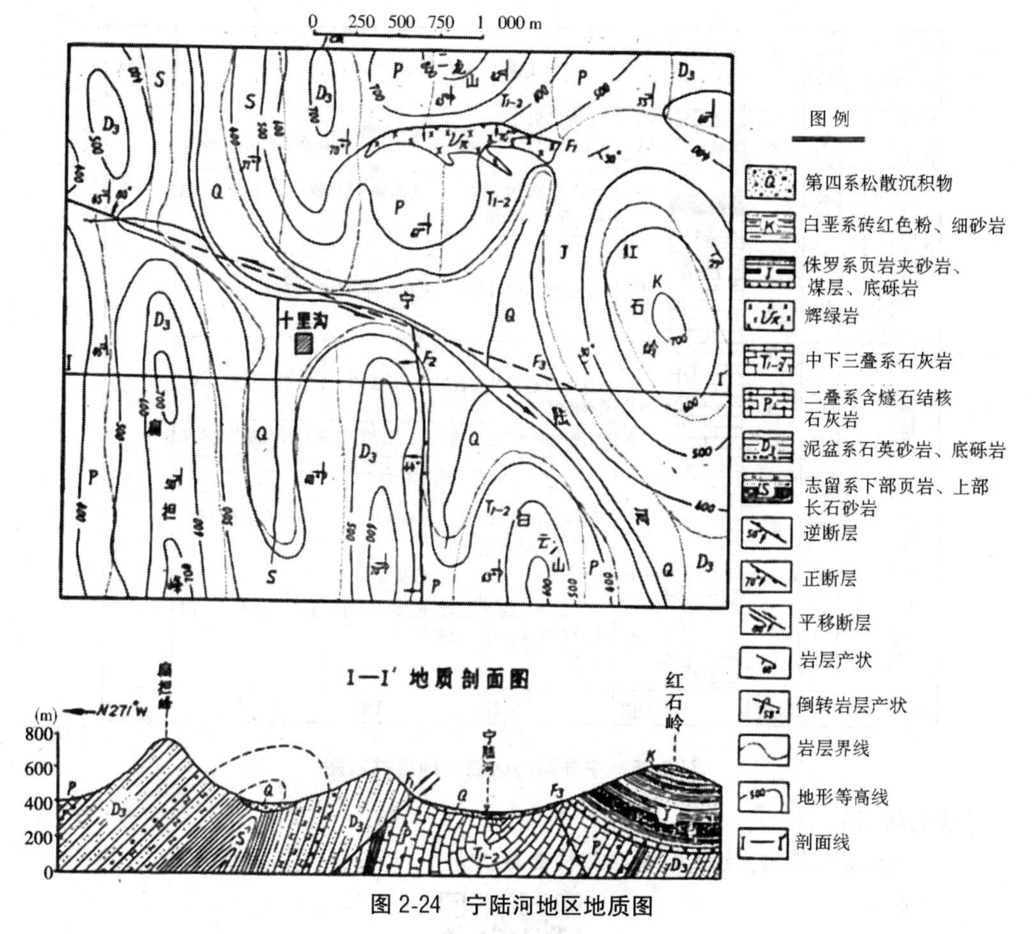

图 2-24 宁陆河地区地质图

白云山倒转向斜轴部在白云山至二龙山附近,呈南北向延伸,但过宁陆河后,因受 F3 断层影响,南部也略向东移。轴部地层为中下三叠系,由轴部向翼部地层依次应为 P、D_3、S,其中两翼即为十里沟倒转背斜东翼,东翼志留系地层已出图外,而 P、D_3 地层因受上覆不整合的 J、K 地层的影响,只在图幅东北角和东南角出露。两翼岩层产状均向西倾斜,且倾角近于相等,只在北部二龙山附近,西翼倾角高达 60°以上,东翼仅 40°~50°。

红石岭向斜,由白垩系、侏罗系地层组成,褶皱舒缓,两翼岩层相向倾斜,倾角约 30°,因此为一直立对称向斜。

F1:为一正断层,属张性断裂,断层面倾向南,倾角约 70°,由于南盘相对下降,北盘相对上升,再加上风化剥蚀作用,使上升盘的 T_{1-2} 与 P 地层分界线向西位移。另外,因倒转向斜轴部紧闭,断层位移幅度小,因此 F1 断层引起的轴部地层宽窄变化特征并不明显。

F2:为一逆掩断层,属压性断裂,可看出由于西部上升逆掩,使二叠系地层出露宽度在断层东盘(下降盘)明显变窄。

F3:为一平推断层,属扭性断裂,为区内规模最大的一条断层。从十里沟倒转背斜轴部志留系地层分布位置可明显看出,断层东北盘相对向西北位移,西南盘相对向东南位移。

界	系	统	阶	代号	层序	柱状图(1:25 000)	厚度/m	地质描述及化石	备注
新生界	第四系			Q	7		0~30	松散沉积层	
								不整合	
中生界	白垩系			K	6		111	砖红色粉砂岩、细砂岩、钙质和泥质胶结，较疏松	
								整合	
	侏罗系			J	5		370	浅黄色页岩夹砂岩，底部有一层砾岩，靠下部有一层厚达50 m的煤层	
								不整合	
	三叠系	中下统		T_{1-2}	4		400	浅灰色质纯石灰岩，夹有泥灰岩及鲕状灰岩	
								整合	
古生界	二叠系			P	3		520	黑色含燧石结核石灰岩，底部有页岩，砂岩夹层。有珊瑚化石	
								顺张性断裂辉绿岩呈岩墙侵入，围岩中石灰岩有大理岩化现象	
								假整合	
	泥盆系	上统		D_3	2		400	底砾岩厚2 m左右，上部为灰白色，致密坚硬石英砂岩。有古鳞木化石	
								假整合	
	志留系			S	1		450	下部为黄绿色及紫红色页岩，可见笔石类化石。上部为长石砂岩，有王冠虫化石	
审查		校核		制图		插图		日期	图号

图 2-25 宁陆河地区综合地层柱状图

【课后练习】

请扫描二维码，做课后练习与技能提升卷。

项目二 课后练习与技能提升卷

项目三　常见汛期地质灾害分析

【学习目标】

1. 会评价地表水和地下水对工程地质环境的影响。
2. 会分析斜坡地质灾害对工程环境的影响。
3. 会分析岩溶地面塌陷对工程环境的影响。
4. 认知北斗安全监测在地质灾害中的应用。

【教学要求】

知识要点		重要程度
水文地质条件评价	地表水	B
	地下水	B
斜坡地质灾害分析	崩塌	A
	滑坡	A
	泥石流	A
岩溶地面塌陷分析	岩溶的成因	B
	岩溶的分布规律	C
	岩溶的工程地质作用	A
北斗安全监测在地质灾害中的应用	北斗高精度地质灾害监测系统	B
	地质灾害监测内容及布点	B

【项目导读】

思政案例 3-1

水是地球表面分布最广和最重要的物质。地表水流和地下水流是最广泛、最强烈的外力地质作用因素。它们在向湖、海等地势低洼地方流动的过程中，不断进行着侵蚀作用、搬运作用和沉积作用。由于此过程与内力地质作用的共同影响，塑造了各种各样的地貌形态，形成各种第四纪松散沉积物，同时也可促使形成一些不良的地质作用，如崩塌、滑坡、泥石流、岩溶以及使岩石软化、泥化、膨胀等。

我国是地质灾害频发的国家，据不完全统计，90%以上的地质灾害发生于汛期，我国最常见的地质灾害为崩塌、滑坡、泥石流和地面塌陷。其中，崩塌、滑坡、泥石流多发生于地势陡峭的山区，属于斜坡地质灾害，受地形、岩性、地质构造、水等多方面的影响，而自然界地面塌陷主要受岩溶作用的影响。这些地质灾害对工程有不利的影响，因此进行地质灾害评价与防治十分必要。北斗安全监测技术是一项新技术，近年来广泛运用于地质灾害监测，成功预警了多次地质灾害。

任务一　水文地质条件评价

❖引例❖

在我国辽阔的土地上密布着成千上万条河流,据统计,流域面积在 1 000 km^2 以上的有 1 598 条,总流域面积 667×10^4 km^2,中小河流更是遍布全国,是世界上水利资源最丰富的国家。几千年来,我国劳动人民在与洪水作斗争和利用水资源方面积累了宝贵的经验,从 4 000 多年前"大禹治水"的传说,到至今仍在使用的长达 1 800 km 的黄河大堤,都是我国古代劳动人民与洪水进行艰苦卓越斗争的生动记录和伟大成就。纵观我国南北的京杭大运河,从公元 485 年开始兴建到公元 1292 年全线通航,全场 1 700 km,将华北水系、黄河、淮河、长江和钱塘江等天然水系联系起来,其规模之大在世界上是罕见的。公元前 250 年左右修建的都江堰分洪灌溉工程,巧妙地利用地形地貌条件,并根据河流侵蚀、沉积定律制定了"深淘滩,低作堰"的法则,至今仍在发挥着巨大的作用。2 000 多年前的坎儿井是在干旱地劳动人民漫长的历史发展中创造的一种地下水利工程,综合地质结构、地势和气候,将地下水引出地表,让沙漠变成绿洲。

由此可见,只有掌握水的地质作用,才能更好地让自然和人类和谐发展,那么,地表水和地下水对工程地质环境有着什么样的影响呢?

❖知识准备❖

一、地表水

地面流水按其流动方式可分为坡流、洪流和河流三种。其中,前两种都出现在降水或降水后很短一段时间内,故称暂时性流水,而后者(河流)多为经常性流水。

(一)坡流的地质作用

降落在斜坡上的雨水和冰雪融水,呈片状或网状沿坡面漫流,称为坡流。坡流沿着斜坡坡面做散状流动,将地表的碎屑物质(岩石风化产物)顺斜坡向下搬动或移动,其结果是使地形逐渐变得平缓,造成水土流失。坡流将它们所挟带的碎屑物质搬至坡度较平缓的山坡或山麓处逐渐堆积下来,形成坡积物(层)(见图 3-1)。

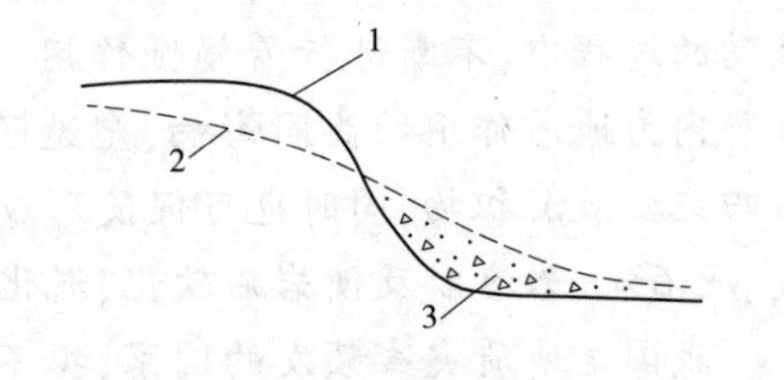

1—原始斜坡地面;2—冲刷后的坡面;3—坡积物。

图 3-1　坡积物

坡积物结构松散,孔隙率高,压缩性大,抗剪强度低,在水中易崩解。当黏土质成分含量较多时,透水性较弱;含粗碎屑石块较多时,则透水性强。当坡积物下伏基岩表面倾角较陡,坡积层与基岩接触处为黏性土而又有地下水沿基岩面渗流时,则易发生滑坡。

在山区的河谷谷坡和山坡上,坡积物广泛分布,这对基坑开挖、开渠、修路等危害很大。在坡积物上修建建筑物时,还应注意地基的不均匀沉降问题。

(二)洪流的地质作用

1. 洪流与冲沟

洪流是暴雨或骤然大量的融雪水沿沟槽做快速流动的暂时性水流。洪流由于雨量大,流速快,并挟带有大量泥沙石块,对流经的地面产生强烈冲刷,这种作用称为洪流的冲刷作用。冲刷作用的结果是使沟槽不断加长、加宽、加深形成冲沟(见图 3-2)。

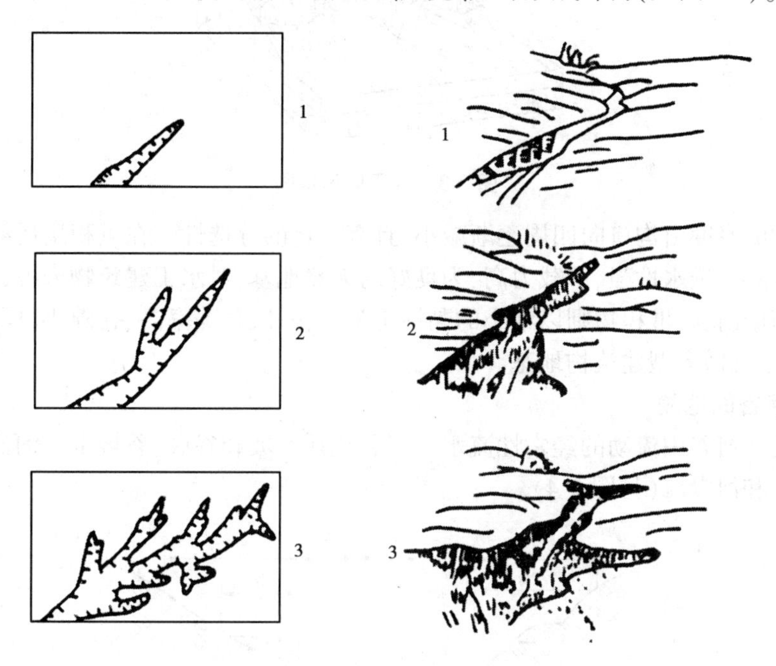

图 3-2　冲沟发育示意图

冲沟的形成发育主要受沟底坡度、岩性、气候以及植被等所控制。如我国西北黄土高原地区,植被稀少,土质疏松,降雨集中,所以冲沟发展很快,造成大面积水土流失。洪流所挟带的大量泥沙还会带入河流,使水库淤积。冲沟的发展还会强烈切割地面,给渠道、铁路、公路的修建和使用带来极大的威胁。

冲沟的防治一般采用水土保持措施,如在荒坡陡壁上种草植树,保水固土。在山坡地上垒土换土,蓄水改田,在山间河谷中修筑水库、谷坊,拦蓄山洪和泥沙等。

2. 泥石流

泥石流是发生在山区的一种水和大量泥沙石块的特殊洪流。它的形成条件是:山坡及沟谷坡度陡,汇水面积大,汇水区内有厚层岩石风化碎屑覆盖,且山坡植物覆盖率低,降水强度大或短期内冰雪迅速消融。值得注意的是,人为的滥伐森林、陡坡开荒等,可使水土流失加剧,为泥石流活动创造了条件。

由于泥石流的发生极为迅速,它又是一种水、泥、石的混合物,而且来势突然、凶猛,冲刷力和摧毁力强,有着掩埋和破坏工程的威胁及危及人们生命的危险,故对泥石流应予以防治。

3. 洪积物(层)

洪流出沟口后,由于地势开扩,水流分散,坡度变缓,流速降低,大量碎屑物质在沟口堆积,形成洪积物(层)。堆积的形状似“扇子”,故又称为洪积扇(见图 3-3)。若相邻沟谷的洪积扇相连,形成山前倾斜平原。

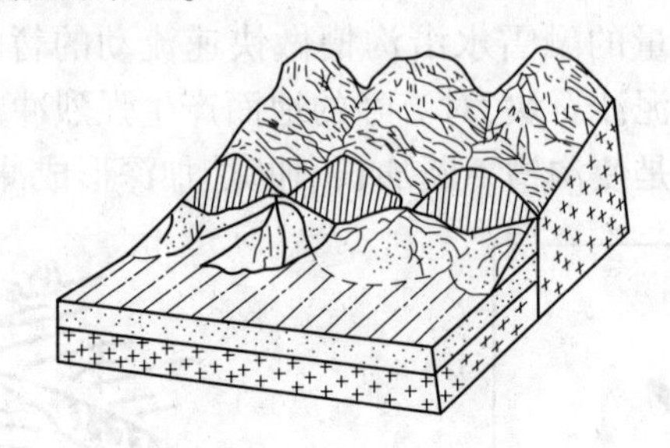

图 3-3　洪积扇示意图

洪积物的厚度由沟口向四周逐渐减小,且有一定的分选性。在洪积扇后缘,堆积物颗粒较粗、孔隙大、透水性强、承载力高,为良好的天然地基,对水工建筑物来说,要注意渗漏问题。洪积扇前缘,堆积物则以细小的黏性土为主,一般孔隙率高、孔隙小、压缩性大而透水性较弱,不宜做大型建筑物地基。

(三)河谷的地貌

河流是在河谷中流动的经常性流水。河谷包括谷坡和谷底,谷坡上有河流阶地,谷底可分为河床和河漫滩(见图 3-4)。

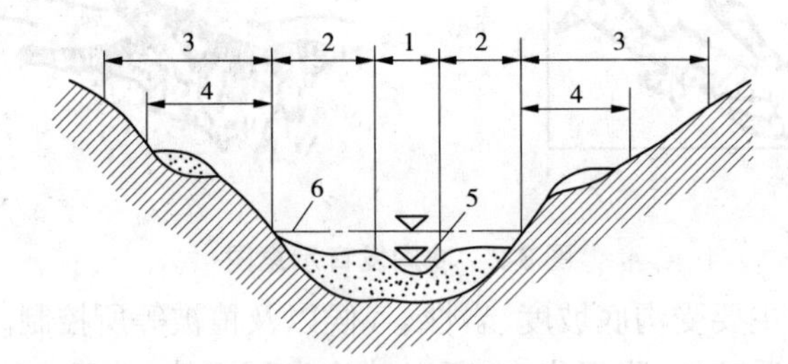

1—河床;2—河漫滩;3—谷坡;4—阶地;5—平水位;6—洪水位。

图 3-4　河谷的组成

河谷是河流挟带着砂砾在地表侵蚀、塑造的线状洼地。河谷由谷底和谷坡两大部分组成。谷底通常包括河床及河漫滩。河床是指平水期河水占据的谷底,或称河槽;河漫滩是河床两侧洪水时才能淹没的谷底部分,在枯水时则露出水面。谷坡是河谷两侧的岸坡。谷坡下部常年洪水不能淹没并具有陡坎的沿河平台叫阶地,但不是所有的河段均有阶地发育。谷肩(谷缘)是谷坡上的转折点,它是计算河谷宽度、深度和河谷制图的标志。河谷可划分为山区(包括丘陵)河谷和平原河谷两种基本类型,两种河谷的形态有很大差异。平原河谷由于水流缓慢,多以沉积作用为主,河谷纵断面较平缓,横断面宽阔,河漫滩宽广,江中洲发育,河流在其自身沉积的松散冲积层上发育成河曲和汊道。山区河谷与水电工程关系密切。下面着重讨论山区河谷的地貌形态。

1. 峡谷

峡谷,河谷的横断面呈 V 形,谷地深而狭窄,谷坡陡峭甚至直立,谷坡与河床无明显的分界线,谷底几乎被河床全部占据。两岸近直立,谷底全被河床占据者也称隘谷,如长

江瞿塘峡。隘谷可进一步发展成两壁仍很陡峭,但谷底比隘谷宽,常有基岩或砾石露出水面以上的障谷。峡谷的河床面起伏不平,水流湍急,并多急流险滩。如金沙江虎跳峡,峡谷深达 3 000 m,江面最窄处仅 40~60 m,一般谷坡坡角达 70°。长江三峡也是典型的峡谷地段。

峡谷的形成与地壳运动、地质构造和岩性有密切关系。地壳上升和河流下切是最普遍的成因。古近纪以来地壳上升越强烈的地区,峡谷也越深、越多。如位于喜马拉雅山地区的雅鲁藏布江大峡谷,是世界上最大、最深的大峡谷。位于横断山脉的澜沧江、怒江以及金沙江也都形成很深的峡谷。峡谷多形成在坚硬岩石地区,尤其在石灰岩、白云岩、砂岩、石英岩地区最为多见。如长江三峡是地壳上升地区,大部分流经石灰岩、白云岩分布的地段均形成峡谷。而由庙河经三斗坪坝址区至南沱,则为花岗岩地段,河谷较宽阔,岸坡较缓,河漫滩也常有分布。这与花岗岩的风化特征有关。

峡谷地段水面落差大。常蕴藏着丰富的水能资源。如金沙江虎跳峡在 12 km 的河段内,水面落差竟达 220 m;另外,在其下游的溪洛渡峡谷地段也有很大落差,现正建设一座 278 m 高的混凝土拱坝和装机容量为 1 260 万 kW 的水电站。当在峡谷地段发育有河曲时,更可获得廉价的电能。如雅砻江锦屏大河湾段,只需建一低坝拦水,开凿约 17 km 长的引水洞,便可得到 300 m 的落差,设计装机容量为 320 万 kW。永定河自官厅至三家店为峡谷地段,在约 110 km 长的河谷中,有 300 多 m 的落差,因有多处河曲,20 世纪 50 年代即已在珠窝、落坡岭修建低坝(坝高分别为 30 多 m 和 20 多 m),而在下马岭和下苇甸分别获得约 90 m 和 70 m 的水头,修建了引水式水电站。

2. 浅槽谷

浅槽谷又称 U 形河谷或河漫滩河谷。河谷横剖面较宽、浅,谷面开阔,谷坡上常有阶地分布,谷底平坦,常有河漫滩分布,河床只占谷底的一小部分。河流以侧蚀作用为主,它是由 V 形谷发展而成的,多形成于低山、丘陵地区或河流的中、下游地区。

3. 屉形谷

屉形谷横断面形态为宽广的“⊔”形,谷坡已基本上不存在,阶地也不甚明显,只有浅滩、河漫滩、江中洲等发育。其中,浅滩为高程在平水位以下的各种形态的泥沙堆积体,包括边滩、心滩、沙埂等。心滩不断淤高,其高程超过平水位时即转为江心洲。河流以侧蚀作用和堆积作用为主。多分布在河流下游、丘陵和平原地区。

4. 河流阶地

河谷两岸由流水作用所形成的狭长而平坦的阶梯平台,称河流阶地。它是河流侵蚀、沉积和地壳升降等作用的共同产物。当地壳处于相对稳定时期,河流的侧向侵蚀和沉积作用显著,塑造了宽阔的河床和河漫滩。然后地壳上升,河流垂直侵蚀作用加强,使河床下切,将原先的河漫滩抬高,形成阶地。若上述作用反复交替进行,则老的河漫滩位置不断抬高,新的阶地和河漫滩相继形成。因此,多次地壳运动将出现多级阶地。河流阶地主要可分三种类型:

(1)侵蚀阶地。侵蚀阶地的特点是阶地面由裸露基岩组成,有时阶地面上可见很薄的沉积物[见图 3-5(a)]。侵蚀阶地只分布在山区河谷。它作为厂房地基或者桥梁和水坝接头是有利的。

(2)基座阶地。基座阶地由两层不同物质组成,冲积物组成覆盖层,基岩为其底座[见图 3-5(b)],它的形成反映了河流垂直侵蚀作用的深度已超过原来谷底冲积层厚度,已经切入基岩。基座阶地在河流中比较常见。

(3)堆积阶地。堆积阶地的特点是沉积物很厚,基岩不出露,主要分布在河流的中下游地区。它的形成反映了河流下蚀深度均未超过原来谷底的冲积层。根据下蚀深度不同,堆积阶地又可分为上叠阶地和内叠阶地[见图 3-5(c)、(d)]。上叠阶地的形成是由于河流下蚀深度和侧蚀宽度逐次减小,堆积作用规模也逐次减小,说明每一次地壳运动规模在逐渐减小,河流下蚀均未到达基岩。内叠阶地的特点是每次下蚀深度与前次相同,将后期阶地套置在先成阶地内,说明每次地壳运动规模大致相等。

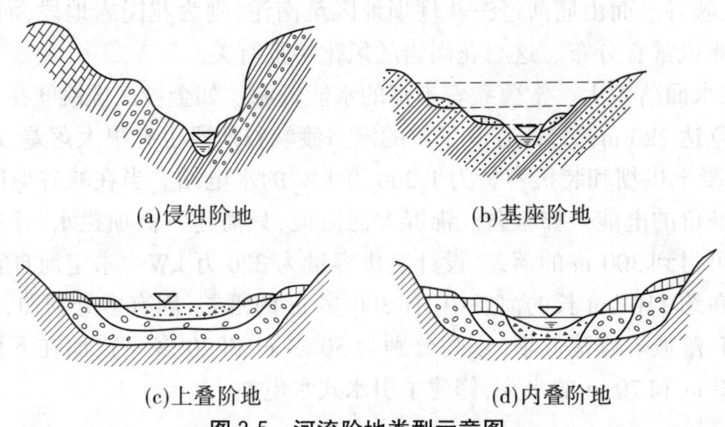

图 3-5 河流阶地类型示意图

巨大河流的中下游,河谷非常开阔,河流堆积作用十分强烈,当阶地非常大时,形成一片平缓的广阔平原,称为冲积平原。阶地分布于顺河方向的河床两侧,地形较开阔平坦,土地肥沃,是农业生产、工程建设和人类居住的重要场所,渠道、公路、铁路常沿阶地选线。在水工建筑物中,常利用阶地作为库房、加工厂和工人住宅的场所。堆积阶地一般具二元结构,应注意下层砂砾石的透水问题。此外,还应注意阶地内斜坡的稳定性,防止崩塌、滑坡等不良地质现象的发生。

(四)河流的地质作用

河流的地质作用可分为侵蚀作用、搬运作用和沉积作用。

码 3-1 微课-河流的地质作用

1. 河流的侵蚀作用

河流的侵蚀作用是指河水冲刷河床,使河床岩石发生破坏的作用。破坏的方式主要是机械破坏(冲蚀和磨蚀)和化学溶蚀,河流以这两种方式不断刷深河床和拓宽河谷。按河流侵蚀作用方向,河流的侵蚀作用又可分垂直侵蚀作用和侧向侵蚀作用两种。

(1)垂直侵蚀作用。河流的垂直侵蚀作用是指河水冲刷河底、加深河床的下切作用。

(2)侧向侵蚀作用。河流的侧向侵蚀作用是指河流冲刷两岸,加宽河床的作用。主要发生在河流的中下游地区。侧向侵蚀作用的结果是使河谷愈来愈宽,河床愈来愈弯曲(见图 3-6),形成河曲。河曲发展到一定程度时,可使同一河床上、下游非常靠近,在洪水时易被冲开,河床便裁弯取直。被废弃的弯曲河道便形成牛轭湖(见图 3-7)。如长江的下荆江河段，河曲极为发育，从藕池口到城陵矶的直线距离仅 87 km，却有河曲 16 个，致使两地间河道长度达 239 km，对船只航行十分不利。这段河道经过多次变迁，由天然裁弯取直形成的牛轭湖也很多。

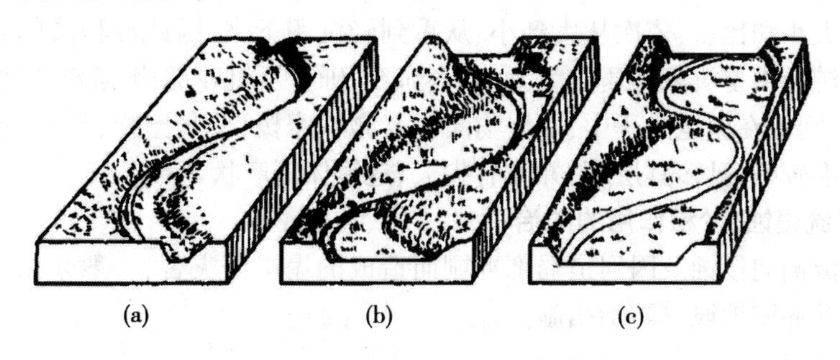

图 3-6　侧向侵蚀作用使河谷不断加宽

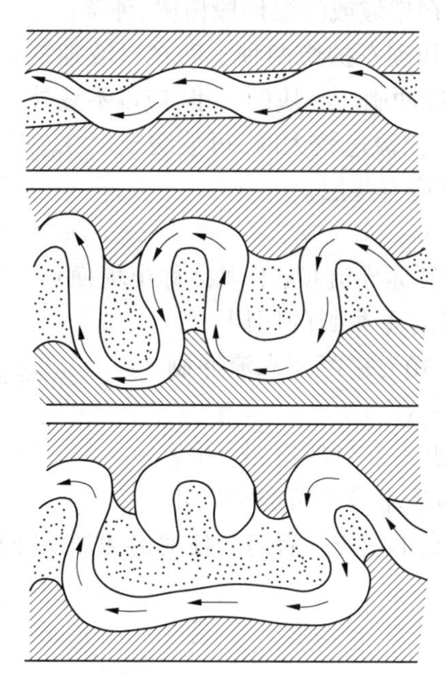

图 3-7　河曲发展

河流的垂直侵蚀作用和侧向侵蚀作用，经常是同时存在的，即河水对河床加深的同时，也在加宽河谷。但一般在上游以垂直侵蚀作用为主，侧向侵蚀作用微弱，所以常常形成陡峭的 V 形峡谷。而河流的中、下游则侧向侵蚀作用加强，垂直侵蚀作用减弱，所以河谷宽、河曲多。

2. 河流的搬运作用

河流将其挟带的物质向下游方向运移的过程，称为河流的搬运作用。河水搬运物质能力的大小，主要取决于河水的流量和流速。河流搬运物质的方式有推运、悬运和溶运三种。

3. 河流的沉积作用

在河床坡降平缓地带及河口附近，由于河水的动能减小、流速变缓，水流所搬运的物质在重力作用下便逐渐沉积下来,此沉积过程称为河流的沉积作用。所沉积的物质称冲积物(层)。

河流搬运物质的颗粒大小和重量,严格受流速控制。当流速逐渐减缓时被搬运的物质就按颗粒大小和比重,依次从大到小、从重到轻沉积下来,因此冲积层的物质具明显的分选性。上游及中游沉积物质多为大块石、卵石、砾石及粗砂等,下游沉积物多为中砂、细砂、黏土等。河流在搬运过程中,碎屑物质相互碰撞摩擦,棱角磨损,形状变圆,所以冲积层颗粒磨圆度较好,且多具层理,并时有尖灭、透镜体等产状。

(五)河流侵蚀、淤积作用的防治

对于河流侧向侵蚀及因河道局部冲刷而造成的塌岸等灾害,一般采用护岸工程或使主流线偏离被冲刷地段等防治措施。

1. 护岸工程

(1)直接加固岸坡。常在岸坡或浅滩地段植树、种草。

(2)护岸。有抛石护岸和砌石护岸两种。即在岸坡砌筑石块(或抛石),以消减水流能量,保护岸坡不受水流直接冲刷。石块的大小,应以不致被河水冲走为原则。抛石体的水下边坡一般不宜超过1:1,当流速较大时,可放缓至1:3。石块应选择未风化、耐磨、遇水不崩解的岩石。抛石层下应有垫层。

2. 约束水流

(1)顺坝和丁坝。顺坝又称导流坝,丁坝又称半堤横坝。常将丁坝和顺坝布置在凹岸以约束水流,使主流线偏离受冲刷的凹岸。丁坝常斜向下游,夹角为60°~70°,它可使水流冲刷强度降低10%~15%(见图3-8)。

图3-8　丁坝

(2)约束水流、防止淤积。束窄河道、封闭支流、截直河道、减少河道的输砂率等均可起到防止淤积的作用。也常采用顺坝、丁坝或二者组合使河道增加比降和冲刷力,以达到防止淤积的目的。

二、地下水

码3-2　微课-地下水的类型上

地下水是指埋藏并运动于地表以下的岩土空隙(孔隙、裂隙、空洞等)中各种状态的水,它是地球上水体的重要组成部分,与大气水、地表水是相互联系的统一体。地下水分布极其广泛,与人类的关系也极为密切。一方面,地下水是人们经济生活中的主要水源;另一方面,地下水往往给工程建设带来一定的困难与危害。为了合理利用地下水与防止其危害就必须对地下水加以研究。

(一)地下水的赋存

坚硬岩石中或多或少存在着空隙,松散土体中则有大量的空隙存在。岩土空隙,既是地下水储存场所,又是地下水的渗透通道。空隙的多少、大小及分布规律,决定着地下水分布与渗透的特点。

根据岩石空隙的成因不同,可把空隙分为孔隙、裂隙和溶隙三大类(见图3-9)。

(a)分选良好排列疏松的砂

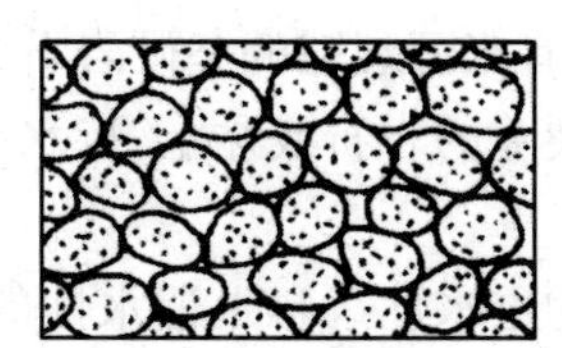

(b)分选良好排列紧密的砂

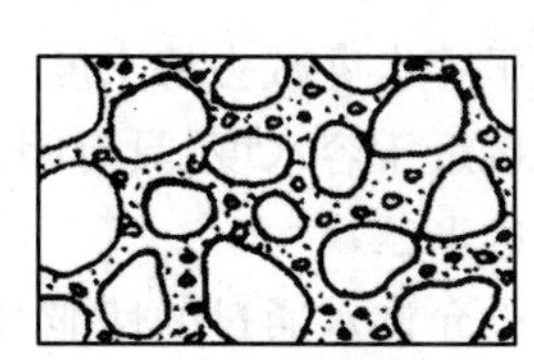

(c)分选不良含泥、砂的砾石

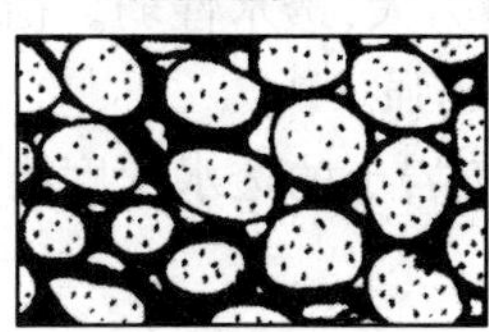

(d)部分胶结的砂岩

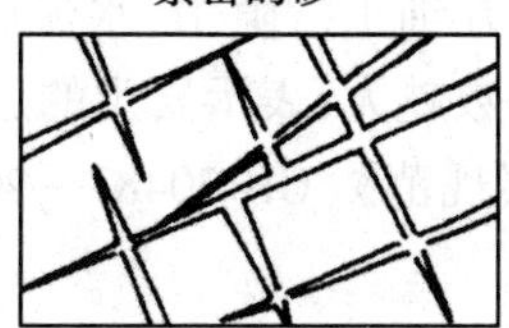

(e)具有裂隙的岩石

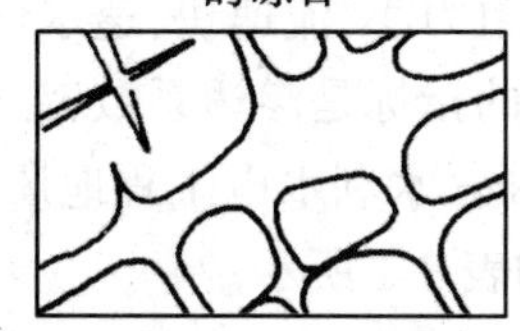

(f)具有溶隙的可溶岩

图 3-9　空隙

岩土空隙的发育程度,可用空隙度这个度量指标来衡量。空隙度 P 等于岩石中的空隙体积 V_P 与岩石总体积 V(包括空隙在内)的比值,即

$$P=\frac{V_P}{V}\times 100\% \tag{3-1}$$

岩石的空隙度以小数或百分比表示。松散沉积物、非可溶岩和可溶岩的空隙度,又可分别称为空隙率、裂隙率及溶隙率。

研究岩土的空隙时,不仅要研究空隙的多少,还要研究空隙的大小、空隙间的连通性和分布规律。松散土孔隙的大小和分布都比较均匀,且连通性好,所以孔隙率可表征一定范围内孔隙的发育情况;岩石裂隙无论其宽度、长度和连通性差异均较大,分布也不均匀,因此裂隙率只能代表被测定范围内裂隙的发育程度;溶隙大小悬殊,分布很不均匀,连通性更差,所以溶隙率的代表性更差。

岩土空隙中存在着各种形式的水,按其物理性质的不同,可以分为气态水、液态水(吸着水、薄膜水、毛管水和重力水)和固态水。

(二)岩土的水理性质

岩土的水理性质是指与地下水的赋存和运移等有关的岩土性质。包括岩土的容水性、持水性、给水性、透水性等。

1. 容水性

岩土空隙能容纳一定水量的性能,称为容水性。表征容水性的指标是容水度。容水度是指岩土中所能容纳水的体积与岩土总体积之比。

2. 持水性

饱水岩土在重力作用排水后仍能保持一定水量的性能,称为持水性。表征持水性的指标是持水度。持水度是指饱水岩土受重力作用排水后,仍能保持水的体积与岩土总体积之比。

3. 给水性

饱水岩土在重力作用下能自由排出一定水量的性能,称为给水性。表征给水性的指标是给水度。给水度是指饱水岩土能自由流出水的体积与岩土总体积之比。给水度在数值上等于容水度减去持水度。具有张开裂隙的坚硬岩石或粗粒的砂卵砾石，持水度很小，给水度接近于容水度；具有闭合裂隙的岩石或黏土，持水度大，给水度很小甚至等于零。

4. 透水性

岩土允许水通过的性能，称为透水性。岩土透水性的强弱主要取决于岩土空隙的大小及其连通情况，其次是空隙率的大小。在具有相似连通程度的情况下，水在大空隙中流动所受阻力小，流速快，透水性强；在细小空隙中，水流所受阻力大，透水性弱。衡量岩土透水性的指标是渗透系数，渗透系数越大，表示岩土的透水性越强。

根据《水利水电工程地质勘察规范》(GB 50487—2008)按岩土的透水程度将其分为6级，如表3-1所示。

表3-1 岩土渗透性分级

透水性等级	标准		岩体特征	土类
	渗透系数 K/(cm/s)	透水率 q/Lu		
极微透水	$K<10^{-6}$	$q<0.1$	完整岩石、含等价开度<0.025 mm裂隙的岩体	黏土
微透水	$10^{-6}\leqslant K<10^{-5}$	$0.1\leqslant q<1$	含等价开度0.025~0.05 mm裂隙的岩体	黏土-粉土
弱透水	$10^{-5}\leqslant K<10^{-4}$	$1\leqslant q<10$	含等价开度0.05~0.01 mm裂隙的岩体	粉土-细粒土质砂
中等透水	$10^{-4}\leqslant K<10^{-2}$	$10\leqslant q<100$	含等价开度0.01~0.5 mm裂隙的岩体	砂-砂砾
强透水	$10^{-2}\leqslant K<10^{0}$	$q\geqslant 100$	含等价开度0.5~2.5 mm裂隙的岩体	砂砾-砾石、卵石
极强透水	$K\geqslant 10^{0}$		含连通孔洞或等价开度>2.5 mm裂隙的岩体	粒径均匀的巨砾

注：Lu为吕荣单位，是指在一个1 MPa压力下，每米岩土试段的平均压入流量，以L/min计。

(三)含水层与隔水层

岩石中含有各种状态的地下水，由于各类岩石的水理性质不同，可将各类岩石层划分为含水层与隔水层。

1. 含水层

所谓含水层，是指能够给出并透过相当数量重力水的岩层。构成含水层的条件，一是岩石中要有空隙存在，并充满足够数量的重力水；二是这些重力水能够在岩石空隙中自由运动。

2. 隔水层

隔水层是指不能给出并透过水的岩层。隔水层还包括那些给出与透过水的数量是微不足道的岩层,也就是说,隔水层有的可以含水,但是不具有允许相当数量的水透过自己的性能。例如,黏土就是这样的隔水层。

有些岩层介于含水层与隔水层之间,处于一种过渡类型。例如,砂质页岩、泥质粉砂岩等,如果它和强透水层组合在一起,可看作是相对隔水层;如果周围是透水性更差的岩层,那它就成为含水层了。

(四)地下水的物理性质与化学成分

1. 地下水的物理性质

1)温度

地下水的温度变化范围很大。地下水温度的差异,主要受各地区的地温条件所控制。通常地温随埋藏深度不同而异,埋藏越深,水温越高,而且具有不同的温度变化规律。

2)颜色

地下水一般是无色、透明的,但有时由于某种离子含量较多,或者富集悬浮物和胶体物质,则可显出各种各样的颜色。如含硫化氢时呈翠绿色,含低价铁时呈浅绿灰色,含高价铁时呈黄褐色等。

3)透明度

地下水的透明度取决于其中的固体与悬浮物的含量。按透明度将地下水分为透明的、微蚀的、混蚀的和极浊的四级。

4)气味

地下水一般是无臭、无味的,但当地下水中含有某些离子或某种气体时,可以散发出特殊的臭味。含有硫化氢气体时,水便有臭鸡蛋味;含亚铁盐很多时,水中有铁腥气味或墨汁气味。

5)味道

纯水是无味的,但地下水因含有其他化学成分,如一些盐类或气体,会有一定的味感。如含较多的二氧化碳时清凉爽口;含大量的有机质物时,有较明显的甜味;含氯化钠时有咸味等。

6)密度

一般情况下,纯水的密度为0.981 t/m^3。地下水的密度决定于水中所溶盐分的含量多少。水中溶解的盐分愈多,密度愈大,有的地下水密度可达1.2~1.3 t/m^3。

7)导电性

地下水的导电性取决于其中所含电解质的数量和质量,即各种离子的含量与其离子价。离子含量愈多,离子价愈高,则水的导电性愈强。此外,水温对导电性也有影响。

8)放射性

地下水在特殊储藏环境下,受到放射性矿物的影响,具有一定的放射性。如堆放废弃的核燃料,会引起周围岩土体及其中的水体也带有放射性。

2. 地下水的化学成分及化学性质

1)地下水中常见的化学成分

(1)主要气体成分。地下水常见的有 O_2、N_2、CO_2、H_2S 等。

(2)主要离子成分。地下水分布最广、含量最多的离子有 Cl^-、SO_4^{2-}、HCO_3^-、Na^+、K^+、

Ca^{2+}、Mg^{2+}。

(3)主要胶体成分。胶体成分包括有机的和无机的两种。呈分子状态的无机胶体有 Fe_2O_3、Al_2O_3、H_2SiO_4 等。

(4)有机成分和细菌成分。有机成分主要是生物遗体所分解,多富集于沼泽水中,有特殊臭味。细菌成分可分为病源菌和非病源菌两种。

2)地下水的主要化学性质

(1)酸碱度。水的酸碱度主要取决于水中氢离子浓度,常用 pH 值表示,即 pH = lg[H^+]。根据 pH 值可分为:强酸水(pH<5)、弱酸水(pH=5~7)、中性水(pH=7)、弱碱水(pH=7~9)、强碱水(pH>9)5 类。自然界中大多数地下水的 pH 值在 6.5~8.5。

(2)硬度。水的硬度取决于水中 Ca^{2+}、Mg^{2+} 的含量。硬度分为总硬度、暂时硬度、永久硬度。水中 Ca^{2+}、Mg^{2+} 离子的总量,称总硬度。将水煮沸后,部分 Ca^{2+}、Mg^{2+} 发生沉淀,而生成的硬度,称为暂时硬度。总硬度与暂时硬度之差,称为永久硬度。

我国采用的硬度表示有两种:一是德国度、即每一度相当于 1 L 水中含有 10 mg 的氧化钙(CaO)或 7.2 mg 的 MgO;另一是每升水中 Ca^{2+}、Mg^{2+} 的毫摩尔数。1 毫摩尔硬度 = 2.8 德国度。根据硬度可将地下水分为五类,如表 3-2 所示。

表 3-2 地下水按硬度分类

水的类别		极软水	软水	微硬水	硬水	极硬水
硬度	Ca^{2+}、Mg^{2+}的毫摩尔数	<1.5	1.5~3.0	3.0~6.0	6.0~9.0	>9
	德国度	<4.2	4.2~8.4	8.4~16.8	16.8~25.2	>25.2

硬度对评价工业与生活用水均有很大意义,硬水易在锅炉和水管中产生水垢,容易使锅炉爆炸,故用作锅炉用水时应做处理。

思政案例 3-2

(3)总矿化度。地下水中离子、分子和各种化合物的总量称总矿化度,简称矿化度,以 g/L 表示。通常以 105~110 ℃温度下将水蒸干后所得干涸残余物总量来确定。地下水根据矿化程度可分为 5 类,如表 3-3 所示。

表 3-3 地下水按矿化度的分类

水的类别	淡水	微咸水 (低矿化水)	咸水 (中等矿化水)	盐水 (高矿化水)	卤水
矿化度/(g/L)	<1	1~3	3~10	10~50	>50

水的矿化度与水的化学成分说明了量变到质变的关系,淡水和微咸水常以 HCO_3^- 为主要成分,称重碳酸盐型水;咸水常以 SO_4^{2-} 为主要成分,称硫酸盐型水;盐水和卤水则往往以 Cl^- 为主要成分,称氯化物型水。高矿化水能降低混凝土强度,腐蚀钢筋,并促使混凝土表面风化。搅拌混凝土用水一般不允许用高矿化水。

3）地下水的侵蚀性

侵蚀性是指地下水对混凝土及钢筋构件的侵蚀破坏能力，主要有两种形式：

（1）硫酸型侵蚀（结晶型侵蚀）。若水中 SO_4^{2-} 含量大，那么 SO_4^{2-} 与混凝土中水泥作用，生成含水硫酸盐结晶（如生成 $CaSO_4 \cdot 2H_2O$），这时体积膨胀，使混凝土遭到破坏。

（2）碳酸盐侵蚀。主要指水中 H^+ 浓度（pH 值）、重碳酸离子（HCO_3^-）及游离 CO_2 等对混凝土中碳酸钙成分的溶解、分解作用，使混凝土遭到破坏。

码 3-3 微课-地下水的类型中

（五）地下水的基本类型及特征

地下水的分类方法很多，归纳起来可分两大类：一类是按埋藏条件分类，另一类是按含水层空隙性质分类。两种分类综合使用可有 9 种不同类型（见表 3-4）。

表 3-4 地下水分类表

埋藏条件	含水层空隙性质		
	孔隙水（松散沉积物孔隙中的水）	裂隙水（坚硬基岩裂隙中的水）	岩溶水（可溶岩石溶隙中的水）
上层滞水	局部隔水层以上的饱和水	出露于地表的裂隙岩石中季节性存在的水	垂直渗入带中的水
潜水	各种松散堆积物浅部的水	基岩上部裂隙中的水、沉积岩层间裂隙水	裸露岩溶化岩层中的水
承压水	松散堆积物构成的承压盆地和承压斜地中的水	构造盆地、向斜及单斜岩层中的层状裂隙水；断裂破碎带中深部水	构造盆地、向斜及单斜岩溶化岩层中的水

1. 地下水按埋藏条件分类

地下水按埋藏条件可分为上层滞水、潜水和承压水三类。

1）上层滞水

上层滞水是存在于包气带中，局部隔水层之上的重力水（见图 3-10）。上层滞水一般分布不广，埋藏接近地表，接受大气降水的补给，补给区与分布区一致，以蒸发形式或向隔水底板边缘排泄。雨季时获得补给，赋存一定的水量，旱季时水量逐渐消失，其动态变化很不稳定。上层滞水对建筑物的施工有一定的影响，应考虑排水的措施。

2）潜水

潜水是指埋藏在地表以下、第一个稳定隔水层以上，具有自由水面的重力水（见图 3-10）。潜水的自由水面，称为潜水面。潜水面用高程表示潜水位，自地面至潜水面的距离，称潜水埋藏深度。由潜水面往下至隔水层顶板之间，充满重力水的岩层，称潜水含

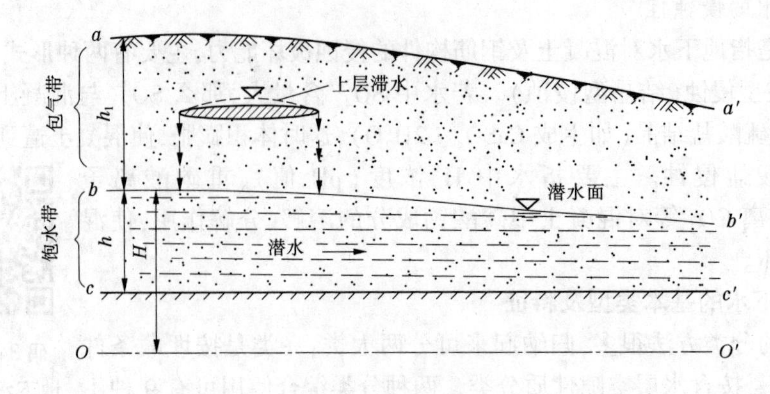

aa′—地面；bb′—潜水面；cc′—隔水层面；OO′—基准面。

图 3-10 上层滞水和潜水示意图

水层，两者之间的距离，称含水层厚度。根据潜水的埋藏条件，潜水具有以下特征：

(1)潜水面是自由水面，无水压力，只能在重力作用下由潜水位高处向较低处流动。潜水面的形状受地形、地质等因素控制，基本上地形一致，但比地形平缓。

(2)潜水面以上无稳定的隔水层，存留于大气中的降水和地表水可通过包气带直接渗入补给而成为潜水的主要补给来源。因此，潜水的补给区与分布(径流)区是一致的。

(3)如果潜水埋藏很浅，潜水的排泄主要是靠蒸发，此外潜水还以泉的形式排泄。潜水的水位、水量、水质随季节不同而有明显的变化。

(4)在雨季，潜水补给充沛，潜水位上升，含水层厚度增大，埋藏深度变小；而在枯水季节正好相反。

(5)由于潜水面上无盖层(隔水层)，故易受污染。

3)承压水

承压水是指充满于两个隔水层之间的含水层中，具有承压性质的地下水。承压水有上下两个稳定的隔水层，上面的称隔水层顶板，下面的称隔水层底板，两板之间的距离称为含水层厚度。

当钻孔打穿隔水层顶板至含水层时，地下水在静水压力下就会上升到含水层顶板以上一定高度(见图 3-11)。若此高度超过地面，就会形成自流井。若水头低于顶板高程，则称层间无承压水。

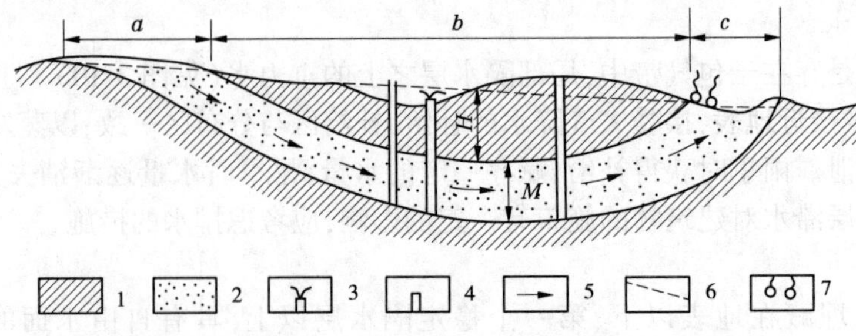

1—隔水层；2—含水层；3—喷水钻孔；4—不自喷钻孔；5—地下水流向；
6—测压水位；7—泉；H—承压水位；M—含水层厚度。

图 3-11 承压水分布示意图

由于承压含水层上下都有稳定的隔水层存在,所以承压水与地表大气隔绝,其补给区与分布区不一致,可以明显地分为补给区、承压区和排泄区。水量、水位、水温都较稳定。受气候、水文因素的直接影响较小,不易受污染。

2. 地下水按空隙性分类

1) 孔隙水

孔隙水广泛分布于第四纪松散沉积物中和坚硬基岩的风化壳。孔隙水的基本特征是:分布均匀连续,多呈层状,具有统一水力联系的含水层。一般情况下,颗粒大而均匀,则含水层孔隙也大、透水性好,地下水水量大、运动快、水质好;反之,则含水层孔隙小、透水性差,地下水运动慢,水质差,水量也小。不同种类孔隙水其特征不同。

2) 裂隙水

码 3-4　微课-地下水的类型下

裂隙水的发育程度受许多因素的影响,表现为空间分布的不均匀性,因而埋藏和运动于其中的地下水也是不均匀的。裂隙连通性和张开性好的岩体,其中的地下水水力联系就好,能形成一个统一的含水体系。当张开的、分布稀疏且不均匀的裂隙切割岩体时,则可能构成若干独立的含水体系,赋存于其中的地下水,缺乏相互水力联系,不能构成统一水位。有时相距几米至十几米,含水率却悬殊(见图 3-12)。裂隙水根据裂隙类型不同,可分为以下三种。

1—不含水的开启裂隙;2—含水的开启裂隙;3—包气带水流方向;4—饱水带水流方向;
5—地下水位;6—水井;7—自喷孔;8—干井;9—季节性泉;10—常年性泉。

图 3-12　脉状裂隙水示意图

(1)风化裂隙水。赋存于风化裂隙中的水为风化裂隙水。风化裂隙水广泛分布于出露基岩的表面,延伸短,无一定方向,构成彼此连通的裂隙体系,发育密集而均匀,一般深度为几十米,少数可达百米以上。风化裂隙水绝大部分为潜水,多分布于出露基岩的表层,其下新鲜的基岩为含水层的下限,埋藏较浅,其补给为大气降水,所以受气候及地形因素的影响很大。气候潮湿、多雨和地形平缓地区,风化隙裂水比较丰富。

(2)成岩裂隙水。成岩裂隙是岩石在形成过程中,由于降温、固结、脱水等作用而产生的原生裂隙,一般见于地下岩浆岩中。成岩裂隙发育均匀、呈层状分布,裂隙水多形成潜水。当成岩裂隙水上覆不透水层时,可形成承压水,如脉状裂隙发育的玄武岩中,由于裂隙密集、连通性好,故赋存的地下水水量大、水质好,是良好的供水水源。但要注意成岩裂隙水对工程建设的影响。

(3)构造裂隙水。构造裂隙是岩石在构造应力作用下形成的,存在其中的地下水为构造裂隙水。构造裂隙水较复杂,一般可分为层状裂隙水和脉状裂隙水。层状裂隙水埋藏于沉积岩、变质岩的节理中,常形成潜水含水层,有时也可形成裂隙承压水。脉状裂隙水往往存在于断层破碎带中,通常为承压水性质,在地形低洼处,常沿断层带以泉的形式排泄。规模较大的张性断层,两盘又是坚硬脆性岩石时,则裂隙张开性好,富水性就强,而压性断层富水性差。含水断层带常对地下工程建设危害较大,必须给予高度重视。

3)岩溶水

埋藏运移岩溶中的重力水为岩溶水。它可以是潜水,也可以是承压水。岩溶的发育特点也决定了岩溶水在垂直方向和水平方向上分布的不均匀性。岩溶水的补给是大气降水和地面水,其运动特征是层流与紊流、有压流与无压流、明流与暗流、网状流与管道流并存;岩溶水动态变幅大,对降水反映灵敏。岩溶水富水部位为厚层质纯灰岩区、构造破碎部位、可溶岩与非可溶岩交界附近、地形低洼处、地下水面附近。

岩溶水水量丰富,水质好,可作为大型供水水源。岩溶水分布地区易发生地面塌陷以及在施工中有突然涌水事故的发生,应予注意。

3. 泉

地下水在地表的天然出露头叫泉。它是地下水的主要排泄方式之一。泉多出露在山麓、河谷、冲沟等地面切割强烈的地方,平原地区极少见到泉。泉的类型很多,可以从不同角度进行分类。

思政案例 3-3

1)按泉水的补给来源分

(1)上升泉。由承压水补给,水流受压溢出或喷出地表,其动态变化较小。

(2)下降泉。由潜水或上层滞水补给,水量随季节变化较大。

2)按出露原因分

(1)侵蚀泉。河谷切割到潜水含水层时,潜水即出露为侵蚀下降泉;若切穿承压含水层的隔水顶板,承压水便喷涌成泉,称为侵蚀上升泉。

(2)接触泉。透水性不同的岩层相接触,地下水流受阻,沿接触面出露,称为接触泉。

(3)断层泉。断层使承压含水层被隔水层阻挡,当断层导水时,地下水沿断层上升,在地面标高低于承压水位处出露成泉,称为断层泉。沿断层线可看出呈串珠状分布的断层泉。

3)按泉水的温度分

(1)冷泉。泉水温度大致相当或略低于当地年平均气温的泉叫冷泉。这种冷泉大多由潜水补给。

(2)温泉。泉水温度高于当地年平均气温的泉叫温泉。如陕西临潼华清池温泉水温 50 ℃。温泉的起源有二:一为受地下岩浆的影响;二为受地下深处地热的影响。

(六)环境水对混凝土的腐蚀性

环境水主要指天然地表水和地下水。环境水对混凝土的腐蚀性是指环境水所含的特定化学成分对混凝土产生的不同类型的腐蚀,从而降低了混凝土的整体性、耐久性和强度

码 3-5　微课-与地下水有关的工程地质问题

的过程和结果。

为评价环境水对混凝土的腐蚀性而进行的水化学成分分析试验中，除特殊需要外，一般只进行水质简易分析。分析项目主要有：K^+、Na^+、Ca^{2+}、Mg^{2+}等阳离子，Cl^-、SO_4^{2-}、HCO_3^-等阴离子，溶于水的侵蚀性 CO_2、游离 CO_2 气体，以及水的酸碱度的重要衡量指标 pH 值等。

1. 环境水对混凝土的腐蚀性类型

据《水利水电工程地质勘察规范》(GB 50487—2008)，环境水对混凝土可能产生的腐蚀性分为三类以下：

(1)分解类腐蚀。水中某些化学成分使混凝土表面的碳化层与混凝土中固态游离石灰质溶于水，降低混凝土毛细孔中的碱度，引起水泥结石的分解，导致混凝土的破坏，此为分解类腐蚀。如溶出型腐蚀、一般酸性型腐蚀和碳酸型腐蚀。

(2)结晶类腐蚀。由于水中某些离子与混凝土中的固态游离石灰质或水泥结石作用，形成结晶体，体积增大，如生成 $CaSO_4 \cdot 2H_2O$ 时，体积增大 1 倍；生成 $MgSO_4 \cdot 7H_2O$ 时体积增大 4.3 倍，产生膨胀力而导致混凝土破坏。此为结晶类腐蚀，如硫酸盐型腐蚀。

(3)分解结晶复合类腐蚀。水中含某些弱碱硫酸盐，如 $MgSO_4$、$(NH_4)_2SO_4$ 等，既使混凝土发生分解，又在混凝土中形成结晶体，而导致混凝土破坏。此为分解结晶复合类腐蚀，如硫酸镁型腐蚀。

2. 环境水对混凝土的腐蚀程度分级

环境水对混凝土的腐蚀程度分级是指混凝土在没有防护条件下水对其所产生的破坏程度，以混凝土使用 1 年后的抗压强度与其养护 28 d 的标准抗压强度相比较，按强度降低的百分比 $F(\%)$ 划分为四个等级：无腐蚀($F=0$)、弱腐蚀($F<5$)、中等腐蚀($5\leqslant F<20$)、强腐蚀($F\geqslant 20$)。环境水腐蚀判定标准详见《水利水电工程地质勘察规范》(GB 50487—2008)附录 G。

❖技能应用❖

技能 1　水文地质情况观察

一、目的

(1)学会观察和识别水文地质现象，能够对河流地貌和地下水类型做出正确判别。

(2)开阔学生视野，巩固课堂上所学的知识，促使学生去思考、探索，使学生对课程产生浓厚的兴趣，并转化为学生进一步学好知识的动力。

二、要求

要求学生利用所学到的有关水文地质条件评价的基本内容，观察生活中所能见到的河流、泉水、井水等，查阅当地地质资料，对河流地貌以及地下水类型做出正确的判别，并整理成简单的调查报告。

三、观察内容

根据地区情况选定观察内容，比如在长沙市，可以观察岳麓山上的白鹤泉至爱晚亭一带，观察内容如下：

(1)地下水水位：观察白鹤泉水位。

(2)地形地貌：观察白鹤泉附近的地貌特征。

(3)水位与地形的关系：观察泉水水位与周围地形的差异，据此思考地下水类型。

(4)地表水：观察白鹤泉南山沟中沿沟出现的地表水特征。

(5)侵蚀地貌：观察地表水对地表的侵蚀，沟谷形态以及沟底沉积物的类型。

任务二 斜坡地质灾害分析

❖引例❖

瓦里昂大坝于1956年正式开始施工，1961年建成，坝高262 m，是当时世界上最高的双曲拱坝。坝前山体左岸是一个古滑坡，在大坝施工期间，设计人员不理会地质人员的多次建议，1960年2月，试验性蓄水期间，左岸斜坡发生大规模裂缝，同年10月，当水位到达635 m时，左岸地面出现一道长达1 800~2 000 m的裂缝，随后发生了局部崩塌，塌方体积达70万 m^3，坝前出现高达10 m的涌浪。1963年10月9日22时39分，左岸山体发生滑坡，形成250 m高的涌浪，漫过坝顶，冲向下游，死亡人数达3 000多人，曾经美丽的山庄，被彻底冲毁了。

由此可见，滑坡给人民生命财产安全带来了巨大的威胁，那么，滑坡的形成原因是什么呢？除了滑坡外还有什么常见的地质灾害？我们应该怎么防治这些灾害的产生？

❖知识准备❖

斜坡通常是指地表因自然作用形成的向一个方向倾斜的地段。斜坡在一定的自然条件和重力作用下，常使在其上的部分岩体发生变形和破坏，给各种建筑物(如水坝、隧洞、渠道、铁路、公路等)的建造和使用带来极大的困难和危害，有时甚至造成巨大的灾难。

一、斜坡的破坏类型

斜坡岩体失稳破坏的类型主要有崩塌、滑坡、泥石流。

(一)崩塌

在斜坡的陡峻地段，大块岩体在重力作用下，突然迅速倾倒崩落，沿山坡翻滚撞击而坠落坡下的破坏现象，称崩塌(见图3-13)。崩塌多发生在45°以上的陡坡上。岩土体以跳跃、滚动形式运动，直接坠落于地面，在坡上方形成陡坎，称为崩塌崖；在坡的下方形成碎石舌、倒石堆等。崩塌运动时没有固定的滑动面，其地质营力主要是重力地质作用，一般没有流水作用的参与，崩落物质主要由土和岩块组成。崩塌是斜坡破坏的一种形式，对水

码3-6 微课-崩塌

利、铁路、公路的危害严重。因此,对崩塌类型、崩塌产生原因和崩塌堆积物的研究具有重大意义。

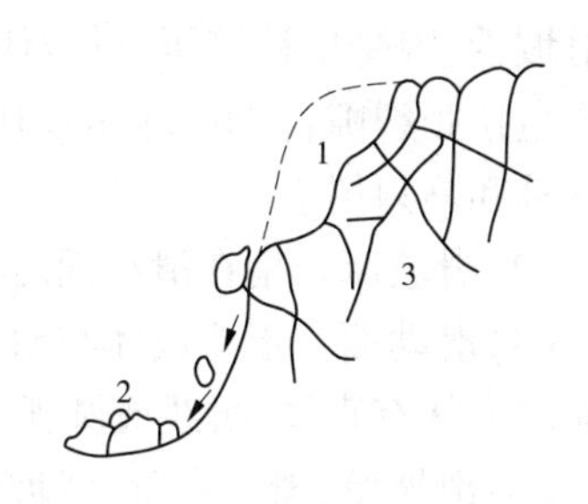

1—崩塌体;2—堆积块石;
3—被裂隙切割的斜坡基岩。
图 3-13　崩塌示意图

崩塌可分为山崩、崩岸、岩崩和岩屑崩落等类型。

(1)山崩。山崩是山区发生大规模崩塌的现象。在边坡很陡的地区,在岩石的释重作用、冰劈作用、温差作用等物理风化作用下,沿陡坡边缘产生一系列的张裂隙,使边坡处于极不稳定状态。当遇到地震、爆破或人工开挖等触发因素时,岩体产生崩塌。山崩的规模可大可小,大规模的山崩破坏力巨大。如 1911 年帕米尔高原巴尔坦格河谷一次巨大山崩,崩落的体积达 36 亿~48 亿 m^3。在几秒钟的时间内,岩体从 600 m 的高处塌落下来,堵塞了河流,形成了长 75 km、深 262 m 的堰塞湖。

(2)崩岸。河岸、湖岸和海岸,由于河流的侧蚀作用,湖岸、海岸的浪蚀作用,导致底部被淘空,上方岩体失去支撑而发生崩岸。

(3)岩崩。陡岸整块岩体直接坠落或滚落,称为岩崩。崩落的岩体散落于山坡下方的缓坡地带。

(4)岩屑崩落。岩屑顺斜坡做跳跃式的滚动称为撒落,它比山崩和岩崩的速度慢,常形成倒石堆。

(二)滑坡

斜坡上的岩体,在重力作用下,沿斜坡内一个或几个滑动面整体向下滑动的现象,称滑坡。大的滑坡规模可达几千立方米,甚至数亿立方米,常掩埋村镇,中断堵塞交通,给工程带来重大危害。所以,在工程建设中必须对滑坡进行详细勘察,研究其发生原因及发展规律,提出合理有效的防治措施。

码 3-7　微课-滑坡

1. 滑坡的组成

一般滑坡由以下几部分组成(见图 3-14):

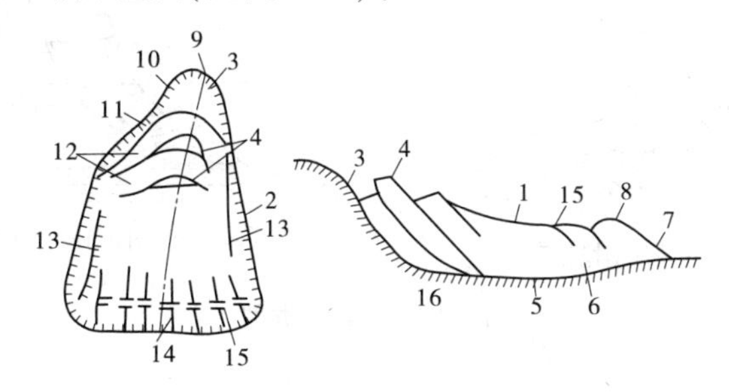

1—滑坡体;2—滑坡周界;3—破裂壁;4—滑坡台阶;5—滑动面;6—滑动带;7—滑坡舌;8—滑动鼓丘;9—滑动轴;10—破裂缘;11—封闭洼地;12—拉张裂隙;13—剪切裂隙;14—扇形裂隙;15—鼓张裂隙;16—滑坡床。
图 3-14　滑坡要素及滑坡形态特征示意图

(1)滑坡体。与原岩分离并向下滑动的岩、土体称为滑坡体。滑坡体前缘伸出部分称滑坡舌；因受推移挤压，滑坡体前缘可隆起成鼓丘和鼓张裂隙；滑坡体的后缘因受张力而产生拉张裂隙；在滑坡体的两侧还可产生剪切裂隙；滑坡体上常可见到树木倾斜倒歪的醉汉林和马刀树。

(2)滑坡床。指在滑动面之下未滑动的稳定岩体。

(3)滑动面。指滑坡体与滑坡床之间的分界面，一个滑坡可有一个或数个滑动面，滑动面的形状有直线、折线或圆弧等。

(4)滑坡壁、滑坡台阶、滑坡洼地。滑坡体下滑后，其后缘的滑动面在地表出现陡壁，称滑坡壁。由于滑坡体上各段的滑动速度不同或由于几个滑动面滑动的时间不同，可在滑坡体中出现阶梯状地面，称滑坡台阶。由于滑坡体的滑落，在滑坡台阶后部形成半圆形凹地，称滑坡洼地，有时可积水形成滑坡泉或滑坡湖。

2. 滑坡的类型

滑坡按其物质组成可分为土层滑坡和岩层滑坡。按滑动面和层面关系，可分为均质滑坡、顺层滑坡和切层滑坡(见图 3-15)。

(1)均质滑坡。发生于均质岩层，如黏土、黄土、强风化的岩浆岩中的滑坡，如图 3-15(a)所示。

(2)顺层滑坡。滑动面为岩层层面或不整合面的滑坡，如图 3-15(b)所示。

(3)切层滑坡。滑动面切割多层岩层层面的滑坡，如图 3-15(d)所示。

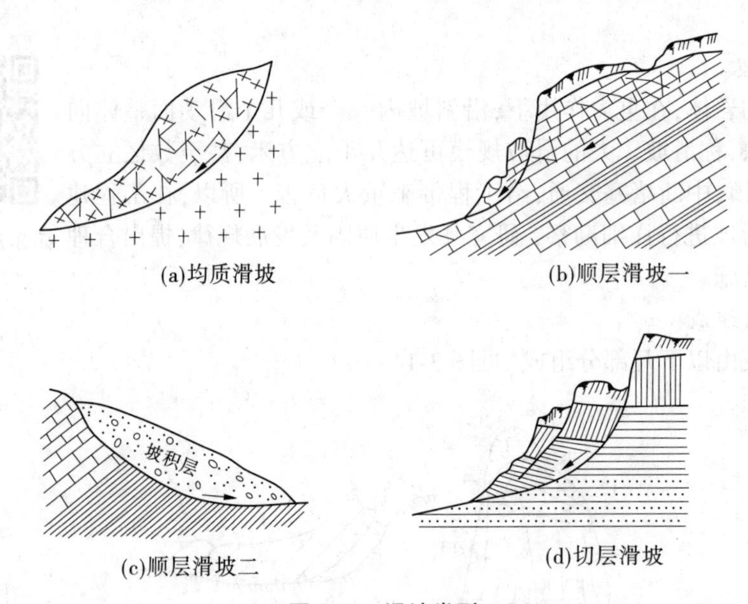

(a)均质滑坡　(b)顺层滑坡一　(c)顺层滑坡二　(d)切层滑坡

图 3-15　滑坡类型

(三)泥石流

泥石流是发生在山区的一种含有大量泥沙和石块的暂时性洪流。泥石流与一般洪流的主要区别在于，这种流体是由固体和液体组成的，且固体物质含量较大，一般在 15%左右，重度大于 13 kN/m³。在特殊情况下固体成分占到 80%以上，重度可达 23 kN/m³。它的特点是：突然爆发，能量巨大，历时短暂，复发频繁。因此，破坏力巨大。

泥石流的地理分布广泛。据不完全统计，全世界约有近 70 个国家不同程度地遭受泥石流的威胁。我国山地面积大,自然地理条件和地质条件复杂,所以是世界上泥石流灾害最严重的国家之一。因此,对泥石流的组成特征、发生条件、类型的研究,具有重要意义。

码 3-8　微课-泥石流

1. 泥石流的形成条件

泥石流的形成,必须同时具备三个基本条件,即地形条件、地质条件和气候条件。

1) 地形条件

泥石流总是发生在陡峻的山区,在这里河床坡度陡,地表水迅速集中并沿着沟谷急速流动。典型的泥石流流域,一般可分为形成区、流通区和堆积区三个区段。

(1) 形成区。泥石流的形成区,一般位于河谷的上游地区,地形上是三面环山一面有出口的半圆形,周围山坡陡峻,多为 30°~60°的陡坡。坡上有大量松散物质,植被较差,分布有冲沟,且滑坡、崩塌发育。这样的地形条件,有利于汇集周围的水流和固体物质。

(2) 流通区。流通区是泥石流搬运通过的地段,多为狭窄而深切的峡谷或冲沟,谷坡陡,河床坡度大,且多为陡坎和跌水。

(3) 堆积区。泥石流的堆积区是泥石流的堆积场所,一般位于山口外或山间盆地边缘,地形上比较平缓。由于地形豁然开阔平坦,泥石流的流速减少,并最终沉积下来,形成扇形、锥形的堆积体。堆积区地面上往往垄岗起伏,大小石块混杂。如果泥石流多次活动,还会使堆积扇呈叠套现象。

上述是典型泥石流流域的情况,由于泥石流流域的地形地貌条件不同,有些泥石流流域上述三个区段就不易区分开来,甚至缺失流通区或堆积区。

2) 地质条件

凡是泥石流发育的地方,都是岩性软弱,岩石风化破碎,地质构造复杂,褶皱、断裂发育,新构造运动活跃,地震频繁的地区。这样的地段,既为泥石流活动提供了丰富的固体物质来源,又因地形陡峻,高差大,具有强大的动能。我国一些著名的泥石流发育区,如云南东川、四川西昌、甘肃武都大都是沿着构造断裂带分布的。

3) 气候条件

泥石流形成条件必须有强烈的地表径流,地表径流不仅是泥石流的组成部分,也是泥石流活动的搬运介质。泥石流的地表径流来源于暴雨、冰雪融化和水体溃决等,由此将泥石流划分为暴雨型、冰雪融化型和水体溃决型等类型。

我国大部分地区由于受热带、亚热带气候气团的影响,由季风气候控制,降水特点是:降水历时短,降水量集中,降水强度大,形成暴雨,或特大暴雨。如云南东川地区一次暴雨 6 h 降水量 180 mm,形成了历史上罕见的暴雨型泥石流。暴雨型泥石流是我国最主要的泥石流。在冰川分布和大量积雪的高山区,当夏季冰雪融化时,可为泥石流提供丰富的地表径流。西藏东部的波密地区,新疆的天山山区产生的泥石流,属于冰雪融化型。在这些地区,泥石流的形成还与冰川湖的突然溃决有关。另外,土壤、植被和人类活动对泥石流的形成也有一定影响。人类不合理的耕种、砍伐森林,破坏了地表结构,严重的水土流失,也会加剧泥石流的形成。如四川省 1981 年特大暴雨,使全省 1 060 处发生泥石流,其原因之一是近 30 年来森林覆盖率由 35%减少到 18%,造成大面积的山区裸露,使风化剥蚀作用加剧所致。

二、影响斜坡稳定的主要因素

(一)地形地貌

一般深切的峡谷,陡峭的岸坡地形容易发生边坡变形和破坏。例如,我国西南山区沿金沙江、雅砻江及其支流等河谷地区边坡岩体松动破裂、蠕动、崩塌、滑坡等现象十分普遍。通常地形坡度越陡、坡高越大,对边坡稳定越不利。

(二)岩石性质

岩性直接影响斜坡岩体的稳定及其变形破坏形式。由坚硬块状及厚层状岩石(如花岗岩、石英岩、石灰岩等)构成的斜坡,一般稳定性程度较高,变形破坏形式以崩塌为主;由软弱岩石(如页岩、泥岩、片岩、千枚岩、板岩及火山凝灰岩等)构成的斜坡,岩石易风化且抗剪强度低,在产状较陡地段,易产生蠕动变形现象;当岩层层面(或片理面、裂隙面等)倾向与坡面的坡向一致,岩层倾角小于坡角且在坡面出露时,极易形成顺层滑坡。

黄土具有垂直节理,疏松透水,在干燥时,黄土斜坡直立陡峻;浸水后易崩解湿陷,产生崩塌或塌滑现象。如三门峡水库岸边的黄土地带,水库蓄水 4 d 后,岸坡塌坍范围约 200 km。

(三)地质构造

在褶皱、断裂发育地区,岩层倾角较陡,节理、断层纵横交错,是产生崩塌、滑坡的有利因素。在新构造运动强烈上升区,由于侵蚀切割,往往形成高山峡谷地形,斜坡岩体中广泛发育有各种变形和破坏现象。

(四)水的作用

地面水的侵蚀冲刷作用,可改变斜坡外形,造成坡脚淘空,影响斜坡岩体的稳定性。如河岸发生的塌岸和滑坡多在受流水侵蚀的岸边。

地面水的入渗和地下水的渗流,对斜坡岩体的稳定性影响很大。地下水不仅增加了斜坡岩体的重量,产生了静水压力和渗透压力,还使渗流面上的岩石软化或泥化,降低了其抗剪强度,导致岩体变形或滑动破坏。

(五)风化作用

风化作用会对斜坡岩体稳定产生较大影响。如物理风化作用使边坡岩体产生裂隙、黏聚力遭到破坏,促使边坡变形破坏;生物风化作用使边坡岩体遭受机械破坏(如裂隙中树根生长,促使边坡岩体崩塌),或岩体被分解腐蚀而破坏。岩体风化程度不同,边坡的稳定性差异也很大,如微风化岩石,常可保持较陡的自然边坡,而强风化及全风化岩石,难以保持较陡的边坡,常需处理。

(六)地震

发生地震时,地震波引起的地震力是推动边坡滑移的重要因素。此外,在地震的作用下可使边坡岩体的结构发生破坏,出现新的结构面或使原有结构面张裂松弛,在地震力的反复作用下,边坡岩体易沿结构面发生位移变形,直至破坏。在砂土边坡中,易形成振动液化,边坡失稳。

(七)人为因素

人类活动对边坡稳定性的影响越来越严重,主要表现在人类修建各种工程建筑使边坡岩体承受工程荷载作用,在这些荷载作用下边坡会变形破坏。例如,边坡坡肩附近修建大型工程建筑或废弃的土石堆积,使坡顶超载而导致边坡变形或破坏等。又如,人工开挖边坡,从底部向上开挖,会引起边坡失稳,造成人身事故。还有不合理的爆破工程,也会导致岩体松动,边坡失稳,这些在施工中应特别注意。

三、斜坡变形破坏的防治

(一)防治原则

码 3-9　微课-地质灾害防治原则与措施

防治原则应是以防为主,及时治理,经济可靠。

(1)以防为主就是要在建筑物场地选择、边坡处理等前期工作上尽量做到防患于未然。

(2)及时治理就是要针对斜坡已出现的变形破坏情况,及时采取必要的增强稳定性的措施。

(3)考虑工程重要性是制订整治方案必须遵守的经济原则。

(二)防治措施

(1)防渗与排水。排水包括排除地表水和地下水,这是目前整治不稳定边坡,效果良好的方法。首先要拦截流入不稳定边坡区的地表水(包括泉水、雨水),一般在不稳定边坡(如滑坡区)外围设置环形排水沟槽,将地表水排走或抽走。设排水沟槽时,应注意充分利用自然沟谷,并布置成树枝状排水系统(见图 3-16),还要整平夯实坡面,利于排水。

疏导地下水,一般采用排水廊道和钻孔排水方法降低地下水位或排走已渗入坡体内的水(见图 3-17)。

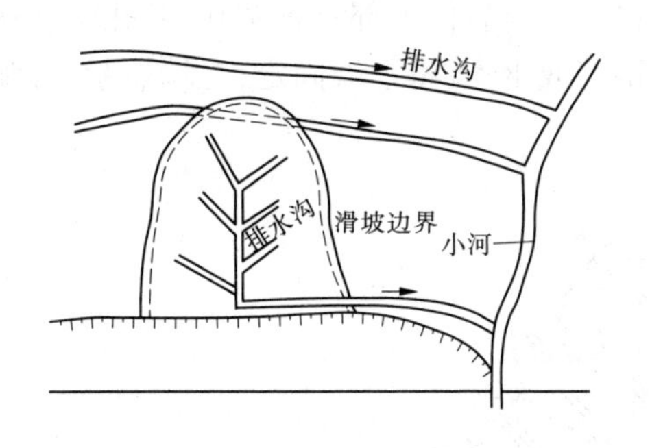

图 3-16　排水沟示意图

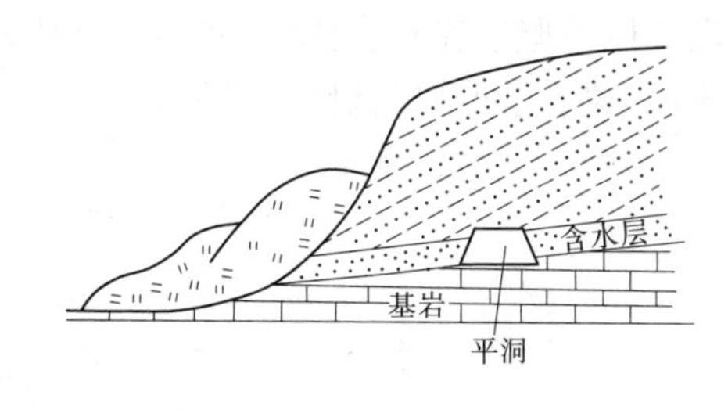

图 3-17　排水廊道示意图

(2)削坡、减重、反压。此法主要是将较陡的边坡减缓或将其上部岩体削去一部分(见图 3-18),并把削减下来的土石堆于滑体前缘的阻滑部位,使之起到降低下滑力、增加抗滑力的作用,以增加边坡稳定性的目的。

(3)修建支挡建筑物。在不稳定边坡岩体下部修建挡土墙或支撑墙,靠挡墙本身的重量支撑滑移体的剩余下滑力(见图 3-19、图 3-20)。挡墙的主要形式有浆砌石挡墙、混凝土或钢筋混凝土挡墙等。修建支挡建筑物时需要注意,其基础必须砌置在最低滑动面之下,一般插入完整基岩中不少于0.5 m,完整土层中不少于2 m。此外,还要考虑排水措施。

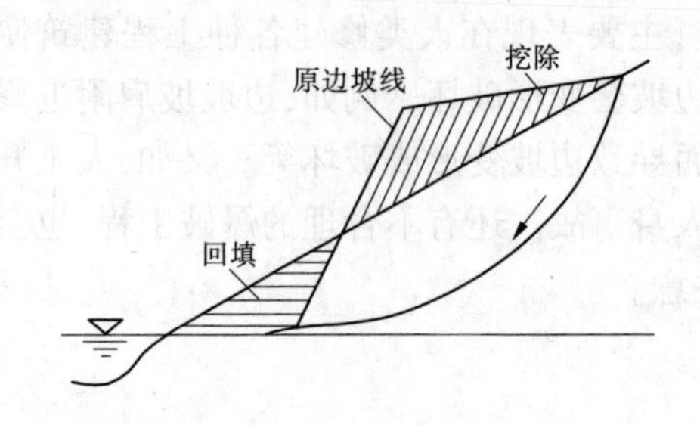

图3-18 削坡处理示意图

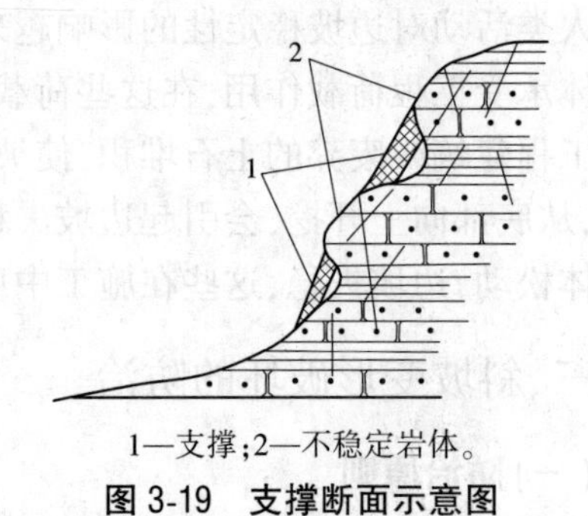

1—支撑;2—不稳定岩体。

图3-19 支撑断面示意图

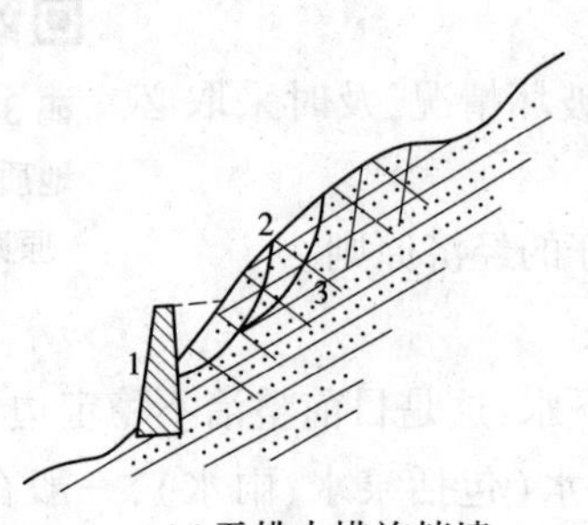

(a)无排水措施挡墙

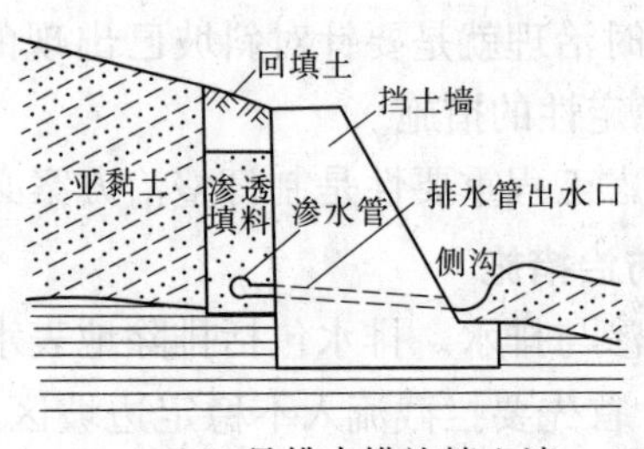

(b)具排水措施挡土墙

1—挡墙;2—不稳定体;3—滑动面。

图3-20 挡墙示意图

(4)锚固措施。利用预应力钢筋或钢索锚固不稳定边坡岩体(见图3-21),是一种有效的防治滑坡和崩塌的措施。具体做法是,先在不稳定岩体上部布置钻孔,钻孔深度达到滑动面以下坚硬完整岩体中,然后在孔中放入钢筋或钢索,将下端固定,上端拉紧,常和混凝土墩、梁,或配合以挡墙将其固定。

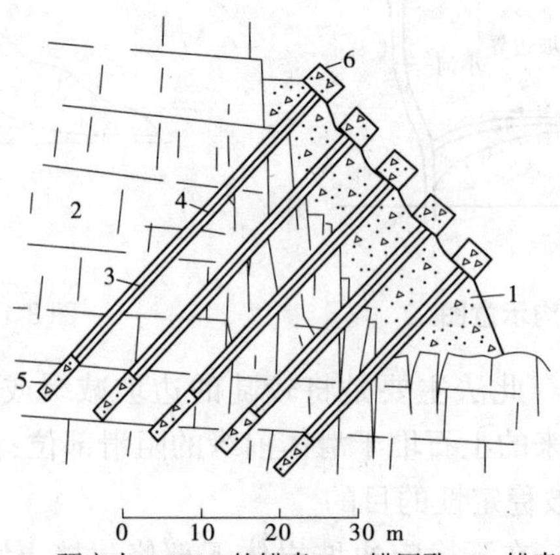

1—混凝土挡墙;2—裂隙灰岩;3—预应力1 000 t的锚索;4—锚固孔;5—锚索的锚固端;6—混凝土锚墩。

图3-21 法国某坝右岸岸坡锚固示意图

(5)其他措施。除上述防治措施外,岩质边坡还可以采用水泥护面、抗滑桩、灌浆等,土质边坡可采取电化学加固法、焙烧法、冷冻法等措施,这些方法一般成本高,只有在特殊需要时使用。

❖技能应用❖

技能2　地质灾害情况调查

一、目的

(1)学会观察和识别地质灾害前兆,能够对地质灾害类型做出简易判别。

(2)学会正确查阅网络资源。

(3)开阔学生视野,巩固课堂上所学知识,促使学生去思考、探索,使学生对课程产生浓厚的兴趣,并转化为学生进一步学好知识的动力。

二、要求

要求学生利用所学到的有关地质灾害的基本内容,在网上查阅当地地质资料,结合自己的所见所闻,对家乡地质灾害情况进行简单的调查,并整理成调查报告。

三、调查内容

(1)地形地貌条件。

(2)主要的地质灾害类型。

(3)地质灾害产生的影响。

(4)当地地质灾害防治的措施。

任务三　岩溶地面塌陷分析

❖引例❖

1954年建成的官厅水库曾是新中国成立后修建的第一个大型水利水电枢纽,为黏土心墙土石坝,坝高45 m,库容20×10^{8} m^{3}。1955年就发生坝基及绕坝渗漏,并诱发岩溶塌陷,而且塌陷已达黏土心墙,再发展下去,就会危及坝体。20亿m^{3}的库水,对京、津一带造成威胁。所幸在地质学家卢耀如的带领下,解决了这场危机,没有导致灾难的发生。如今,随着生态文明建设的深入推进,官厅水库华丽转身为国家湿地公园。官厅湖畔,枝繁叶茂、百鸟争鸣、绿色产业兴旺,一派人与自然和谐共生的美丽画卷。那么,岩溶地区为什么容易产生地面塌陷呢?岩溶又是怎样形成的呢?在岩溶地区修建水利工程需要注意些什么呢?

❖知识准备❖

岩溶地面塌陷是指覆盖在溶蚀洞穴之上的松散土体,在外动力或人为因素作用下产生的突发性地面变形破坏,其结果多形成圆锥形塌陷坑。岩溶地面塌陷是一种常见的地质灾害,多发生于碳酸盐岩、钙质碎屑岩和盐岩等可溶性岩石分布地区。激发塌陷活动的直接诱因除降雨、洪水、干旱、地震等自然因素外,往往与抽水、排水、蓄水和其他工程活动等人为因素密切相关,而后者往往规模大、突发性强、危害也就大。岩溶地面塌陷发现于碳酸盐岩分布区,其形成受到环境和人类活动的双重影响。

一、岩溶

思政案例 3-4

岩溶是指在可溶性岩石(主要是石灰岩、白云岩及其他可溶性盐类岩石)分布地区,岩石长期受水的淋漓、冲刷、溶蚀等地质作用而形成的一些独特的地貌景观。如溶洞、落水洞、溶沟、石林、石笋、石钟乳、暗河等(见图 3-22、图 3-23)。岩溶现象主要发育在碳酸盐类岩石分布地区,尤以南斯拉夫北部的喀斯特高原地区发育比较典型,也最早引起人们的注意,因而国际上称喀斯特。

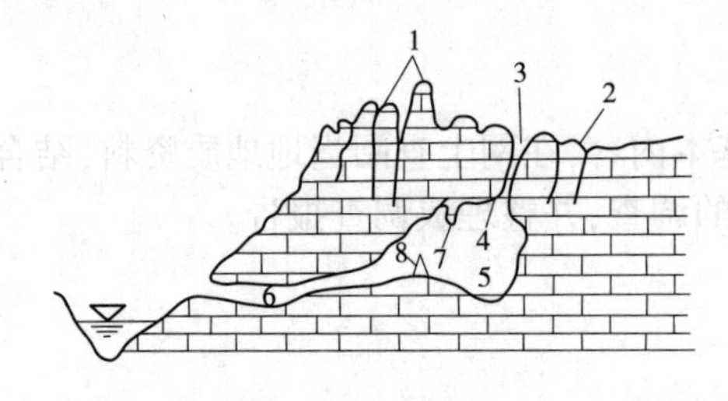

1—石林;2—溶沟;3—漏斗;4—落水洞;
5—溶洞;6—暗河;7—石钟乳;8—石笋。

图 3-22　岩溶形态示意图

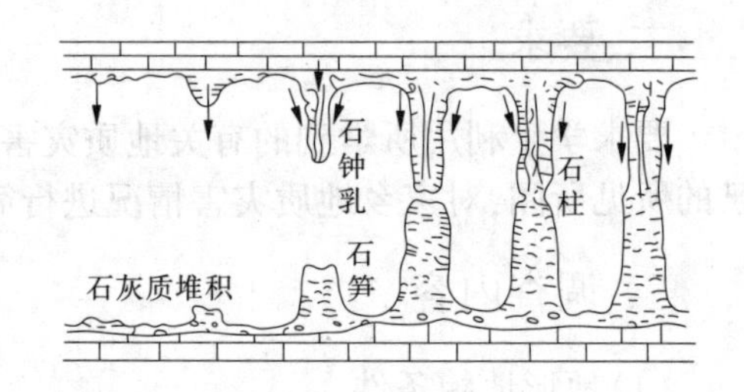

图 3-23　石钟乳、石笋和石柱生成示意图

(一)岩溶的形成条件

岩溶的发生与发展,受多种因素的影响。总的来说,岩溶发育的基本条件有:岩石的可溶性和透水性,水的溶蚀性和流动性。前者是产生岩溶的内在因素,后者是岩溶产生的外部动力。

1. 岩石的可溶性

岩溶的发育必须有可溶性岩石的存在。由岩石的溶解度可知,能造成岩溶的岩石可分三大组:碳酸盐类岩石,如石灰岩、白云岩和泥灰岩;硫酸岩类岩石,如石膏和硬石膏;卤素岩石,如岩盐。这三组中以卤素岩石溶解度最大,碳酸盐类岩石溶解度最小,但碳酸盐类岩石分布最广,在漫长的地质年代中,所形成的溶蚀现象能够保存下来。因而一般所谓的岩溶,大都是指在碳酸盐类岩石中已形成的各种地质地貌现象。

2. 岩石的透水性

岩溶要发育,岩石就必须具有透水性。一般在断层破碎带、裂隙密集带和褶皱轴部附近,岩石裂隙发育且连通性好,有利于地下水的运动,从而促进了岩溶的发育,并且往往沿此方向发育着溶洞、地下河等。另外,在地表附近,由于风化裂隙增多,所以岩溶一般比深部发育。

3. 水的溶蚀性

水对碳酸盐类岩石的溶解能力,主要取决于水中侵蚀性 CO_2 的含量。水中侵蚀性 CO_2 的含量越多,水的溶蚀能力也越强。

4. 水的流动性

水的流动性反映了水在可溶性岩石中的循环交替程度。只有水循环交替条件好,水的流动速度快,才能将溶解物质带走,同时又促使含有大量 CO_2 的水源源不断地得到补充,则岩溶发育速度就快;反之,岩溶发育就慢,甚至处于停滞状态。

(二)岩溶的分布规律

1. 岩溶发育的垂直分带性

在岩溶地区,地下水流动具有垂直分带现象,因而所形成的岩溶也带有垂直分带的特征(见图 3-24)。

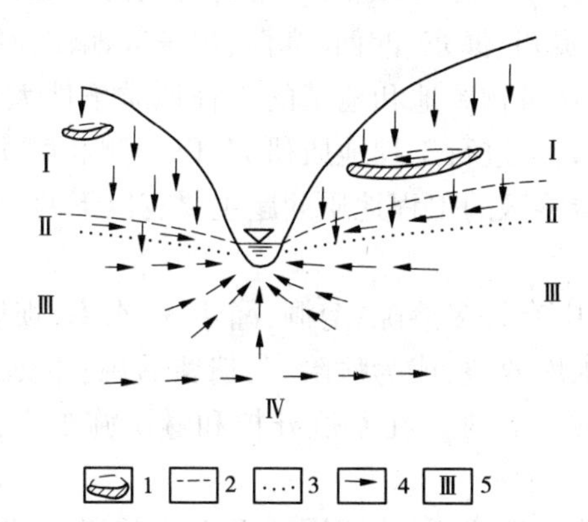

Ⅰ—垂直循环带;Ⅱ—季节循环带;Ⅲ—水平循环带;Ⅳ—深部循环带。

图 3-24 岩溶的垂直分带示意图

(1)垂直循环带,或称包气带。此带位于地表以下,地下水位以上。降水时地面水沿岩石裂隙向下渗流,因此该带形成竖向发育的岩溶形态,如漏斗、落水洞等。

(2)季节循环带或称过渡带。此带位于地下水最低水位和最高水位之间,本带受季节性影响。当干旱季节时,地下水位较低,渗透水流呈垂直下流;而当雨季时,地下水位升为最高水位,该带则为全部地下水所饱和,渗透水流呈水平流动。因此,在本带形成的岩溶通道是水平方向与垂直方向的交替。

(3)水平循环带或称饱水带。此带位于地下最低水位之下,地下水常年做水平流动或向河谷排泄。因而本带形成水平的岩溶通道,称为溶洞,若溶洞中有水流,则称为地下河。但是由河谷底向上排泄的岩溶水,具有承压性质,因而岩溶通道也常常呈放射状分布。

(4)深部循环带。本带地下水埋藏的流动方向取决于地质构造和深部循环水。由于地下水埋藏很深 ,它不是向河底流动而是排泄到远处。这一带水的交替强度极小,岩溶发育速度与程度也很小,但在很长的地质时期中,可以缓慢形成一些蜂窝状小溶孔等岩溶现象。

2. 岩溶分布的成层性

在地壳运动相对稳定时期,岩溶地区在垂直剖面上形成了上述岩溶发育的 4 个带,之后若地壳上升，地表河流下切，地下水位随之下降，原来处于季节循环带的部位就变为了垂直循环带，原来的水平循环带相应变为季节循环带，并依此类推。当地壳再处于稳定时期时，原来的季节循环带所形成的岩溶洞层位置已抬高，在其下部新的季节循环带将会形成新的岩溶洞层，因而使岩溶的发育呈现出成层性。

3. 岩溶分布的不均匀性

一方面，岩溶发育受岩性控制。一般情况下，质纯、层厚的石灰岩中，岩溶最为发育，形态齐全，规模较大，而含泥质或其他杂质的岩层，岩溶发育较弱。

另一方面，岩溶发育受地质构造条件控制。岩溶常沿着区域构造线方向（如裂隙、断层走向及褶皱轴部）呈带状分布，多形成溶蚀洼地、落水洞、较大的溶洞及地下河等。

（三）岩溶区的主要工程地质问题

碳酸盐类岩石在我国分布广泛，仅地表出露的面积就有 120 万 km^2，约占陆域国土面积的 12.5%，尤其在广西、贵州、滇东、湘西、鄂西、川东等地较为集中。

由于岩溶的发育致使建筑物场地和地基的工程地质条件大为恶化，因此在岩溶地区修建各类建筑物时必须对岩溶进行工程地质研究，以预测和解决因岩溶而引起的各种工程地质问题。归纳起来，岩溶区的工程地质问题主要有以下两类。

1. 渗漏和突水问题

由于岩溶地区的岩体中有许多溶隙、溶洞、漏斗等，水库、坝址选择不当或未能采取可靠的防渗措施，轻则降低水库效益，成为病险库，遗留后患；重则水库不能蓄水，或工程处理费用过高，在经济上造成不合理。在基坑开挖和隧洞施工中，岩溶水可能突然大量涌出，给施工带来困难。

在岩溶地区，库区应选在地势低洼，四周地下水位较高，上游有大泉出露而下游无大泉出露，上下游流量没有显著差异的河段上，要避免邻区有深谷大河。如果发现库底有渗漏，可采用堵（堵落水洞）、铺（铺盖黏土）、围（在落水洞四周建围墙）、引（引入库内或导出库外）等方法进行处理。

对岩溶突水的处理，原则上以疏导为主。

2. 地基稳定性及塌陷问题

坝基或其他建筑物地基中若有岩溶洞穴，将大大降低地基岩体的承载力，容易引起洞穴顶塌陷，使建筑物遭受破坏。同时，岩溶地区的土层特点是厚度变化大，孔隙比高，因此地基很容易产生不均匀沉降，从而导致建筑物倾斜甚至破坏。

在岩溶地区工程设计前，必须充分细致地进行工程地质勘察工作，搞清建筑地区岩溶的分布和发育规律，正确评价它对工程的影响和危害。

二、岩溶塌陷类型及发育特征

码 3-10　微课-地面塌陷

岩溶地面塌陷按照成因可分为两大类，即自然塌陷和人为塌陷。

（一）自然塌陷

自然塌陷是指非人类活动、在自然因素作用下产生的岩溶塌陷。自然塌陷的成因较为复杂，按引发原因可分为暴雨、干旱、重力、地震及土洞发展等,其中暴雨造成地下水动力条件急剧变化而产生的塌陷多见,比如说著名的广西乐业天坑群,就是典型的自然塌陷产生的塌坑。此外,气爆塌陷也属于自然塌陷,气爆塌陷是因地下岩溶洞穴中岩溶水急剧上升,使其封闭气体被压缩成高压气团,在压力超过上覆土体强度时冲破顶板而形成塌陷。

(二)人为塌陷

在可溶岩分布区,不合理的或强度过大的人类工程活动,都有可能诱发或导致岩溶塌陷的发生,这是很普遍突出的现象。在湖南,此类塌陷占塌坑总数的78.5%,不但说明人类活动已成为岩溶塌陷的主要原因,同时也预示着人为因素引发塌陷将是今后的发展趋势。根据具体活动形式,人为塌陷可分为以下几种:

(1)地下水工程突水,疏干排水产生的塌陷。

此类岩溶塌陷包括矿坑、隧道、人防等地下工程,由于突水(突泥)及疏排地下水,使地下水位大幅度降低,形成了较大的地下水降落漏斗,在漏斗区内的岩溶洞穴上覆的岩土失去浮托而发生塌陷。其中以矿坑突水、疏排地下水所引发的岩溶塌陷最为多见,且数量多、规模大、灾害严重,此类塌陷是人为塌陷中的最主要者。

(2)抽采地下水引发的岩溶地面塌陷。

地下水较地表水水质好、方便等优势,很多城镇、厂矿、企事业单位都开发地下水作为生活生产用水,过量地开采岩溶地区的地下水,也会使地下水位大幅度下降,从而引发地面塌陷,因此党中央高度重视地下水超采治理,2021年12月,《地下水管理条例》施行,保护治理地下水进入有法可依阶段。

(3)水利水电工程蓄水及渠系渗水引发的地面岩溶塌陷。

我国碳酸盐岩分布面积大约有130万km^2,约占全国陆域国土面积的1/7,碳酸盐岩分布的山区地表水资源一般较为缺乏,因此在其上修建了大量的水利水电工程,不少工程在蓄水后由于增加了大量的水体荷载,以及雨季地下水位迅猛上升,常使库底覆盖岩土层被压垮或向上冲爆而发生塌陷,库水大量漏失,形成病库或者废库。

(4)地下水位恢复引发的岩溶地面塌陷。

地下水位长期大幅度下降后,如果再次大幅度上升,也可引发地面岩溶塌陷,其原因是岩溶洞穴口上覆盖的土层被恢复上来的地下水浸湿饱和,使原来悬空的土体重量增加,地下水对土体再次产生潜蚀作用、解散作用及正压气爆作用,因而使地面土层发生塌陷,此类岩溶塌陷多见于矿山地区。

❖技能应用❖

技能3 岩溶地质情况分析

一、目的

(1)利用所学知识,学会对岩溶地区现象进行分析。

(2)开阔学生视野,巩固课堂上所学知识,促使学生去思考、探索,使学生对课程产生浓厚的兴趣,并转化为学生进一步学好知识的动力。

二、要求

要求学生利用所学到的有关岩溶的基本内容，分析岩溶现象对生活与工程所带来的影响，并整理成简单的分析报告。

三、分析内容

我国云南、广西、贵州等省（自治区），石灰岩广泛分布，岩溶（喀斯特）十分发育。“一场大雨千笲涝，天晴三日万里焦”“修塘不蓄水，筑坝不拦洪”，大量的地表水漏至地下，因而地表水缺水现象很严重。农田灌溉是“旬日不雨，既成旱象”，“米如珍珠水如油”。但是，又孕育出了“江作青罗带，山如碧玉簪”的桂林山水，请大家分析下，岩溶地貌给我们生活与工程带来了些什么样的影响呢？

任务四　北斗安全监测在地质灾害中的应用

❖引例❖

2020年7月6日16时55分，受多轮强降雨叠加影响，湖南省常德市石门县南北镇潘坪村雷家山，发生了大型山体滑坡地质灾害，滑坡量达300万 m^3，直接毁坏一座小型电站，冲毁省道1 km，冲毁并掩埋民房五栋。庆幸的是，本次大型滑坡发生前，当地已转移安置群众6户20人，实现了“零伤亡”。本次“零伤亡”的背后，是北斗高精度地质灾害监测预警系统立了大功。那么，地质灾害需要监测些什么内容？监测点如何布置？

❖知识准备❖

思政案例3-5

2020年6月23日，我国卫星发射中心成功发射北斗系统第55颗导航卫星暨北斗三号最后一颗全球组网卫星，至此，北斗三号全球卫星导航系统星座部署比原计划提前半年全面完成。同年7月31日，中国宣布北斗三号全球卫星导航系统正式开通，标志着北斗“三步走”发展战略圆满完成。北斗系统不仅具有定位与导航、授时功能，还具备独特的短报文通信功能，使得其一经问世便引起巨大的市场需求，它的出现打破了美国GPS垄断全球卫星导航定位市场的局面。目前，北斗市场规模在飞速增长，政府也积极出台相关政策推广北斗系统民用化，并通过建立一些示范项目来探索北斗系统的应用方式和价值。将我国自主北斗卫星导航系统用于安全监测意义重大，相关技术及应用近年来快速发展。目前，北斗安全监测已广泛运用于地质灾害安全监测，承担起了守护人民生命财产安全的重要职责。

一、北斗高精度地质灾害监测预警系统

（一）建设目标

1. 实现地质灾害可预警

通过卫星定位、卫星通信等多技术融合和专业监测设备建立一个智能地质灾害感知

体系，方便相关部门能够快速掌握地质灾害隐患点地质灾害发育趋势，实现对隐患点地质灾害的可预警。

2. 实现地质灾害可控制可预防

码 3-11　微课-北斗在地质灾害安全监测中的应用

通过北斗高精度地质灾害监测预警平台和智能多物理场地质灾害预警评估模型的建设，依托高吞吐量数据处理技术、并行业务集群计算技术快速评估地质灾害隐患点的风险，并做出相应的预警预报及辅助决策支撑信息，对地质灾害隐患点建立全面的防控体系，实现地质灾害可控制可预防。

3. 实现地灾监测信息不中断

通过蜂窝数据网络等通信体系的建设，确保监测数据不间断回传至云平台。

4. 实现现有平台融合协同作业

地质灾害监测预警平台能与省级平台互联互通，相互补充，使得平台间实现相互融合及协同作业。

（二）系统架构

北斗高精度地质灾害监测预警系统由前端感知层、数据通信链路层、监测预警云平台组成，总体系统架构如图 3-25 所示。主要由一体化位移监测站（北斗高精度接收机）、无线式数据采集器、各类专业监测传感器、宽带卫星数据集中器、宽带卫星站等设备构成。

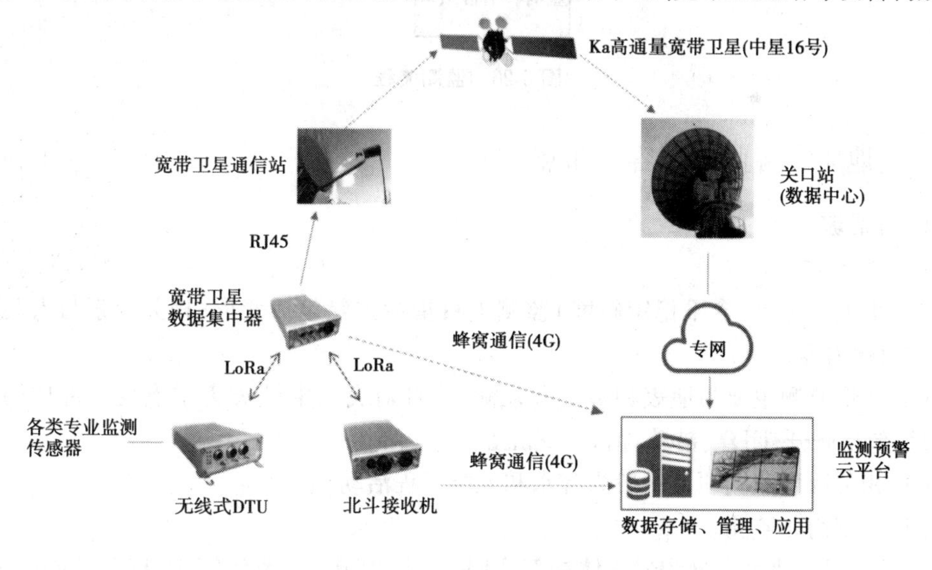

图 3-25　系统架构图

1. 前端感知层

系统中前端感知层主要由北斗高精度接收机、雨量、裂缝计等感知设备构成，北斗高精度接收机可应用于地面沉降及地面形变等位移监测，通过运用高精度后处理算法及大数据计算技术，北斗高精度位移监测最优可实现水平 2 mm，高程 3 mm 的监测精度。雨量及裂缝计等传感器主要是采集雨量信息，地表裂缝等信息。

2. 数据通信链路层

数据通信链路由两部分构成,前端的无线物联网数据集中技术和多回路双备份通信链路。

3. 云平台

云平台负责对数据进行处理、计算、分析、预警预报等。

(三)监测流程

监测流程如图3-26所示。

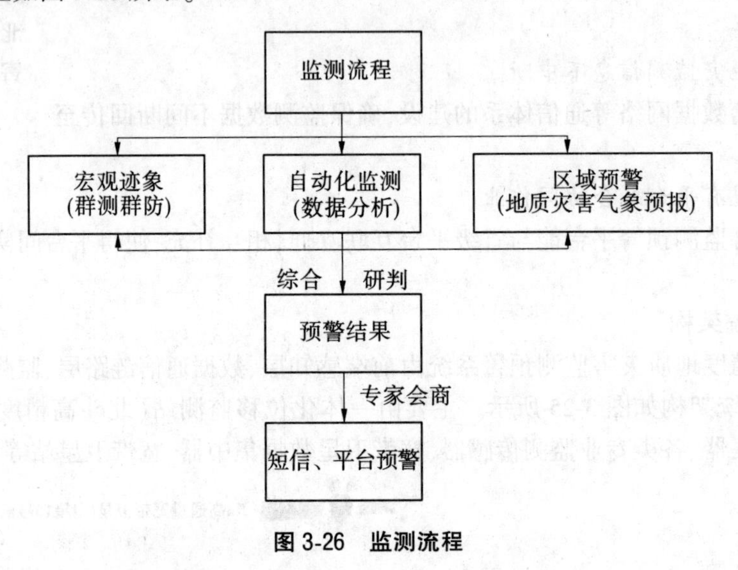

图3-26 监测流程

二、地质灾害监测内容及布点

(一)滑坡

1. 监测指标

(1)滑坡隐患点(含不稳定斜坡)监测项目指标主要包括变形、相关因素与宏观前兆等三方面的内容。

(2)变形监测主要为地表相对位移监测,是针对突发滑坡灾害重点变形部位的相对位移量,包括张开、闭合、错动、抬升、下沉等。

(3)相关因素监测项目一般为降水和人类工程活动。

(4)宏观前兆监测。

①对出现的地表裂缝和岩土体局部坍塌、鼓胀、剪出,以及建筑物、道路等的破坏、地表水突然漏失或涌出、树木和电杆的歪斜与倒伏现象进行实时观察,测量其产生部位、变化量和变化速度。

②观察突发滑坡灾害体上动物(鸡、狗、牛、羊、鼠、蛇等)可能出现的异常活动现象。

2. 监测方法

1)降雨量监测

雨量监测应采用雨量计自测,量测精度不宜低于±3%。

2)地表变形监测方法

(1)一般采用裂缝伸缩仪或位移计监测,裂缝伸缩仪或位移计监测应在裂缝两侧设立监测基桩,安装位移计,量测裂缝三维变形。量测精度不宜低于0.5 mm。

(2)人工巡测。

人工巡测以宏观现象检查、巡查为主,并做好相关记录。可在裂缝两侧设固定标记或埋桩,采用卡尺、钢尺等定期量测其变形情况。量测精度不宜低于1 mm。

(3)深部位移及地下水位监测。

采用打孔方式对灾害体深层位移及地下水位进行监测。

(4)GNSS监测。

一般选取隐患体主要变形区和重点区域,布设GNSS监测站,可监测地表水平位移和沉降情况。量测精度不宜低于5 mm。

3.监测网(点)布设

1)布设原则

(1)降雨是诱发我省地质灾害重要因素,山地丘陵区局部小气候较明显,应布设降雨监测。

(2)在滑坡体整体滑动和局部强变形区形成裂缝和滑坡体主要剖面线重要部位布设监测点,主要监测地表形变。

(3)必要时可兼顾整体稳定性监测,可采取GNSS组网监测,GNSS控制网点不少于3个。

(4)原则上初步监测以地表形变特征和降雨监测为宜,后续可根据滑坡变形情况增加其他监测手段。

2)监测点布设

(1)降水量监测点宜布设于滑坡体外围附近。

(2)裂缝位移监测点应布设在重要裂缝关键部位,如裂缝中点、两端、转折部位等。当裂缝变形增大或出现新裂缝时,应视具体情况增设监测点。

(3)监测点不宜平均分布,重点部位应增加监测点数量。牵引式滑坡,监测重点应放在前部强变形区;推移式滑坡,监测重点应放在后部强变形区。

(4)在局部强变形区以及整体滑坡的滑动主轴线等重要部位同一监测点可监测多种要素,便于监测数据综合分析和相互检验。

(5)监测点应布设在太阳能采光较好、信号稳定较好的位置。

3)监测网

(1)对于窄长的滑坡灾害体应沿其主轴方向布设一条监测剖面,垂直于主轴方向布设一条或几条监测剖面。

(2)对于地形条件复杂、范围较大及多级滑动的滑坡,应沿各个滑块滑动主轴方向和垂直方向布设多条监测剖面,纵横交叉成网。

(二)崩塌

1.监测指标

(1)监测对象应以崩塌源为主,必要时也可对崩塌堆积体开展监测工作。

(2)监测内容包括崩塌(危岩)形变、相关影响因素、宏观前兆。

2. 监测方法

1)崩塌体变形

在崩塌源(危岩)表面设置监测点,采用经纬仪或全站仪等观测其相对的或绝对的变形情况。

2)相关因素监测

(1)利用崩塌计及地声仪等采集岩体变形微破裂或破坏时释放出的应力波强度、频度等信号资料,分析、判断崩塌体变形情况。仪器一般应设置在崩塌(危岩)体应力集中部位,地表、地下均可,灵敏度较高,可连续监测和分析预警。

(2)利用常规气象监测仪器如雨量计等,进行以降水量为主的气象监测。

3)宏观前兆监测

固定专人实地监测崩塌体变形破坏宏观地形变和地表水、地下水变化,以及动物异常等。

4)GNSS 监测及裂缝监测

对崩塌体的位移变化进行监测。

3. 监测网(点)布设

1)布设原则

(1)时效性。监测点布设应注重时效性,应选择一些可快速、稳定获取监测数据的方法,有重点、分批次地布设监测点。

(2)重点性。监测点不宜平均分布,应根据崩塌类型、破坏机制,布设在崩塌体变形破坏的重点部位;对地表变形明显地段和对整个崩塌体稳定性起关键作用的块体,应重点控制。

(3)综合性。监测点可构成多种监测方法综合使用的立体监测网,崩塌体内部倾斜监测、地表变形全球定位系统监测、地声及地下水等监测宜同步进行,进行地表变形相关分析,为预警判断提供全面的监测数据。

(4)预警性。每个监测点应具有独立的监测和预警功能,布设时应事先进行该点的功能分析及多点组合分析,力求达到最佳监测效果。

2)监测网(点)布设

沿崩塌源(危岩)的走向方向布设监测点。

(三)泥石流

1. 监测指标

监测指标包括降雨量、泥(水)位等关键特征和主要崩滑物源变形活动、主河或沟道堵塞、岸坡坍塌等情况。在实际监测中,可依据需要对泥石流源区土体孔隙水压力、含水率、沟道振动波、次声波等特征参数进行监测。具体内容如下:

(1)物源监测:泥石流形成区物源稳定性变化及参与泥石流活动情况。

(2)降雨量监测:泥石流激发降雨量。

(3)泥(水)位监测:泥石流在沟道流动过程中的泥(水)位变化。

(4)视频监测:对沟道中泥石流的运动过程进行影像监测。

2. 监测方法

监测预警工作启动应以降雨预警或实时雨量测报为主要依据。监测仪器布设位置除考虑监测要素外,还应充分考虑满足测报预警响应的时间要求。监测方法详见表3-5。

表3-5　泥石流灾害监测方法

泥石流类型	监测方法
坡面型泥石流 沟谷型泥石流 (流域面积≤1 km^2)	降雨量、流量、土体孔隙水压力、土体含水率、视频
沟道型泥石流	降雨量、流量、泥(水)位、土体孔隙水压力、土体含水量、次声、振动、视频

3. 监测网(点)布设原则

1)雨量监测站

(1)宜布设在泥石流形成区及其暴雨带内,特别是形成区内滑坡、崩塌和松散物质储量最大的范围。

(2)在中高山区的泥石流流域内,应考虑在泥石流的形成区和流通区段布设为主。

(3)应遵循降水量观测规范进行布设及建设。

2)泥(水)位监测站

(1)监测站点的间距根据流域面积大小、流域水系的分布形态、泥石流流速及下游预警的时间确定,一般布设1~3个为宜,最好布设在危险区上游1.5 km以上的(保证下游危险区5 min以上撤离时间)流通区段。

(2)宜选择流域水道顺直、通透性较好、沟床稳定的沟段,便于河流断面的测量和泥位的监测。

(3)安装地点应选择安全、稳定区为宜,并考虑太阳能供电和监测数据传输通信条件保障。

3)视频监测站

视频监视区主要为沟域内主要崩滑体及可能堵溃沟段以及泥石流流通沟段,监测站应位于安全、稳定区。

(四)地面塌陷

1. 监测指标

(1)地面塌陷监测指标主要包括沉降监测、地表平面位移监测、地下水位监测及影响范围内建(构)筑物的变形监测等方面的内容。

(2)相关因素监测项目一般为降水和人类工程活动。

2. 监测方法

1)大面积大范围沉降监测

对于已查明的大面积地面塌陷,可以开展时序InSAR测量,通过去噪、配准、裁剪、叠加、干涉相位计算、差分干涉计算等步骤获取测区大面积大范围的精细地表形变。

2)降雨量监测

降雨量监测应采用雨量计自测,量测精度不宜低于±3%。

3)地表变形监测方法

(1)GNSS 监测。

一般选取隐患体主要变形区和重点区域,布设 GNSS 监测站,可监测地表水平位移和沉降情况。量测精度不宜低于 5 mm。

(2)人工巡测。

人工巡测以宏观现象检查、巡查为主,并做好相关记录。可在裂缝两侧设固定标记或埋桩,采用卡尺、钢尺等定期量测其变形情况。量测精度不宜低于 1 mm。

(3)倾角监测。

4)裂缝位移监测

一般采用裂缝伸缩仪或位移计监测,裂缝伸缩仪或位移计监测应在裂缝两侧设立监测基桩,安装位移计,量测裂缝变形。量测精度不宜低于 0.5 mm。

5)地下水位及孔隙水压监测

通过地下水位计(可测水压)采集地下水位或孔隙水压的变化情况。

3. 监测网(点)布设

1)布设原则

(1)降雨是诱发地质灾害的重要因素,山地丘陵区局部小气候较明显,应布设降雨监测。

(2)在塌陷体地面塌陷测线以塌陷中心呈圆环状布设变形监测点,主要监测地表形变。

(3)必要时可兼顾整体稳定性监测,可采取 GNSS 组网监测。

(4)受地下水影响时应对地下水位和孔隙水压进行监测。

2)监测点布设

(1)降水量监测点宜布设于灾害体外围附近。

(2)裂缝位移监测点应布设在重要裂缝关键部位,如裂缝中点、两端、转折部位等。当裂缝变形增大或出现新裂缝时,应视具体情况增设监测点。

(3)GNSS 监测点及其他变形监测设备在塌陷体的地面塌陷测线上以塌陷中心呈圆环状布设。

(4)地下水监测点根据地勘情况选取地下水位变化较为明显的区域进行监测;

【课后练习】

请扫描二维码,做课后练习与技能提升卷。

项目三　课后练习与技能提升卷

项目四 水库工程地质分析

【学习目标】

1. 掌握库区的渗漏类型,能进行渗漏条件分析,并根据渗漏情况提出防渗措施。
2. 掌握库区浸没的原因及造成的危害。
3. 掌握库岸失稳的原因及类型,能提出防治措施。
4. 掌握水库淤积的原因,能提出防治措施。

【教学要求】

知识要点		重要程度
库区渗漏分析	库区渗漏的类型	C
	据渗漏通道划分的水库渗漏的类型	B
	水库渗漏条件分析	A
	水库防渗措施	A
库区浸没分析	水库浸没的危害	A
	水库浸没的原因及类型	A
	水库浸没的形成条件	C
库岸稳定分析	库岸失稳原因及危害	B
	塌岸的形成过程和影响因素	B
	库岸滑坡类型及危害	A
	岩崩形成原因	A
库区淤积分析	水库淤积的危害	B
	水库淤积对环境的影响	B
	水库淤积防治	A

【项目导读】

思政案例 4-1

在水利水电工程中,由于工程所涉及的岩土体具有这样那样的缺陷,在天然条件下无法满足工程安全要求,会出现一系列的工程地质问题,如不能很好地解决,便会导致水库不能正常运营、水库失效等严重后果。由于大量渗漏而影响水库蓄水效益,在国内外不乏其例,如修建在强烈岩溶化灰岩地区的西班牙高 72 m 的蒙特热克水库,由于严重渗漏而成为“干库”。我国北京的十三陵水库,由于库水顺库右侧一古河道大量渗漏而长期未能正常发挥效益。水库蓄水后,库周水文条件发生剧烈变化,这对库区及邻近地段的地质环境产生严重影响。当存在某些不利因素时,就会产生一系列工程地质问题,例如水库渗漏、库岸稳定、水库浸没、水库淤积等。

任务一　库区渗漏分析

❖引例❖

松塔水库位于山西省晋中市寿阳县西草庄村潇河干流上,大坝坝型为碾压式均质土坝,最大坝高 62.6m,正常蓄水位 1 027 m。松塔水库于 2011 年 8 月开始试验性蓄水,蓄水一年多运行情况未见异常。但从 2012 年 12 月初开始在上游河道有一定来水量的条件下,库水位呈现出逐步下降的状况。为此需分析水库渗漏原因,查清水库渗漏部位。经调查库坝区及其下游潇河河谷岩体中节理裂隙较发育,相互切割呈网状或“X”形状,多为张裂隙,一般无充填物,裂隙之间连通性较好,基岩裂隙是构成水库渗漏的主要通道。特别是现代河谷和右岸古河道部位,节理裂隙尤为发育,是水库渗漏的主要部位。建库前河谷地下水位低于河水位,一般低于河水位 13~25 m,河水补给地下水是构成水库渗漏的重要因素。

❖知识准备❖

库区渗漏是指库水沿岩石的孔隙、裂隙、断层、溶洞等向库盆以外或通过坝基(肩)向下游渗漏水量的现象。水库的作用是蓄水兴利,在一定的地质条件下,水库蓄水期间及蓄水后会产生渗漏。对任何一座水库来说,在未采取有效工程处理措施的情况下,如果存在严重的渗漏现象,将会直接影响到该水库的效益。

在工程设计中,一般都要求使水库的渗漏量小于该河流段平水期流量的 1%~3%。

一、库区渗漏的类型

(一)暂时性渗漏

水库蓄水初期,由于库水位逐渐抬高,因湿润、饱和库水位以下岩土层的孔隙、裂隙和空洞,导致库水量损失。但库水不漏出库外,因此水量损失是暂时的,这部分的损失对水库影响不大。

(二)永久性渗漏

永久性渗漏指水库蓄水后,库水通过库岸或库盆底部的岩土体中的孔隙、裂隙、断层及溶隙、溶洞等渗漏通道,向库外邻谷、低地或远处低洼排水区不断渗水。这种长期的渗漏将影响水库效益,还可能造成邻谷和下游的浸没。库区永久性渗漏的三种方式见图 4-1。

二、据渗漏通道划分的水库渗漏的类型

按渗漏通道的性质,水库渗漏一般可划分为以下几种类型。

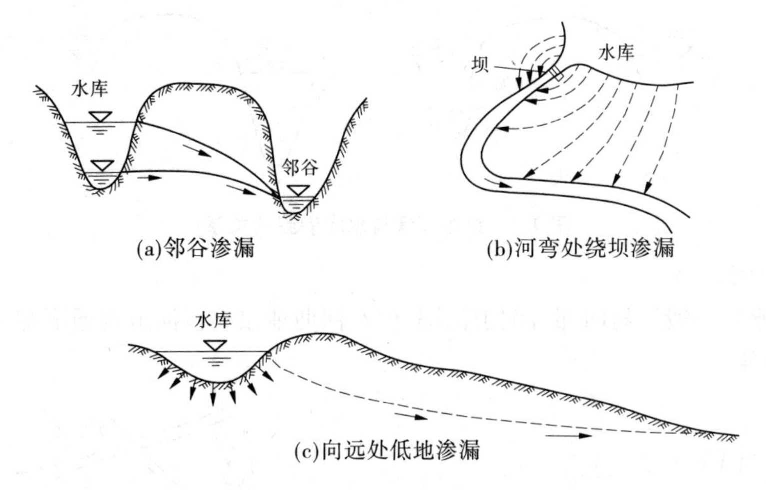

图 4-1　库区三种永久性渗漏示意图

(一)孔隙渗漏型

库水主要通过第四纪松散土层发生渗漏,例如黄土、各种粒径的砂层及砾石等。这一类型的渗漏量主要取决于土层的孔隙率及空隙直径的大小和土层分布的范围。

(二)裂隙渗漏型

库水主要通过岩、土体内的裂隙进行渗漏,包括可透水的各种原生裂隙、次生裂隙以及断层破碎带的裂隙。裂隙型渗漏量的大小取决于断层性质、规模、充填物及填胶程度及裂隙的张开度和密集程度等。

(三)溶洞渗漏型

岩溶地区的水库,库水通过各种规模的溶洞、溶隙发生渗漏。

除以上三种基本类型外,尚有混合型渗漏。

三、水库渗漏条件分析

码 4-1　微课-水库的渗漏分析

水库发生渗漏的条件主要有三个:

一是构成库盆的岩体是透水的,如果水库坐落在黏土岩地区,或库盆被厚层黏土所覆盖,这种水库基本上是不漏水的。

二是库外存在有比库水位低的排泄区。

三是库水位高于库岸的地下水位,库水才能向库外渗漏。由此可见,水库渗漏的发生主要与岩性和地质构造、地形及水文地质条件有关。具备上述三个条件的水库,就可能发生渗漏。

(一)地形地貌条件

山区水库,地形分水岭(或称河间地块)单薄,邻谷谷底高程低于水库正常高水位[见图 4-2(a)],则库水有可能向邻谷渗漏。邻谷切割越深,与库水位高程相差越大,渗漏的水量也越大。相反,若河间地块分水岭宽厚,或邻谷谷底高于水库正常高水位,库水就不可能向邻谷渗漏[见图 4-2(b)]。

当山区水库位于河弯处时,若河道转弯处山脊较薄,且又位于垭口、冲沟地段,则库水

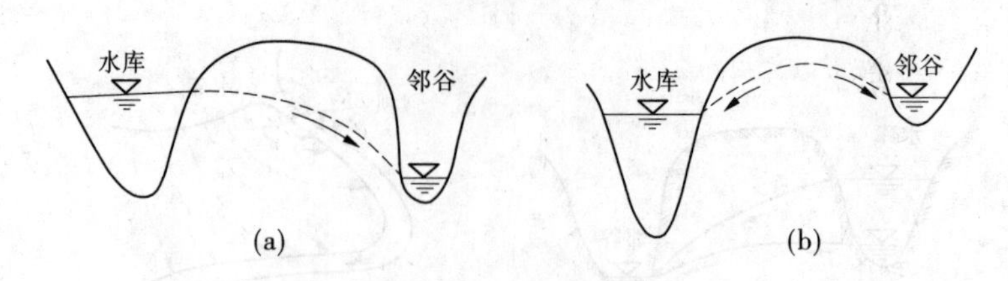

图 4-2　邻谷高程与水库渗漏的关系

可能外渗(见图 4-3)。

平原区水库一般不易向邻谷河道渗漏,但在河曲地段有古河道沟通下游时,则有渗漏可能(见图 4-4)。

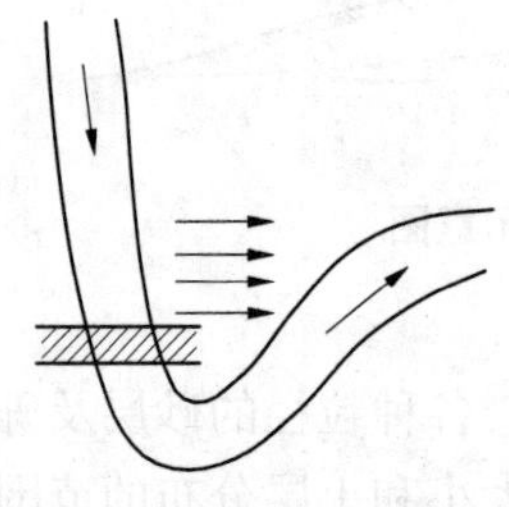
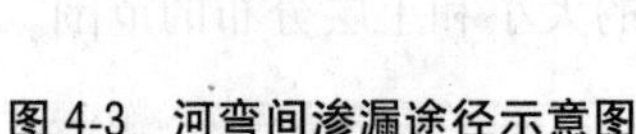

图 4-3　河弯间渗漏途径示意图

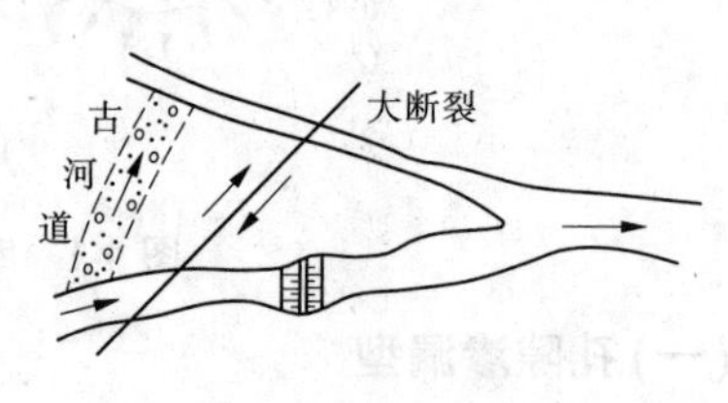

图 4-4　古河道渗漏途径示意图

(二)岩性条件

强透水层可以导致水库渗漏,隔水层的存在则可以起到防渗作用。

思政案例 4-2

能够起防渗作用的是微弱透水或基本不透水的岩层,如黏土类岩中的黏土岩、页岩和黏土质沉积层,以及完整致密的各种坚硬岩层。如果库盆或水库周围有隔水层存在,就能够起挡水作用,使库水不致向库外渗漏。

基岩一般比较坚硬致密,孔隙率小。库水如果要通过基岩发生渗漏,主要取决于各种裂隙和溶洞的存在情况,以及沉积岩的层面充填情况[见图 4-5(a)]。

思政案例 4-3

在第四纪的松散沉积层中,对水库渗漏有重大意义的是未经胶结的砂砾(卵)石层,这些砂砾石、砾石、卵石层空隙大、透水性强,如果库区存在这些强透水层并沟通库区内外,就可以成为水库渗漏的通道[见图 4-5(b)]。

(三)地质构造

与水库渗漏有密切关系的地质构造,主要有断层破碎带或断层交汇带、裂隙密集带、背斜及向斜构造、岩层产状等。

断层的存在,特别是未胶结或胶结不完全的断层破碎带,都是水库渗漏的主要通道。

背斜构造和向斜构造与水库渗漏的关系,主要应从两个方面来分析:一是背斜和向斜核部伴生的节理密集带或层间剪切带可能成为渗漏的通道;另一方面主要由透水层与隔水层相互配合和产状情况来决定,如图 4-6、图 4-7 所示。

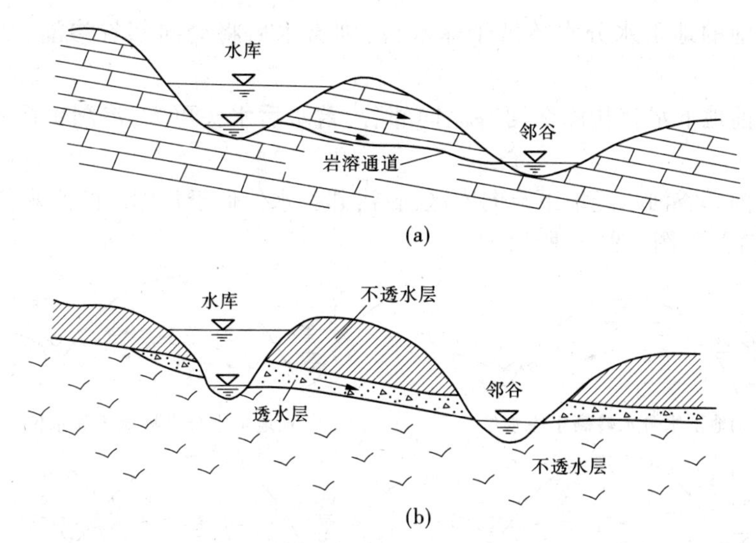

图 4-5　适宜库水向外渗漏的岩性条件

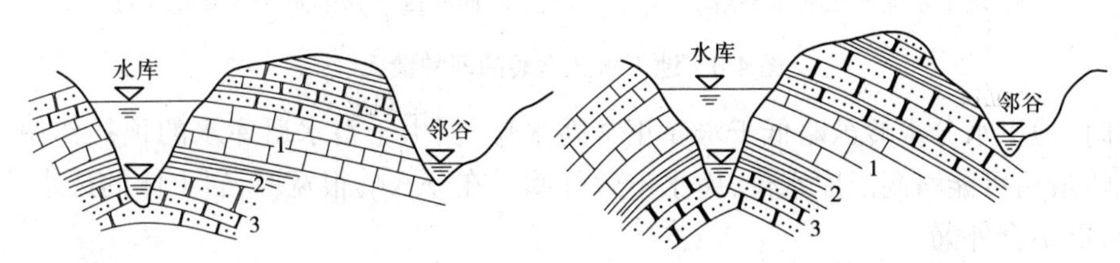

(a)透水岩层倾角较小,且被邻谷切割出露,可能导致库水向邻谷的渗漏

(b)透水岩层倾角较大,未在邻谷中出露,不会导致库水向邻谷的渗漏

1—透水石灰岩;2—隔水页岩;3—透水性小的砂岩。

图 4-6　背斜构造与水库渗漏

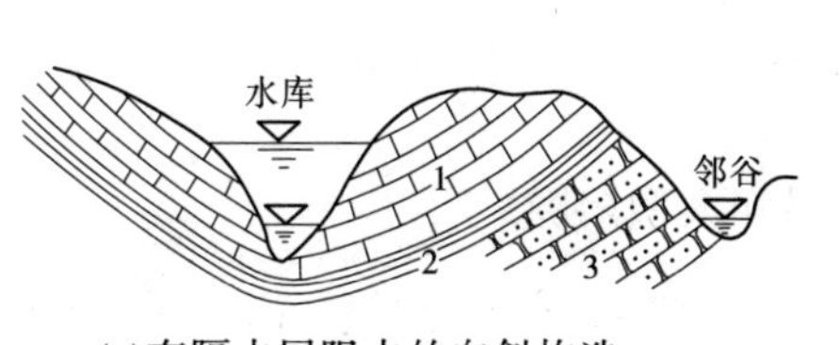

(a)有隔水层阻水的向斜构造,不会引起向邻谷的渗漏

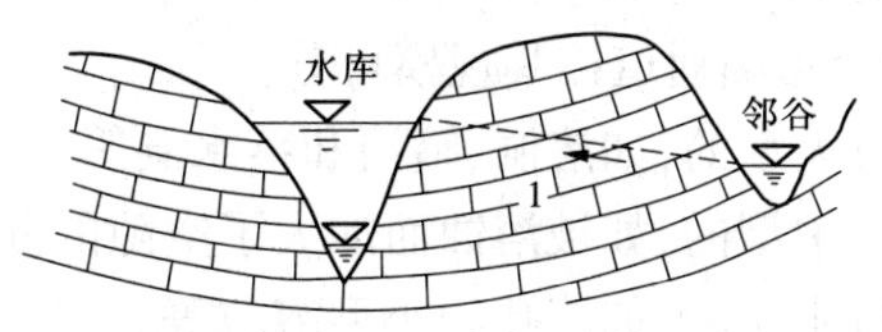

(b)无隔水层阻水,又与邻谷相通的向斜构造,可能引起向邻谷的渗漏

1—漏水石灰岩;2—隔水页岩;3—透水性小的砂岩。

图 4-7　向斜构造与水库渗漏

(四)水文地质条件

库区的水文地质条件是水库能否发生渗漏的重要条件之一,尤其是库岸有无地下水分水岭,以及地下水分水岭的高程,对水库的渗漏具有决定性的意义。

根据地下水分水岭脊线的高程与水库正常高水位的关系,可判断水库是否有向邻谷渗漏的可能。此时有四种情况:

(1)建库前的地下水分水岭高于水库正常高水位,建库后一般不会产生向邻谷渗漏,如图 4-8(a)所示。

(2)建库前的地下水分水岭低于库水位,则蓄水后将会向邻谷渗漏,如图 4-8(b)所示。

(3)建库前地下水就从库区河谷流向邻谷,蓄水后水头更大,渗漏更严重,如图 4-8(c)所示。

(4)建库前邻谷河水经地下流向库区河谷,邻谷水位低于建库后的库水位,建库后库水将向邻谷渗漏,如图 4-8(d)所示。

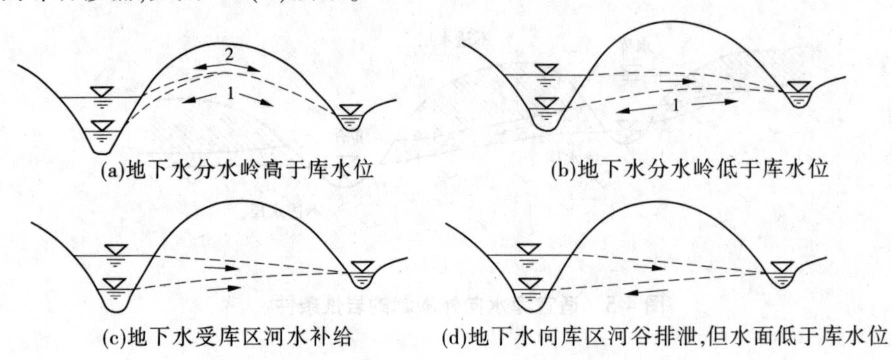

图 4-8　地下水分水岭的四种情况

有时,地下水分水岭虽略低于水库正常高水位,但由于蓄水后库水的顶托作用,地下水分水岭最后可能略高于库水位,库水不致外漏。在分水岭很宽厚、岩土体的透水性较小时,库水更不会外漏。

(五)岩溶库区渗漏分析

岩溶地区水库漏水问题的分析,关键是要查清该区地形、地层、岩性、构造和水文地质等情况;在以上基础上进一步查清岩溶发育程度和岩溶形态的延伸分布规律。结合水库渗漏问题,进一步研究和分析。

岩溶渗漏通道按其规模可分:

(1)大型的,如溶洞、暗河和落水洞等。

(2)中型的,如被溶蚀而加大了空隙的断层和大型溶隙。

(3)小型的,如溶孔和小型溶隙等。

其中以第 1 类渗漏规模最大,第 3 类渗漏规模最小。三者往往互相串通。

四、防渗措施

(一)灌浆帷幕

通过钻孔向地下灌注水泥浆或其他浆液,填塞岩溶岩体中的渗漏通道,形成阻水帷幕,可以达到防渗的目的。灌浆帷幕用于裂隙性岩溶渗漏具有显著的防渗效果。对规模不大的管道性岩溶渗漏采用填充性灌浆也有一定效果。

(二)截水墙

当地基下面透水层深度不大时,常用截水墙防渗,这是一种比较可靠的防渗措施。防渗墙有黏土墙、混凝土墙和大口径钻孔造孔回填混凝土等形式。

黏土截水墙多用于土坝基础,混凝土截水墙多用于截断岩石基础的表部透水带,如溶蚀带、岸坡风化带等。

(三)铺盖

铺盖防渗主要适用于大面积的孔隙性或裂隙性渗漏。库底大面积渗漏,常用黏土铺盖,对于库岸斜坡地段的局部渗漏,用混凝土铺盖。

一般情况下,铺盖工程应在蓄水前或水库放空以后施工,以保证质量。但有些情况下,用水中抛土方法形成铺盖,也可起到一定的防渗作用。

(四)隔离与堵洞

隔离就是在库岸基岩上修筑隔水围坝。范围不大的集中渗漏区,库水隔离可以减少水量损失。

选择集中漏水的洞口用适当的建材堵塞,是防止岩溶通道渗漏的有效方法。对裸露基岩中的漏水洞,只要清除其充填物和洞壁的风化松软物质,然后用混凝土封堵,即可获得良好效果。在覆盖型岩溶河段,由于基岩中岩溶管道埋藏于覆盖层之下,要消除覆盖层,应找到基岩中岩溶管道的入口,加以封堵。一般的堵洞结构是下部做反滤层,上部以混凝土封堵,再以黏土回填。

任务二　库区浸没分析

❖引例❖

官厅水库位于永定河上游,地处河北省怀来县和北京市延庆县,水库设计总库容41.6亿 m^3,最高蓄水位479.0 m。自1955年建成蓄水后,怀来县、涿鹿县以及延庆县均遭受到不同程度的浸没灾害,延庆妫水河两岸浸没现象严重。由于水库上游水土流失,河道泥沙淤积致使河床不断淤高,地下水流速变缓且出露地表,形成更大范围的浸没区。

2004年,北京市规划的延庆新城毗邻官厅水库,妫水河穿越规划新城区。官厅水库的浸没问题是关乎延庆新城的规划、设计、建设和运营的重大工程地质问题,科学有效地对官厅水库的浸没范围、浸没面积、危害程度等进行分析评价和研究,准确预测未来水库浸没对延庆新城的浸没影响,为总体规划、专项规划、土地的合理开发利用以及安全建设提供了强有力的地质依据,减少因水库浸没问题给新城带来的危害或造成不必要的经济损失奠定了坚实的基础,对于新城的科学和可持续发展意义重大而深远。

❖知识准备❖

水库蓄水后,库岸岩土体被水浸泡而逐渐饱和,地下水位随之上升而形成壅水。若岸坡相对平缓、地下水位接近甚至高出地面,导致库岸岩土体强度降低、大片土地变成沼泽或严重盐渍化的过程和现象,称为水库浸没。

一、浸没的危害

浸没对滨库地区的工农业生产和居民生活危害甚大,它使农田沼泽化或盐碱化,导致农作物减产甚至无法种植;建筑物的地基强度降低甚至破坏,影响其稳定和正常使用;使道路翻浆、泥泞，中断交通；使附近城镇居民无法居住，不得不采取排水措施或迁移他处(见图 4-9)。浸没区还能造成附近矿坑渗水，使采矿条件恶化。因此，浸没问题常常影响到水库正常高水位的选择，甚至影响到坝址的选择。

码 4-2　微课-水库的浸没分析

二、浸没的成因和类型

根据浸没的成因，将浸没分为顶托型和渗漏型两种基本类型。按照浸没影响的对象，可分为农作物浸没区和建筑物浸没区。

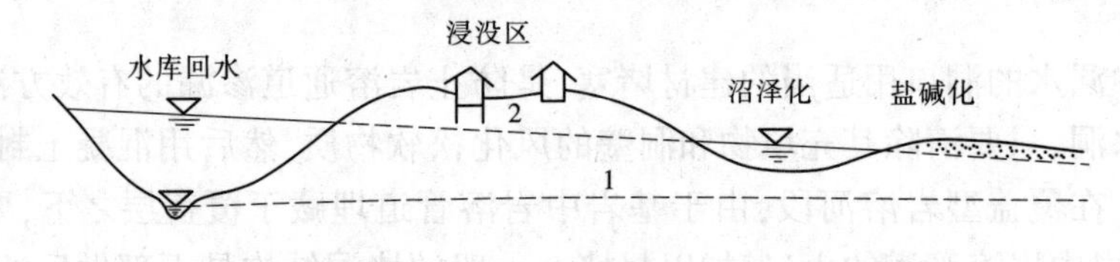

1—蓄水前地下水位线；2—蓄水后地下水位线。

图 4-9　水库回水及浸没示意图

(一)顶托型浸没

天然情况下，地下水向河流排泄，水库蓄水后，原来的补给、排泄关系不变，致使地下水位壅高。水库周边产生的浸没现象多属于这种类型，可称为补给区浸没。

(二)渗漏型浸没

水库、渠道运行后产生渗漏，导致排泄区的地下水位升高，造成浸没，也称为排泄区浸没。特别是平原地区围坝型水库下游、水库渗漏排泄区的低洼地段，均易产生渗漏型浸没。

三、浸没产生的条件

浸没现象的产生，是各种因素综合作用的结果，包括地形、地质、水文气象、水库运行和人类活动等。

(一)可能产生浸没的条件

(1)受库水渗漏影响的邻谷和洼地，平原水库的坝下游和围堤外侧，特别是地形标高接近或低于原来河床的库岸地段，容易产生浸没。

(2)岩土应具有一定的透水性能。基岩分布地区不易发生浸没。第四纪松散堆积物中的黏性土和粉砂质土，由于毛细性较强，易发生浸没；特别是胀缩性土和黄土类土，浸没的影响更为严重。

(二)不易发生浸没的条件

(1)研究地段与库岸间有经常水流的溪沟，其水位等于或高于正常蓄水位时，如图 4-10(a)所示。

(2)库岸由相对不透水岩土层组成或研究地段与库岸之间有相对不透水层阻隔，如图 4-10(b)所示。

(3)水库岸边建筑物基础底面距地下水面高度大于水库回水高度，如图 4-10(c)所示。

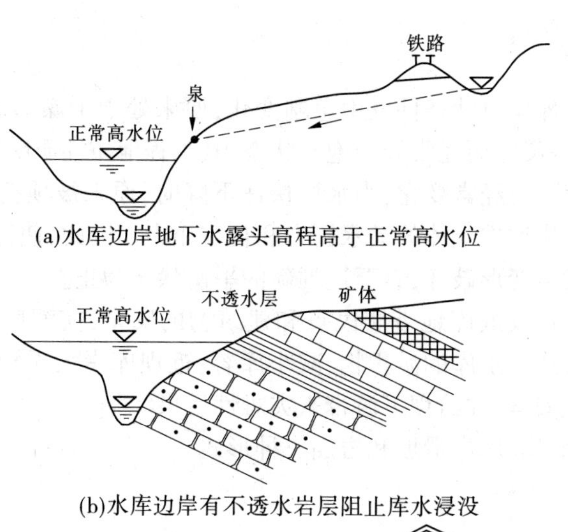

(a)水库边岸地下水露头高程高于正常高水位

(b)水库边岸有不透水岩层阻止库水浸没

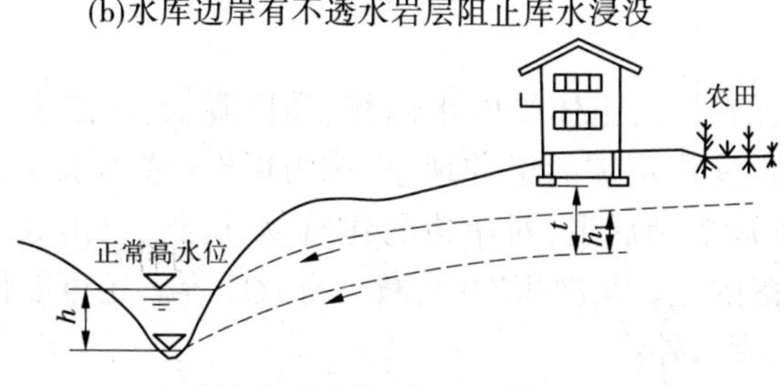

(c)水库边岸建筑物基础底面距地下水面
高度大于水库回水高度($t>h$)

图 4-10　水库边岸不会产生浸没的地质条件

任务三　库岸稳定分析

❖引例❖

岳城水库位于河北省磁县与河南省安阳县交界附近、漳河中下游段，是漳河上一个主要控制性工程，总库容为 13 亿 m^3，控制流域面积 18 100 km^2。岳城水库库区经济以农业为主，其次为煤矿、陶瓷等。多年来，水库塌岸已经造成沿岸上千亩耕地损失，使得农业生产受到较大的影响，给当地居民造成了较为可观的直接经济损失。经过多年运行，库区塌岸仍在发展，但一直未对库区塌岸进行治理。水库塌岸也是水库淤积和水土流失的主要因素之一，影响水库运行经济效益，也影响了当地生态与环境，破坏了人、环境、生态和谐共处的秩序。

通过对水库塌岸情况进行地质调查，在水库运行模式基本定型的条件下，水库蓄水 50 多年来，库区库岸大规模改造活动基本完成，并预示着未来不会有很强烈大规模的库岸改造活动，库岸态势基本成形，但水库两岸中游及以上地带库岸塌岸现象仍将持续发生、发展。

❖知识准备❖

水库建成蓄水后,库岸自然条件发生急剧变化,原来处于干燥状态下的岩土,在库水位变化范围内的部分因浸湿而经常处于饱和状态,其工程地质性质明显恶化;岸边遭受波浪的冲蚀淘刷作用;库水位经常变化,当水位快速下降时,原来被顶托而壅高的地下水来不及泄出,因而增加了岸坡岩土体的动水压力和自重压力。因此,使得原来处于平衡状态下的岸坡,有一部分发生变形破坏,直至达到新的平衡状态为止。

库岸的失稳破坏,危及滨库地带居民点和建筑物的安全,使滨库地带的农田遭到破坏;库岸的破坏物质又成为水库的淤积物、减小库容;近坝库岸大塌滑体的突然滑落激起的涌浪,还能危及大坝安全,并给坝下游带来灾难性后果。

库岸失稳破坏有塌岸、库岸滑坡和岩崩三种形式。

一、塌岸

码 4-3 微课-水库的塌岸分析

水库蓄水后,岸边的岩石、土体受库水饱和、强度降低,加之库水波浪的冲击、淘刷,引起库岸坍塌后退的现象,称为塌岸(或称水库边岸再造)。塌岸将使库岸扩展后退,对岸边的建筑物、道路、农田等造成威胁、破坏,且使塌落的土石又淤积库中,减少有效库容。还可能使分水岭变得单薄,导致库水外渗。

(一)塌岸的形成过程

(1)水库蓄水初期,岸坡上部土体由于水库浸没、土体软化、崩解等作用,慢慢开始塌落,如图 4-11(a)所示。

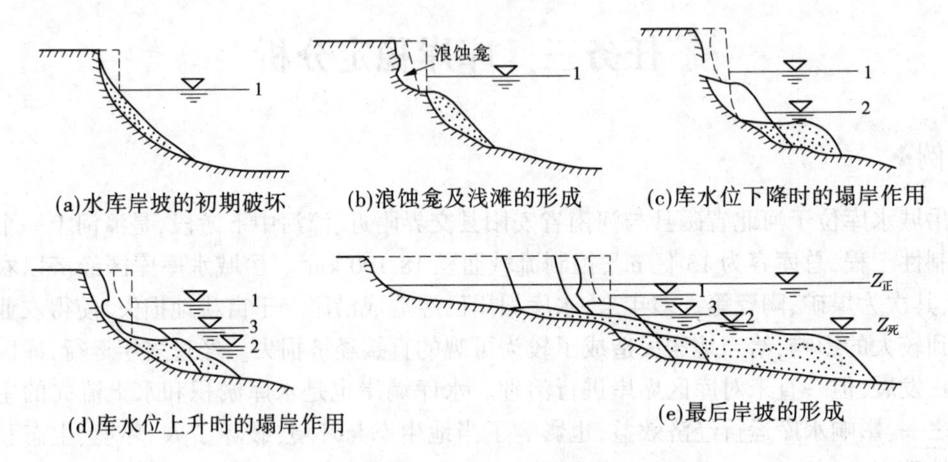

1、2、3—库水位变化;$Z_{正}$、$Z_{死}$—正常高水位及死水位。

图 4-11 水库塌岸过程示意图

(2)由于岸流的侵蚀和波浪的淘蚀作用,在正常蓄水位高程附近发育波蚀龛,塌落物在水下斜坡初步形成浅滩的雏形,如图 4-11(b)所示。

(3)水库放水发电,水位消落到低水位时,水下浅滩在平缓斜坡处形成,如图 4-11(c)所示。

(4)水库蓄水再次达到高水位时,库水继续侵蚀岸坡,岸壁后退;水位第二次消落时,浅滩继续扩大,如图4-11(d)所示。

(5)随着水库高、低水位的不断反复,岸坡不断改造,塌岸不断发展,直到水下浅滩及斜坡形成稳定坡角为止,边岸稳定,浅滩扩大终止,如图4-11(e)所示。

(二)影响塌岸的主要因素

影响塌岸的因素主要包括岸坡所处的河流部位、波浪和岸流等水动力作用、组成岸坡岩土体的类型和抗侵蚀能力、岸坡形态、坡度和坡面植被发育状况等。

1. 库水位变动

水位的变动对塌岸的影响主要表现在以下几个方面:

(1)当库水位骤然下降的时候,由于坡体内部孔隙水压力来不及消散,将在坡体内产生附加力,容易诱发坡体失稳。

(2)水位涨落幅度越大,岸壁受破坏的范围越大。水库运行水位的变化及各种水位的持续时间对库周塌岸影响极大。

(3)水位变动还会引起坡脚岩土体的循环干湿变化,加速塌岸的进程。

2. 波浪作用

这是影响塌岸的主要外营力。引起波浪的最主要因素是风、库面水域开阔,有利于风浪的形成和作用,塌岸也会强烈。

3. 岸坡地质条件

岩性、裂隙发育程度及风化程度都是影响塌岸强弱的重要因素。一般由坚硬岩石组成的库岸地段,不易发生塌岸,松软土组成的库岸除卵砾石外,塌岸严重,尤其以黄土和砂土库岸更为严重。

4. 岸坡形态结构

库岸高度、坡度及岸线的切割程度都直接影响塌岸的形成及其最终宽度。凸岸受冲蚀比凹岸重,塌岸速度快。陡坡地段塌岸强烈,范围也比较大。

5. 边岸位置

边岸的部位不同,塌岸情况也不同,库首区和库腹区塌岸较为严重。受季风性风浪影响较大的边岸,坍塌较为严重。

6. 淤积速度

淤积速度较快的库区,塌岸宽度一般较小。

此外,水库蓄水最初3~4年内塌岸表现最为强烈,随后渐渐减弱,一年中,在涨水时和强风期比较容易发生塌岸。

(三)塌岸预测

定量地预测水库建成后塌岸的范围、某一库岸地段塌岸宽度和速度、某一期限内最终的塌岸宽度,以及形成最终塌岸宽度所需的年限,以便给防治措施提供依据,这就是水库塌岸预测的目的。

塌岸预测分短期预测和长期预测两种。短期预测的期限由刚蓄水时至预定的最高水位为止,一般是2~3年。该期限内水库未进入正常运行阶段,水位升降变化无规律,库岸因初次湿化而大量坍塌。在短期预测的基础上进行长期预测,以确定最终塌岸范围。在水库运行期间,应对预测结果进行观测和检验,并据以修改长期预测的结果。

对于塌岸的预测方法有很多,常用的有计算法、作图法、工程类比法和试验法等。

二、库岸滑坡

库岸滑坡是库岸破坏的主要形式之一,在大部分水库蓄水后都会发生,只是规模不同而已,它往往是岸坡蠕变的发展结果。按库岸滑坡发生的位置,库岸滑坡可分为水上滑坡和水下滑坡,以及近坝滑坡和远坝滑坡。近坝的水上高速滑坡危害尤大。我国湖南柘溪水库,在1959年的蓄水初期,大坝上游1.5 km的塘岩光发生大滑坡,165万m^3土石以25 m/s的速度滑入库中,激起高达21 m的涌浪,致使库水漫过尚未完工的坝顶泄向下游,损失巨大。

滑坡是库岸破坏的主要形式之一,由于危害较大,对山区水库来说,需重视研究近坝的库岸滑坡。我国的几座大型水坝,如龙羊峡和小浪底水库均存在此问题。

三、岩崩

岩崩是峡谷型水库岩质库岸常见的破坏形式,它常发生在由坚硬岩体组成的高陡库岸地段。水库蓄水后,由于坡脚岩层软化或下部库岸的变形破坏,而引起上部库岸的岩体崩塌。尤其是在水位变动带内,有软弱夹层存在,岩崩就更容易发生。

任务四　库区淤积分析

❖引例❖

三门峡水库是黄河干流上兴建的第一座以防洪为主的大型综合水利枢纽工程,控制黄河流域面积68.84万km^2,控制黄河来水量的89%,来沙量的98%。三门峡水库于1960年9月开始蓄水拦沙,由于原设计没有考虑到多沙河流的泥沙淤积问题,在水库蓄水运用后的4年时间内,335 m以下库容已损失43%,潼关河床抬高4.5 m,致使渭河和北洛河下游河床淤高,屡次发生严重洪水灾害。高水位蓄水期间,因受地下水浸没影响,库周发生大范围的湿陷、裂缝、沉降、塌方、塌房、塌井和农田沼泽化、盐碱化。特别是潼关以下库段发生的大面积库岸坍塌,给库区两岸人民的生命财产、工农业生产带来严重影响。至1962年2月,库区泥沙淤积量达15.3亿t,93%的来沙淤积在库内。

为了减缓库区淤积,三门峡水库进行了两次改建,1973年11月,水库开始采用"蓄清排浑"运用方式,减缓了库区的淤积。20世纪80年代初期在有利的水沙条件下,潼关以下库区发生冲刷,潼关高程下降。

❖知识准备❖

水库为人工形成的静水域,河水流入水库后流速顿减,水流搬运能力下降,所挟带的泥沙就沉积下来,堆于库底,形成水库淤积。淤积的粗粒部分堆于上游,细粒部分堆于下游,随着时间的推延,淤积物逐渐向坝前推移。修建水库的河流若含有大量泥沙,则淤积问题将成为该水库的主要工程地质问题之一。

工程地质研究水库淤积问题,主要是查明淤积物的来源、范围、岩性及其风化程度及斜坡稳定性等,为论证水库的运用方式及使用寿命提供资料。

一、水库淤积的危害

水库淤积虽然可以起到天然铺盖以防止库水渗漏的良好作用,但是大量淤积物堆于库底,将减小有效库容,从而降低水库效益;水深变浅,妨碍航运和渔业,影响水电站运转,降低发电能力。严重的淤积,将使水库在不长的时间内失去有效库容,缩短使用寿命。

思政案例 4-4

码 4-4 微课-水库的淤积分析

例如,美国科罗拉多河上一座大型水库,建成 13 年后便有 95%的库容被泥沙充填。日本有 256 座水库平均使用寿命仅 53 年;其中 56 座已淤库容的 50%,26 座已淤库容的 80%。

由于我国有许多河流含沙量高、输沙量大,水库泥沙淤积问题异常严重,有效库容大大降低。尤其是黄河流域的水库淤积情况格外严重,1990~1992 年黄河流域进行了一次全流域的水库泥沙淤积调查。至 1989 年全流域共有小(1)型以上水库 601 座,总库容 522.5 亿 m^3,已淤损库容 109.0 亿 m^3,占总库容的 21%;其中干流水库淤积 79.9 亿 m^3,占其总库容的 19%;支流水库淤积 29.1 亿 m^3,占其总库容的 26%。山陕高原上有一些小水库,建成一年后库容竟全部被泥沙淤满。

二、水库淤积对环境的影响

淤积不仅缩短水库使用寿命,还降低了水库原有的防洪、抗涝标准和调整蓄水的能力;而且会给上下游防洪、灌溉、航运、排涝治碱、工程安全和生态平衡带来影响。

水库的兴建,极大地改变了原河流的水动力条件和河流地质作用,使其侵蚀、搬运和沉积作用发生了大幅度的变化,并在自我调整中取得新的动态平衡。库内沉积作用加剧,会使水库上游的淹没和浸没范围扩大,两岸地下水位升高,造成土地盐碱化、沼泽化。

水库下游河道的水沙平衡被破坏,加剧下游河床演变。在坝下游,由于清水下泄,冲刷作用增强,底蚀显著,河道下切,河流变直,可导致部分河段岸坡稳定性下降,出现裂缝、坍塌等现象,河道还可能出现负比降,影响汛期行洪等。

水库淤积严重,库容损失导致蓄水能力减弱,水体自净能力下降,并影响其他功能的发挥。库内淤泥使水质恶化,进一步加剧了水体的富营养化。逐年积累的水库底泥中含有大量的营养盐,在动力作用下营养盐再悬浮或向水体释放,为藻类生长、繁殖提供有效的内源供给。

三、水库淤积的防治

水库淤积的防治措施,主要包括两个方面,即控制入库泥沙和排浑减淤措施。

(一)加强水土保持,减少泥沙入库

水土保持是减少水库淤积的根本途径,它既能保水保土保肥,又能拦沙。减少入库泥沙量,因而从根本上解决了水库的淤积问题。关于水土保持措施主要包括生物措施、农业措施和工程措施3个方面,应根据具体情况合理进行选择。如植树造林种草绿化荒山。合理耕种梯田,深耕密植,开沟拦截地表水,修筑淤地坝、拦沙堰、拉泥库等。

(二)对水库合理运用管理,减少水库淤积

对水库进行合理运用管理,利用水沙运动的特性采用各种方法进行排沙,减少水库淤积。主要包括采用引洪放淤、蓄清排浑、拦洪蓄水、异重流排沙等运用方式。

(1)引洪放淤。引洪放淤主要有引洪淤灌、淤滩造田和洼地放淤等方式。通过水库的引洪放淤,仅可以营造农田、改良土壤,也可以减少水库的泥沙淤积程度。

(2)蓄清排浑。多沙河流的泥沙主要集中在汛期,尤其是汛期的前几次洪水。蓄清排浑运用方式,就是在汛期的主要来沙季节,采用空库迎汛或降低水位运用,当洪水挟带大量泥沙入库时,利用排沙设施(如排沙底孔、输沙隧洞)排沙减淤。也可以通过并联、串联水库,多个水库联合调度,以达到蓄清排浑的目的。

(3)拦洪蓄水。对于库容相对较大,河流含沙量较小的水库,可以采用拦洪蓄水,即水库常年蓄水,非汛期拦蓄基流,汛期拦蓄洪水,并根据具体情况泄放水量。由于水库常年蓄水,往往淤积速度较快、水库寿命缩短,所以有时要结合蓄清排浑运用方式。

(4)异重流排沙。在水库蓄水情况下,当洪水挟带大量泥沙入库时,由于清水与浑水比重有别,两者基本不相混掺,而是浑水潜入库底并向坝前运行。此时若及时打开底孔闸门,将浑水排出库外,则可减少水库淤积量。由于水库在异重流拌沙前后均能蓄水,使水库在汛期保持有一定的调蓄能力,而不产生大量弃水,所以对水流较缺或不能泄空排沙的水库较为适用。

【课后练习】

请扫描二维码,做课后练习与技能提升卷。

项目四　课后练习与技能提升卷

项目五　水利工程地质勘察

【学习目标】

1. 了解水利工程地质勘察的目的和任务。
2. 了解水利工程地质勘察的基本方法。
3. 能读懂水利工程地质勘察报告。

【教学要求】

知识要点		重要程度
水利工程地质勘察的目的与任务	工程地质勘察的目的	C
	工程地质勘察阶段划分及任务	B
水利工程地质勘察的基本方法	工程地质测绘	A
	工程地质勘探	A
阅读水利工程地质勘察报告	工程地质勘察报告编写要求	B
	工程地质勘察报告编写内容	B
	工程地质勘察报告编写格式	A

【项目导读】

思政案例 5-1

工程地质勘察是水利工程建设项目设计和施工的前期工作，是为了查明对水利工程建筑物存在安全隐患的地质因素而进行的地质调查研究工作，对不良地质因素采取工程加固处理措施从而确保水利工程建筑物的安全运行。工程地质勘察报告是工程地质勘察工作的总结，根据勘察设计书的要求，考虑工程特点及勘察阶段，综合反映和论证勘察地区的工程地质条件和工程地质问题，做出工程地质评价。它是提供设计、施工部门间接使用的重要资料和依据。报告书内容一般包括工程地质条件的论述、工程地质问题的分析评价以及结论和建议。内容要重点突出，观点明确，论据充足，评价确切，措施具体。报告除文字部分外，还包括插图、附图、附表及照片等。

任务一　水利工程地质勘察的目的与任务

❖引例❖

拉尼尔湖拱坝位于美国北卡罗莱那州内，1925 年 3 月建成，坝址处于十分古老的花岗岩上，勘察时认为两岸坝座岩石都很良好，但是在施工时发现上部岩石软弱，于是挖去软弱岩石后改用浆砌石坝座代替。1926 年 1 月,大坝由于左岸坝座岩石被渗漏水冲蚀,导致坝座沉陷倾倒而破坏。

大坝失事后查明:左坝座不是建在坚实岩层上,而是建在夹有风化破碎岩石和黏土的成层岩石上,黏土夹层和破碎岩石不断受到水流的潜蚀、冲刷,导致砌石坝座松动、颠覆而引起左端完全失去支承。专家认为,坝址的地质勘探、试验等工作做得粗浅是导致大坝失事的主要原因。由此可见,工程地质勘察是十分重要的,我们怎样才能避免工程地质问题对大坝产生的不良影响呢?

❖知识准备❖

水利工程地质勘察是水利工程建设的前期工作。根据勘察设计书的要求,考虑工程特点及勘察阶段,综合反映和论证勘察地区的工程地质条件和工程地质问题,做出工程地质评价。它是提供设计、施工部门间接使用的重要资料和依据。

一、工程地质勘察的目的

工程地质勘察的目的是以各种勘察手段和方法,了解和查明建筑场地与地基的工程地质条件及天然建筑材料资源,分析可能存在的工程地质问题,为建筑物选址、规划设计和施工提供所需的基本资料,并提出地基和基础设计方案建议。

码 5-1　微课-工程地质勘察概述

二、工程地质勘察阶段划分及任务

根据《水利水电工程地质勘察规范》(GB 50487—2008)要求,水利地质勘察工作通常分阶段进行,一般按工程类别、规模大小、重要性和地质条件复杂程度而定,工作范围由面到点逐渐深入,工作内容由一般到具体,精度由粗到细。工程地质勘察分为规划阶段工程地质勘察、可行性研究阶段工程地质勘察、初步设计阶段工程地质勘察、招标设计阶段工程地质勘察、施工详图设计阶段工程地质勘察。各阶段工程地质勘察任务如下:

(一)规划阶段工程地质勘察

(1)了解规划河流、河段或工程的区域地质和地震情况。

(2)了解规划河流、河段或工程的工程地质条件,为各类型水资源综合利用工程规划选点、选线和合理布局进行地质论证,重点了解近期开发工程的地质条件。

(3)了解梯级坝址及水库的工程地质条件和主要工程地质问题,论证梯级兴建的可能性。

(4)了解引调水工程、防洪排涝工程、灌区工程、河道整治工程等的工程地质条件。

(5)对规划河流、河段和各类规划工程天然建筑材料进行普查。

(二)可行性研究阶段工程地质勘察

(1)进行区域性构造稳定性研究,确定场地地震动参数,并对工程场地的构造稳定性做出评价。

(2)初步查明工程区及建筑物的工程地质条件、存在的主要工程地质问题,并做出初步评价。

(3)进行天然建筑材料初查。

(4)进行移民集中安置点选址的工程地质勘察,初步评价新址区场地的整体稳定性和适宜性。

(三)初步设计阶段工程地质勘察

(1)根据需要复核或补充区域构造稳定性研究与评价。

(2)查明水库区水文地质、工程地质条件,评价存在的工程地质问题,预测蓄水后的变化,提出工程处理措施建议。

(3)查明各类水利水电工程建筑物的工程地质条件,评价存在的工程地质问题,为建筑物设计和地基处理方案提供地质资料和建议。

(4)查明导流工程及其他主要临时建筑物的工程地质条件。根据需要进行施工和生活用水水源调查。

(5)进行天然建筑材料详查。

(6)建立或补充,完善地下水动态监测和岩土体位移监测设施,并进行监测。

(7)查明移民新址区工程地质条件,评价新址区场地的整体稳定性和适宜性。

(四)招标设计阶段工程地质勘察

(1)复核初步设计阶段主要勘测成果。

(2)查明初步设计阶段遗留的工程地质问题。

(3)查明初步设计阶段工程地质勘测报告审查中提出的工程地质问题。

(4)提供与优化设计有关的工程地质资料。

(五)施工详图设计阶段工程地质勘察

(1)对招标设计报告评审中要求补充论证的和施工中出现的工程地质问题进行勘测。

(2)水库蓄水过程中可能出现的专门性工程地质问题。

(3)优化设计所需的专门性工程地质勘察。

(4)进行施工地质工作,检验、核定前期勘测成果。

(5)提出对工程地质问题处理措施的建议。

(6)提出施工期和运行期工程地质监测内容、布置方案和技术要求的建议。

❖技能应用❖

技能1　初步设计阶段工程地质勘察的具体内容

一、目的

学会查规范,了解初步设计工程地质勘察阶段的勘察具体内容,为下一步学习工程地质勘察方法和地质报告阅读打下坚实的基础。

二、要求

要求学生查阅《水利水电工程地质勘察规范》(GB 50487—2008),掌握初步设计工程地质勘察阶段的勘察具体内容，尤其对水库、土石坝、重力坝、溢洪道、隧洞、渠道的勘察内容。

三、方法

查阅《水利水电工程地质勘察规范》（GB 50487—2008）。

任务二　水利工程地质勘察的基本方法

❖引例❖

在我国大型水利水电工程建设中，十分重视工程地质勘察工作，所以尚未发生过因地质问题而引起的重大溃坝事故。但也有多起因忽视地质勘察工作或限于某种原因未查明不良地质条件而造成的各种隐患和事故的情况，个别小型水库因忽视工程地质勘察工作也有垮坝事故发生，例如浙江黄坛口水电站在大坝施工开挖后，才发现左岸坝肩是个大滑坡体，岩石破碎，坝头不能与坚硬完整的岩石相接，不得不停工进行补充勘察，修改设计。

那么，我们要采取哪些方法和手段来进行工程地质勘察才能确保工程的稳定和安全呢？

❖知识准备❖

水利工程地质勘察方法是水利工程建设的基础工作。根据勘察设计书的要求，考虑工程特点及勘察阶段，综合采用各种勘察方法，汇总分析、论证勘察地区的工程地质条件和工程地质问题，提出不良地质问题的处理意见。

工程地质勘察包括工程地质测绘和工程地质勘探。

一、工程地质测绘

码 5-2　微课-工程地质勘察

工程地质测绘是在地形图上布置一定数量的观察点和观测线，以便按点和线进行观测和描绘。工程地质勘察是在工程地质测绘的基础上，为了进一步查明地表以下的工程地质问题，取得深部地质资料而进行的。勘察方法的选用应符合勘察目的和岩土的特性，勘探方法主要有坑探、钻探和原位测试等。

二、工程地质勘探

（一）坑探

坑探工程也叫掘进工程、井巷工程，它在岩土工程勘探中占有一定的地位。与一般的钻探工程相比较，其特点是：勘察人员能直接观察到地质结构，准确可靠，且便于素描；可不受限制地从中采取原状岩土样和用作大型原位测试。尤其对研究断层破碎带、软弱泥化夹层和滑动面（带）等的空间分布特点及其工程性质等，更具有重要意义。坑探工程的缺点是：使用时往往受到自然地质条件的限制，耗费资金大而勘探周期长；尤其是重型坑探工程不可轻易采用。岩土工程勘探中常用的坑探工程有：探槽、试坑、浅井、竖井（斜井)、平硐和石门(平巷)(见图5-1)。其中前三种为轻型坑探工程,后三种为重型坑探工程。各种坑探工程的特点和适用条件见表5-1。

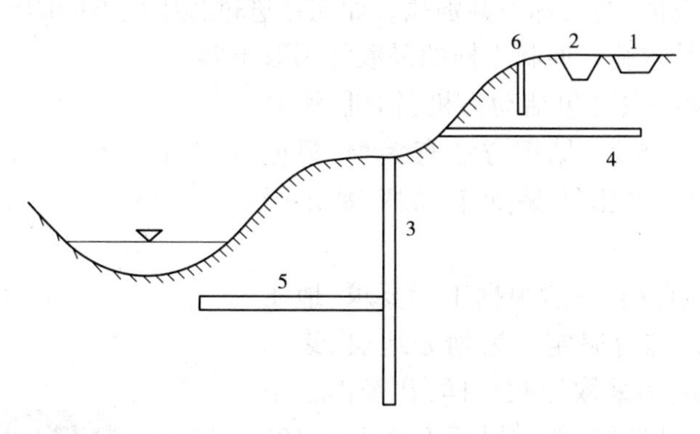

1—探槽;2—试坑;3—竖井;4—平硐;5—石门;6—浅井。

图5-1　工程地质常用探坑类型示意图

表5-1　各种坑探工程的特点和适用条件

名称	特点	适用条件
探槽	在地表深度小于3~5 m的长条形槽子	剥除地表覆土,揭露基岩,划分地层岩性,研究断层破碎带;探查残坡积层的厚度和物质、结构
试坑	从地表向下,铅直的、深度小于3~5 m的圆形或方形小坑	局部剥除覆土,揭露基岩;做载荷试验、渗水试验,取原状土样
浅井	从地表向下,铅直的、深度5~15 m的圆形或方形井	确定覆盖层及风化层的岩性及厚度;做载荷试验,取原状土样
竖井(斜井)	形状与浅井相同,但深度大于15 m,有时需支护	了解覆盖层的厚度和性质,风化壳分带、软弱夹层分布、断层破碎带及岩溶发育情况、滑坡体结构及滑动面等;布置在地形较平缓、岩层又较缓倾的地段
平硐	在地面有出口的水平坑道,深度较大,有时需支护	调查斜坡地质结构,查明河谷地段的地层岩性、软弱夹层、破碎带、风化岩层等;做原位岩体力学试验及地应力量测,取样;布置在地形较陡的山坡地段
石门(平巷)	不出露地面而与竖井相连的水平坑道,石门垂直岩层走向,平巷平行	了解河底地质结构,做试验等

(二)钻探

钻探是工程地质勘察中最常用的一种方法。工程地质钻探是利用钻进设备在地层中钻孔,以鉴别和划分地层,通过采集岩芯或观察井壁,以探明地下一定深度内的工程地质条件,补充和验证地面测绘资料的勘探工作。工程地质钻探既是获取地下准确地质资料的重要方法,也是采取地下原状岩土样和进行多种现场试验及长期观测的重要手段。

场地内布置的钻孔一般分为技术孔和鉴别孔两类。钻进时,仅取扰动土样,用以鉴别土层分布、厚度及状态的钻孔,称为鉴别孔。如在钻进过程中按不同的土层和深度采取原状土样的钻孔,称为技术孔。原状土样的采取常用取土器。

工程地质钻探设备主要包括动力机、钻机、泥浆泵、钻杆、钻头等,见图 5-2。钻探方法有多种,根据破碎岩土的方法可分为冲击钻探、回转钻探、冲击回转钻探、振动钻探等。

工程地质钻孔的直径,一般根据工程要求、地质条件和钻探方法予以综合确定。为划分地层,终孔直径不宜小于 33 mm;为采取原状土样,孔径不宜小于 108 mm;为采取岩芯试样,软质岩石不宜小于 108 mm,硬质岩石不宜小于 89 mm。

图 5-2　回转式钻探机

(三)地球物理勘探

物探是地球物理勘探的简称。它是利用岩土间的电学性质、磁性、重力场特征等物理性质的差异探测场区地下工程地质条件的勘探方法的总称。其中,利用岩土间的电学性质差异而进行的勘探称电法勘探;利用岩土间的磁性变化而进行的勘探称磁法勘探;利用岩土间的地球引力场特征差异而进行的勘探称重力勘探;利用岩土间传播弹性波的能力差异而进行的勘探称地震勘探。此外,还有利用岩土的放射性、热辐射性质的差异而进行的物探方法。

物探虽然具有速度快、成本低的优点,但由于其仅能对物理性质差异明显的岩土进行辨别,且勘察过程中无法对岩土进行直接的观察、取样及其他的试验测试,因而一般岩土工程主要用于特定的工程地质环境中的精度要求较低的早期勘察阶段的大型构造、采空区、地下管线等的探测。

(四)原位测试

常规的勘探方法是由钻探取样,在实验室测定土的物理力学性质指标。这样土样在钻取、包装、运送、拆封及试验过程中很难保持原有的天然结构。为了给勘探工作提供更确切的数据,原位测试方法显得重要。原位试验是指在建筑物场地实际测定地基土层不同深度处地基土的性质指标。如土的抗剪强度指标、压缩性、渗透性和土的物理性质。原位测试方法应根据岩土条件、设计对参数的要求、地区经验和测试方法的适用性等因素选用。

目前常用的原位测试方法主要有动力触探试验、静力触探试验、旁压试验、标准贯入试验、载荷试验、十字板剪切试验、大型现场剪切试验等。

根据原位测试成果,利用地区性经验估算岩土工程特性参数和对岩土工程问题做出评价时,应与室内试验及工程反算参数做对比,检验其可靠性。

❖技能应用❖

技能2　编写某工程地质勘察报告(大纲)

一、目的

初步了解工程地质勘察报告的编写具体内容,为下一步学习阅读工程地质勘察报告打下坚实的基础。

二、要求

要求学生查阅《水利水电工程地质勘察规范》(GB 50487—2008),掌握初步设计工程地质勘察阶段的勘察报告具体内容,编写出大纲。

三、方法

查阅《水利水电工程地质勘察规范》(GB 50487—2008)。

任务三　阅读水利工程地质勘察报告

❖引例❖

2012年5月6日开始,白龙江流域普降中到大雨,代古寺水电站由于导流洞封堵、引水隧洞没有启用、排沙孔泄洪流量有限,导致库区水位持续上升,到5月8日10时许,库区水位较正常河水位上升了12 m,达到1 702 m高程,但距水库设计正常水位1 710 m尚差8 m。河水灌渗到库岸挖沙淘金洞及砂砾卵石中,引发洛大乡尖藏村拉尕山自然村居民区地面塌陷、多处发生裂缝,以及房屋墙体和屋面开裂、变形破坏的地质灾害。另外,横跨白龙江的居民用水管道被淹没,代古寺35 kV变电站及库区左岸高压输电线存在较大安全隐患。

经调查组调查,负责地质勘察的某设计院无工程勘察资质,该院违反勘察设计资质管理规定承接代古寺水电站勘察设计任务,并且在没有进行必须的地质详查的情况下,直接引用复制其他勘察设计单位完成的前期可研阶段资料图纸、弄虚作假出具初步设计阶段地质勘察报告,对此次地质灾害的发生负有直接责任。由此可见,工程地质勘察报告需要的是对工程地质问题进行实事求是的评价,不能弄虚作假,否则会导致严重的后果。

❖知识准备❖

水利工程地质勘察报告是水利工程勘察成果的总结。根据勘察设计书的要求,考虑工程特点及勘察阶段,综合采用各种勘察方法,汇总分析,论证勘察地区的工程地质条件和工程地质问题,将这些勘察结果通过书面的形式展现出来,并附图表等。

一、水利工程地质勘察报告的内容

水利工程地质勘察报告的内容应根据任务要求、勘察阶段、工程特点和地质条件等具体情况编写，通常包括以下内容：

(1)勘察目的、任务要求和依据的技术标准。

(2)拟建工程概况。

(3)勘察方法和勘察工作布置。

(4)场地的地形、地貌、地层、地质构造特征，岩土的类别、地下水、不良地质现象描述和对工程危害程度的评价。

(5)岩土的物理力学性质指标及地基承载力的建议值。

(6)地下水埋藏情况、类型和水对工程材料的腐蚀性。

(7)场地稳定性和适宜性的评价。

(8)岩土利用、整治和改造方案的分析论证。

(9)工程施工和使用期间可能发生的岩土工程问题的预测，以及监控和预防措施的建议。

(10)成果报告应附下列必要的图表：①勘察点平面布置图；②工程地质柱状图；③工程地质剖面图；④原位测试成果图表；⑤室内试验成果图表；⑥岩土利用、整治、改造方案的有关图表；⑦岩土工程计算简图及计算成果图表。

二、水利工程地质勘察报告的编写格式

(一)绪论

绪论主要是说明勘察工作的任务、勘察阶段和需要解决的问题、采用的勘察方法及其工作量，以及取得的成果，附以实际材料图。为了明确勘察的任务和意义，应先说明建筑的类型和规模，以及国民经济意义。

(二)通论

通论是通过阐明工作地区的工程地质条件，所处的区域地质地理环境，以明确各种自然因素，如大地构造、地势、气候等，对该区工程地质条件形成的意义。通论一般可分为区域自然地理概述，区域地质、地貌、水文地质概述，以及建筑地区工程地质条件。概述等章节的内容，应当既能阐明区域性及地区性工程地质条件的特征及其变化规律，又须紧密联系工程目的，不要泛泛而论。在规划阶段的工程地质勘察中，通论部分占有重要地位，在以后的阶段中其比重愈来愈小。

(三)专论

专论一般是工程地质报告书的中心内容，因为它既是结论的依据，又是结论内容选择的标准。专论的内容是对建设中可能遇到的工程地质问题进行分析，并回答设计方面提出的地质问题与要求，对建筑地区做出定性、定量的工程地质评价，作为选定建筑物位置、结构形式和规模的地质依据，并在明确不利地质条件的基础上，考虑合适的处理措施。专论部分的内容与勘察阶段的关系特别密切，勘察阶段不同，专论涉及的深度和定量评价的精度也有差别。专论还应明确指出遗留的问题，进一步勘察工作的方向。

(四)结论

结论的内容是在专论的基础上对各种具体问题做出简要、明确的回答。态度要明朗，措词要简炼，评价要具体，问题不彻底的可以如实说明，但不要含糊其词、模棱两可。

工程地质报告必须与工程地质图一致，互相照应，互为补充，共同达到为工程服务的目的。

(五)工程地质勘察报告的附件

工程地质勘察报告的附件主要是指报告附图、附表和照片图册等。一般包括以下内容。

1. 钻孔柱状图

钻孔柱状图将表示该钻孔所穿过的地层面综合成图表。图中表示有地层的地质年代、埋藏深度、厚度，顶、底标高，特征描述，取样和测试的位置，实测标准贯入击数，地下水位标高和测量日期，以及有关的物理力学性质指标随钻孔深度的变化曲线等。柱状图的比例尺一般为1∶100~1∶5 000。

2. 工程地质剖面图

工程地质剖面图反映某一勘探线上地层沿竖向和水平向的分布情况，图上画出该剖面的岩土单元体的分布、地下水位、地质构造及标准贯入击数、静力触探曲线等。由于勘探线的布置常与主要地貌单元或地质构造轴线相垂直，或与建筑物的轴线一致，故工程地质剖面图是岩土工程勘探报告最基本的图件。

3. 原位测试成果图表

标准贯入试验、静力触探试验、动力触探试验、十字板剪切试验、旁压试验、载荷试验、波速试验、水底地层剖面仪探测等原位测试的成果图表。

4. 岩土试验图表

岩土物理力学性质指标统计表、孔隙比与压力关系曲线、应力-应变关系曲线、颗粒级配曲线等。

5. 特殊地质条件或为满足特殊需要而绘制的专门图表

软土、基岩或持力层顶板等高线图，风化岩的标准贯入击数等值线图，地下水等水位线图，不良地质现象分布图，特殊性土的土工试验图表等。

6. 岩芯照片图册

(略)

三、水利工程地质勘察报告的阅读方法

水利工程地质勘察报告的内容根据勘察阶段、任务要求和工程地质条件而有所不同，阅读时从文字和图表两方面入手。

(一)阅读钻孔平面位置图

了解钻探的工作量和工程场地的基本情况，包括钻孔数量、孔深、场地的地形地貌条件、地质构造、不良地质现象及地震基本烈度。

(二)阅读钻孔柱状图

了解场地内每个钻孔沿深度方向岩性的变化厚度、取样深度、现场试验及地下水的埋

藏条件。

(三)阅读工程地质剖面图

了解场地内纵横方向岩性在深度上的变化和地下水的埋藏条件,继而确定厚度大且相对稳定的地层作为可选基础持力层。

(四)阅读岩土试验成果表和土的主要物理力学性质一览表

了解场地的地层分布、岩石和土的均匀性、物理力学性质和其他设计计算指标,为选择良好的地基提供依据。

(五)阅读场地的综合工程地质评价

了解场地的稳定性和适宜性,可能存在的问题,有关地基基础方面的建议等。

❖技能应用❖

技能3　阅读湖南某水库工程地质勘察报告

一、目的

读懂水利工程地质勘察报告内容,学会根据工程勘察资料分析水利工程的地质问题。

二、要求

(1)某水库工程地质条件。

(2)某水库工程地质问题。

(3)某水库工程勘察方法。

(4)某水库工程渗漏的原因分析。

三、方法

通过阅读钻孔柱状图、阅读水库工程物理、力学性质试验汇总表,综合阅读勘察报告。

附:勘察报告

1　前　言

1.1　工程概况

某水库位于某区塘家铺乡,地属长江水系西洞庭湖支流。水库于1958年动工完成并投入使用,1975年10月扩建。

该坝坝型为均质土坝,总库容171万 m^3,正常库容132万 m^3。坝顶高程101.24 m,最大坝高17.0 m,坝顶轴线长266.0 m,坝顶宽4.50 m,枢纽由主坝、副坝、溢洪道、输水隧洞等组成。是一座以灌溉为主兼有防洪、养殖等综合效益的小(1)型水库。

1.2　工程存在的主要工程地质问题

某水库大坝自1975年扩建后至今,主要存在以下几个问题:

(1)大坝坝基、坝体以及绕坝渗漏严重。坝址清基不彻底,坝基、坝肩未做任何处理,尤其是当水库蓄水至96.24 m时,下游坝脚翻沙鼓水,有管涌现象;当水库蓄水至97.24 m时,坝肩渗漏严重,下游坡面出现2处面积分别为100 m^2 和60 m^2 的鼓水区,当水库蓄水至98.24 m时,渗漏量达到25 L/s。

(2)大坝内坡长期受风浪冲刷,加之坡陡,土质差。2000年5月上游坝坡面出现2处面积为80 m^2 的沉降区,当时进行抢险加固,开挖回填土石方800 m^3,至今仍未解决问题。

(3)溢洪道未衬砌,垮塌严重,尾水渠不通,溢洪道上未建交通桥。

(4)坝左右两岸山体土质松散,出现大面积滑坡。1999年大坝两侧山体出现大面积滑坡,滑坡土体达5 000 m^3;2000年东侧山体滑坡面积1 500 m^2 近9 000 m^3 的滑坡土体下滑2 m。严重危及大坝安全和正常运行。

(5)输水涵管设备陈旧,管身采用两次性混凝土浇筑后,但结合部位出现伸缩裂缝,漏水严重,原放水底涵采用松木方块填堵,渗水严重,渗水量达800 m^3/日。

1.3　勘察任务要求及完成的工作量

受某水库水管站委托,某水电院对某水库进行大坝安全评价工作,通过地质勘探和地质调查,完成地勘和地质调查任务如下:

(1)了解区域地质特性及库区主要工程地质问题。

(2)查明坝址工程地质条件,对坝基渗漏问题进行评价。

(3)复核、评价坝体工程质量。

(4)查明主要建筑物工程地质条件。

地质勘察主要依据《水利水电工程地质勘察规范》(GB 50487—2008)以及《中小型水利水电工程地质勘察规范》(SL 55—2005)进行。

完成的主要工作量见表5-2。

表5-2　地质勘探完成工作量统计

序号	工作内容	单位	数量	备注
1	枢纽地质平面测绘	km^2	0.05	绘制坝址布置平面图
2	枢纽地质剖面测绘	m	165	绘制大坝纵、横断面图
3	大坝地质钻孔	m/个	142.5/5	
4	钻孔压水试验	段	12	测定透水率
5	钻孔原状土取样	件	16	测定土物理力学参数
6	地下水位测量	次	8	
7	土工试验	组	40	
8	原有资料收集整理	组日	3	

2　区域地质概况

2.1　地形地貌

某水库地处新华夏系洞庭湖沉积带第四纪沉积区,属于湘北平原的环湖丘岗亚区,属于中-低丘陵地带,四面环山,以第四纪松散沉积物为主,地势呈波状起伏。水库两岸对称,植被发育,坡度较陡,左岸山体边坡坡度15°~53°,平均坡度46°;右岸山体边坡坡度23°~63°,平均坡度49°。大坝下游主要是农耕地。

2.2　地层岩性

按照《中南地区区域地层表》划分原则,该区域属于丘陵岗地松散岩类工程地质区,广泛分布第四系地层,下伏志留系与奥陶系砂岩与粉砂岩 。地层由老至新分述如下:

奥陶系下统下组(O_1^1):红色砂岩夹页岩,少量砂质页岩, 分布于库区。

志留系下统马家溪群(S_{1ln}):紫红色粉砂岩。分布于坝址区。

第四系冲积层(Q^{al}): 主要为砂砾石层,砂砾成分主要为石英砂岩,分选、磨圆度很差,分布于河谷两岸。

第四系坡积层(Q^{dl}):棕红色黏土,黏质砂土,分布于河谷两岸坡脚。

2.3　地质构造与地震

某水库位于新华夏系洞庭湖沉降带第四纪沉降区。主要构造是:河伏山—临澧断裂。沿 207 国道分布,走向 NE15°~20°,东侧分布第四系沉积物。

根据《中国地震动峰值加速度区划图》(GB 18306—2001)和《中国地震动反应谱特征周期区划图》,本区地震动峰值加速度为 0.15g,地震动反应谱特征周期为 0.35 s,相对应的地震基本烈度为Ⅶ度。

2.4　区域水文地质

该地区地下水类型岩石层间裂隙水及第四系空隙潜水。空隙水主要分布在第四系冲积层砂卵石层及坡积物层内,主要接受大气降雨补给,并以泉的形式向库区排泄。地下水类型为(HCO_3-Ca-Mg)型水,无较大侵蚀性。

3　库坝区工程地质条件

3.1　地质概况

库区处于低-中丘陵地带,两岸坡度较陡,植被发育。库区广泛分布第四系冲积层和坡积层,厚度 15~35 m,分布于水库外围。

3.2　主要工程地质问题分析

3.2.1　水库渗漏

库区主要分布第四系坡积物和冲积物,土质均为红色黏性土,基岩为奥陶系下统(O_1):红色砂岩夹页岩,少量砂质页岩,无大的断裂带通过,永久性渗漏问题不存在。

3.2.2　库岸塌岸问题

库区两岸边坡较陡,泥土松散,岩石表面风化严重,故有局部崩塌的可能性。

3.2.3　库区浸没问题

库区回水区内无大的村庄和农田,地势较高,不会产生较大的库区浸没问题。

3.2.4　水库淤积问题

水库区内两岸边坡较陡,有崩塌的可能性存在,故将对水库产生淤积问题,影响水库的正常蓄水。

4　坝址工程地质条件

4.1　地质概况

坝址处左右两岸为山包,地层岩性主要为第四系砂质黏土,粉质黏土,分布于河谷中,坝址区岩石裸露,中等风化。

4.2　坝址工程地质条件评价

通过地质勘探表明,大坝与坝基接触不好;通过注水试验表明,接触面外渗透系数均为 $1\times10^{-5}\sim1\times10^{-4}$ cm/s,透水性比较强。同时坝基清基不彻底,强风化层未彻底清除,并存在砂砾石层,形成透水通道。

坝基岩石风化严重,钻孔压水试验表明,透水率均大于 10 Lu,最高达 30.2 Lu,属于中等透水层,10 m 以下透水性逐渐减弱,小于 5 Lu。

建议用高喷灌浆处理坝基风化岩层,并对基岩下 10 m 深度进行帷幕灌浆处理。

5　坝体质量评价

5.1　土工试验

5.1.1　实验室土工试验

实验室土工试验由湖南省水利水电勘测设计研究院科研所土工实验室完成,共计完成 10 组原状土试验,试验项目共分三类:

A 类:物理性质试验,包括颗粒分析、物理指标、塑性指数、液性指数等,共计 20 次。

B 类:渗透试验,采用南型渗透仪变水头测定水平渗透系数与垂直渗透系数,共计 20 次。

C 类:剪切试验,采用直接剪切仪完成土样饱和固结快剪和固结慢剪,共计 20 次。

5.1.2　试验成果

参见《土的基本性质总表》。

5.2　坝体填筑特征

大坝坝身填土以黏土、粉质黏土为主,粉黏粒含量占 46%以上,最高达 53%,塑性指数为 11.6~16.6,多数为砂质黏土,少数为黏土和壤土,天然含水率 16.5%~26.8%,液性指数-0.38~0.42,11 组土样中有 4 组为负值,占 1/3,土的状态处于可塑-硬塑之间,少数为坚硬状。

大坝填筑黏土为主夹少量粗颗粒砾石,密实度很差,存在级配不连续的现象,说明土的密实效果较差。填土平均干密度 1.48 g/cm³,10 组土样中有 4 组接近 1.5 g/cm³,占 40%,最小值 1.43 g/cm³,最大值 1.71 g/cm³,相差达 0.28 g/cm³,土体空隙比 0.654~0.94,平均 0.80,以大坝 14 m 左右深度处较大,说明大坝填筑材料存在疏密不均匀现象,渗透系数偏大,不满足规范要求。

大坝饱和度多数在 85%以上,最高达 93%,平均 83%,水平渗透系数比垂直渗透系数大,垂直渗透系数偏小,对降低坝体浸润线不利。在坝内 16 m 深度处的渗透系数较大。存在严重的坝内渗透。

5.3　坝体分区

某水库大坝为均质土坝,大致可分为四个区,从上至下它们分别是:

Ⅰ区——黏土。据原状样室内试验,土样以黏粒为主,含量在 45% 以上,砂砾量多在 13%~20%不等,少数超过 14%。天然含水率均值 30.4%,干密度均值为 1.42 g/cm³,湿密度均值 1.85 g/cm³,孔隙比均值 0.94,土粒比重 2.75,塑性指数均值 19.5,偏高,液性指数均值-0.04,以可塑为主,坚硬状态。土样内摩擦角均值15°,快剪14.3°,慢剪15.7°。内聚力均值20.3 kPa,快剪20.5 kPa,慢剪20.1 kPa。注水试验水平渗透系数1.36×10^{-5} cm/s。总体来看,作为均质坝填筑土,该区土体中孔隙率偏高,土体碾压疏密不均,渗透系数指标略偏大。

Ⅱ区——粉质黏土。据原状样室内试验,土样以粉黏粒为主,含量在20 %以上,天然含水率均值24.65%,干密度均值为1.55 g/cm³,湿密度均值1.93 g/cm³,孔隙比均值0.54,土粒比重2.74,塑性指数均值15.7,液性指数均值-0.09,以可塑为主。土样内摩擦角均值15.5°,快剪15°,慢剪15.9°。内聚力均值20.76 kPa,快剪21.55 kPa,慢剪20.38 kPa。注水试验渗透系数2.75×10^{-5} cm/s,坝基土渗透系数指标略偏大。

Ⅲ区——坝基粗砾石层,透水性较强。

Ⅵ区——粉砂岩,砂质页岩,上部风化严重,透水性较强。

各区物理力学性质指标统计值见表5-3~表5-7。

根据现场原位测试成果及钻孔取样室内土工试验成果,并类比同类相关工程经验,各区物理力学性质指标建议值见表5-8、表5-9。

6 其他建筑工程质量评价

6.1 溢洪道工程质量评价

溢洪道位于副坝右岸,为开挖于第四系松散坡积层之上沟渠式,其土质疏松,不符合设计要求。

6.2 输水涵洞工程质量评价

输水涵洞位于坝左岸坝坡脚处,浆砌石拱涵,洞壁存在裂隙,部分地段垮塌,存在严重的漏水现象。涵洞进洞口被边坡崩塌的碎石岩块以及泥沙堵塞,排水受到阻碍。虽然经过一些清淤处理,但是没有解决根本问题。

7 结论与建议

(1)某水库位于新华夏系洞庭湖沉降带第四纪沉降区,根据《中国地震动峰值加速度区划图》(GB 18306—2001)和《中国地震动反应谱特征周期区划图》,本区地震动峰值加速度为0.15g,地震动反应谱特征周期为0.35 s,相对应的地震基本烈度为Ⅶ度。

(2)坝体坝基清基不彻底,有少量砂砾石层和残积物,坝体与坝基接触部位防渗处理不合理,同时筑坝材料分选不当,压实未达到规范要求。坝肩渗漏严重,建议对坝基进行高压帷幕灌浆处理,对坝基以下10 m深度进行防渗帷幕灌浆。

(3)溢洪道设计简陋,建议另行设计改造。

(4)输水涵洞洞内和洞口有砂砾石以及泥沙淤积现象,建议进行清除,并对周围边坡进行护坡处理。

表 5-3　ZK1 钻孔柱状图

工程名称:鼎城区某水库大坝地质勘测　　孔口高程:101.24 m

钻孔位置:大坝坝顶　　钻探深度:47.0 m

钻孔编号:ZK1　　钻探日期:2007-05-10

地层单位	符号	层底深/m	层厚/m	层底高程/m	柱状图 1:100	岩性描述	样号深度/m	透水率及渗透系数	地下水位/m
第四系全新统	Q^S	13.2	13.2	88.04		黄褐色砾质黏土硬塑状	ZK1-1 3.0~3.2 ZK1-2 6.0~6.2 ZK1-3 9.0~9.2	$K=3.18\times10^{-4}$ cm/s	94.04 12.8 88.4 87.20
	Q_4^{al+pl}	16.8	3.6	84.44		淡黄色砂壤土软塑	ZK1-4 15.0~15.2		
		17.3	0.5	83.94		砂卵石层粒径2~5 cm			
志留系下统	S_1	47.0	30.2	53.74		灰色砂质页岩，岩芯破碎不完整	24.5 47.0	Q=25.0 Lu Q=2.8 Lu	

表 5-4 ZK2 钻孔柱状图

工程名称：鼎城区某水库大坝地质勘测　　孔口高程：101.24 m

钻孔位置：大坝坝顶　　钻探深度：32.6 m

钻孔编号：ZK2　　钻探日期：2007-05-10

地层单位	符号	层底深/m	层厚/m	层底高程/m	柱状图 1:100	岩性描述	样号深度/m	透水率及渗透系数	地下水位/m
第四系全新统	Q^s	15.4	15.4	85.84		黄褐色砂质黏土夹少量砾质黏土可塑状	ZK2-1 3.0~3.2 ZK2-2 6.0~6.2 ZK2-3 9.0~9.2 ZK2-4 12.0~12.2	$K=3.76\times10^{-4}$ cm/s	90.10 13.0 88.24 88.4
志留系下统	S_1	32.6	17.2	68.64		黑色页岩岩芯不完整	28.5 32.6	Q=20.3 Lu Q=3.18 Lu	

表 5-5 ZK3 钻孔柱状图

工程名称:鼎城区某水库大坝地质勘测 孔口高程:101.24 m

钻孔位置:大坝坝顶 钻探深度:34.0 m

钻孔编号:ZK3 钻探日期:2007-05-11

地层单位	符号	层底深/m	层厚/m	层底高程/m	柱状图 1:100	岩性描述	样号深度/m	透水率及渗透系数	地下水位/m
第四系全新统	Q^S	10.0	10.0	91.24		红黄色砂质黏土 硬塑	ZK3-1 3.0~3.2 ZK3-2 6.0~6.2 ZK3-3 9.0~9.2	$K=3.75\times10^{-4}$ cm/s	100.24 94.12
		26.3	16.3	74.84		黄灰色粉质黏土 硬塑	ZK3-4 12.0~12.2 ZK3-5 15.0~15.2	$K=2.36\times10^{-4}$ cm/s	11.4 89.84 87.20
	Q_4^{al+pl}	27.4	1.1	73.74		灰黑色泥质土软塑			
		27.9	0.5	73.24		砂卵石层 粒径2~5 cm			
志留系下统	S_1	34.0	6.1	67.14		灰色页岩 岩芯不完整	ZK3-6 21.0~21.2 23.3	$Q=18.6$ Lu $Q=2.1$ Lu	70.28

表 5-6　ZK4 钻孔柱状图

工程名称:鼎城区某水库大坝地质勘测　　孔口高程:97.24 m

钻孔位置:大坝坝顶　　钻探深度:25.5 m

钻孔编号:ZK4　　钻探日期:2007-05-11

地层单位	符号	层底深/m	层厚/m	层底高程/m	柱状图 1:100	岩性描述	样号深度/m	透水率及渗透系数	地下水位/m
第四系全新统	Q^S	5.4	5.4	91.84		黄褐色砂质黏土夹少量砾质黏土可塑状	ZK4-1 3.0~3.2		92.10
	Q_4^{al+pl}	15	9.6	82.24		黄褐色砂质黏土软塑	ZK4-2 6.0~6.2 ZK4-3 9.0~9.2	$K=3.06\times10^{-4}$ cm/s	14.2 83.24
志留系下统	S_1	25.5	10.5	71.74		基岩:黑色页岩岩芯不完整	18.3 25.5	$Q=22.3$ Lu $Q=4.11$ Lu	

表 5-7　ZK5 钻孔柱状图

工程名称:鼎城区某水库 大坝地质勘测							孔口高程:96.5 m		
钻孔位置:大坝坝顶							钻探深度:24.4 m		
钻孔编号:ZK5							钻探日期:2007-05-12		
地层单位	符号	层底深/m	层厚/m	层底高程/m	柱状图 1:100	岩性描述	样号深度/m	透水率及渗透系数	地下水位/m
第四系全新统	Q^S	14.6	14.6	81.9	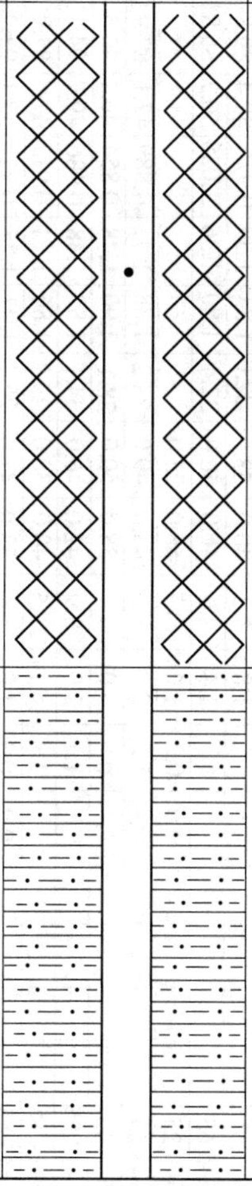	灰色黏土夹少量砾石 可塑状	ZK5-1 6.0~6.2	$K=8.26\times10^{-4}$ cm/s	93.5 89.2
志留系下统	S_1	24.4	9.8	72.1		灰白色砂质页岩 中等柱状岩芯 较破碎	24.4	$Q=30.2$ Lu $Q=5.6$ Lu	15.21 81.29

表 5-8　土的基本性质试验总表(一)

工程名称:唐家铺某水库　　　　报告编号:土试(2007)112

委托单位:某水电院　　　　日期:2007-05-14

室内编号	取样地点	取土深度	颗粒组成										天然状态下土的物理性指标						土粒比重	液限	塑限	塑性指数	液性指数	土样分类
			卵石或碎石	粗粒土							细粒土		含水率	湿密度	干密度	孔隙比	孔隙率	饱和度						
				砾石			砂粒				粉粒	黏粒												
				粗	中	细	粗	中	细	极细														
			粒径大小/mm																					
			>60	60~20	20~5	5~2	2~0.5	0.5~0.25	0.25~0.1	0.1~0.05	0.05~0.005	<0.005												
		m	%	%	%	%	%	%	%	%	%	%	%	g/cm^3	g/cm^3		%	%		%	%			按颗粒组成分类
1225	ZK1-1	3.35~3.55							1.8	5.2	40.0	53.0	32.0	1.83	1.39	0.976	49.4	89.8	2.74	49.6	30.3	19.3	0.09	黏土
1226	ZK1-2	5.45~5.65							1.4	8.6	40.0	50.0	32.4	1.80	1.36	1.030	50.7	86.8	2.76	50.5	31.5	20.0	0.05	黏土
1227	ZK1-3	9.05~9.25					1.9	0.2	1.2	13.7	58.0	25.0								38.2	23.9	14.3	-0.55	重粉质壤土
1228	ZK2-1	3.15~3.35					0.8	1.2	2.9	3.1	43.0	49.0	28.2	1.88	1.47	0.889	47.1	87.9	2.77	46.6	28.5	18.1	-0.02	黏土
1229	ZK2-2	8.25~8.45					1.7	0.9	3.0	6.4	38.0	50.0	28.1	1.90	1.48	0.854	46.1	90.5	2.75	45.5	27.5	18.0	0.03	黏土
1230	ZK2-3	12.35~12.55						1.1	2.0	8.9	42.0	46.0	34.1	1.85	1.38	0.986	49.7	94.7	2.74	50.1	31.0	19.1	0.16	黏土
1231	ZK2-4	14.65~14.85						1.4	5.1	15.5	40.0	38.0	29.2	1.86	1.44	0.917	47.8	87.9	2.76	46.9	28.6	18.3	0.03	粉质黏土
1232	ZK2-5	15.35~15.55					0.9	0.3	1.0	3.8	53.0	41.0	25.1	1.97	1.57	0.727	42.1	93.9	2.72	39.0	24.8	14.2	0.02	粉质黏土
1233	ZK2-6	16.45~16.65					1.1	1.4	3.0	7.5	58.0	29.0	19.5	2.02	1.69	0.633	38.8	85.1	2.76	34.4	22.0	12.4	-0.20	重粉质壤土
1234	ZK2-7	16.85~17.05					1.5	1.8	3.0	7.7	53.0	33.0	23.9	1.98	1.60	0.715	41.7	91.6	2.74	40.7	25.8	14.9	-0.13	粉质黏土
1235	ZK3-1	3.25~3.45						1.0	2.1	7.9	39.0	50.0	29.6	1.84	1.42	0.937	48.4	86.9	2.75	47.7	29.0	18.7	0.03	黏土
1236	ZK3-2	8.05~8.25						1.2	1.8	6.0	34.0	57.0	30.1	1.88	1.45	0.910	47.6	91.3	2.76	48.3	29.3	19.0	0.04	黏土
1237	ZK3-3	12.55~12.75						0.8	1.0	9.2	49.0	40.0	23.4	1.87	1.52	0.802	44.5	79.7	2.73	44.5	26.1	18.4	-0.15	粉质黏土
1238	ZK3-4	14.55~14.75						1.0	3.0	11.0	39.0	46.0	30.7	1.80	1.38	0.990	49.7	85.0	2.74	44.9	26.6	18.3	0.22	黏土
1239	ZK3-5	15.45~15.65						0.8	1.8	3.4	53.0	41.0	24.4	1.96	1.58	0.726	42.1	91.4	2.72	41.1	25.9	15.2	-0.10	粉质黏土
1240	ZK3-6	17.05~17.25						4.8	3.9	6.3	52.0	33.0	23.4	1.98	1.60	0.714	41.7	90.1	2.75	40.7	25.7	15.0	-0.15	粉质黏土

表 5-9　土的基本性质试验总表(二)

工程名称:唐家铺某水库　　　　报告编号:土试(2007)112

委托单位:某水电院　　　　日期:2007-05-14

室内编号	野外编号	取土深度	毛细管上升高度	最小孔隙比	击实			垂直渗透系数	水平渗透系数	土的压缩性			无侧限抗压强度			土的抗剪强度								
					击数	最大干密度	最优含水率			孔隙比	压缩系数	压缩模量	原状	重塑	灵敏度	天然坡角		试验方法	干密度	含水率	固结快剪		固结慢剪	
																干	水下				摩擦角	凝聚力	摩擦角	凝聚力
		m	cm		次	g/cm^3	%	cm/s	cm/s		MPa^{-1}	MPa	kPa	kPa		(°)	(°)		g/cm^3	%	(°)	kPa	(°)	kPa
1225	ZK1–1	3.35~3.55							1.46×10^{-5}	0.976	0.282	7.01									14.3	19.9		
1226	ZK1–2	5.45~5.65						7.03×10^{-6}		1.030	0.421	4.82											15.9	19.0
1227	ZK1–3	9.05~9.25																						
1228	ZK2–1	3.15~3.35						6.32×10^{-6}		0.889	0.382	4.95											15.4	21.8
1229	ZK2–2	8.25~8.45							1.02×10^{-5}	0.854	0.384	4.83									13.8	20.8		
1230	ZK2–3	12.35~12.55						7.79×10^{-6}		0.986	0.302	6.58											14.9	19.0
1231	ZK2–4	14.65~14.85							2.13×10^{-5}	0.917	0.508	3.78									15.9	20.8		
1232	ZK2–5	15.35~15.55						1.42×10^{-5}		0.727	0.254	6.79											16.4	19.9
1233	ZK2–6	16.45~16.65							2.90×10^{-5}	0.633	0.212	7.71									13.3	19.9		
1234	ZK2–7	16.85~17.05							2.98×10^{-5}	0.715	0.264	6.51											14.9	19.0
1235	ZK3–1	3.25~3.45						7.14×10^{-6}		0.937	0.284	6.83									14.9	20.8		
1236	ZK3–2	8.05~8.25						9.24×10^{-6}		0.910	0.437	4.38											16.4	19.9
1237	ZK3–3	12.55~12.75							2.04×10^{-5}	0.802	0.535	3.37									15.4	21.8		
1238	ZK3–4	14.55~14.75						5.57×10^{-6}		0.990	0.655	3.04											15.9	20.8
1239	ZK3–5	15.45~15.65							2.39×10^{-5}	0.726	0.277	6.23									15.4	23.7		
1240	ZK3–6	17.05~17.25						1.47×10^{-5}		0.714	0.189	9.07											15.9	22.7
1241	ZK3–7	18.65~18.85																						
1242	ZK4–1	3.35~3.55						3.70×10^{-6}		0.869	0.236	7.92											16.4	21.8
1243	ZK4–2	8.25~8.45						3.82×10^{-6}		0.990	0.500	3.98									15.4	21.8		
1244	ZK4–3	9.75~9.95							2.30×10^{-5}	0.949	0.249	7.83											16.4	19.9

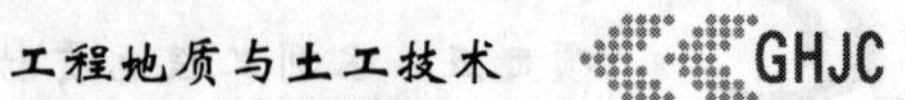

【课后练习】

请扫描二维码,做课后练习与技能提升卷。

项目五　课后练习与技能提升卷

项目六　土的基本指标检测与运用

【学习目标】

1. 理解土的三相组成。

2. 掌握土的物理性质指标的计算,能够熟练进行土的物理性质指标测定与分析使用。

3. 掌握土的物理状态指标的计算及应用,会根据土的物理状态指标判断土的物理状态。

4. 理解土的粒组划分,会根据土工规范进行土的分类与鉴别。

【教学要求】

知识要点		重要程度
土的物理性质指标检测	土的组成与结构	C
	土的物理性质指标	B
	土的物理性质指标间的换算	A
土的物理状态的判定	无黏性土的密实状态	B
	黏性土的稠度	B
土方工程压实检测	土方工程压实参数设计	B
	土方工程压实质量的检测	B
土的工程分类	《土的工程分类标准》(GB/T 50145—2007)	A
	《建筑地基基础设计规范》(GB 5007—2011)	B

【项目导读】

思政案例 6-1

自然界中的岩石,在风化作用下形成大小不等、形状各异的碎屑,这些碎屑颗粒经过风或水的搬运沉积下来,或者堆积原地,形成松散沉积物,即为工程中所称的土。由此可见,土是由碎屑颗粒(称土粒)堆积而成的,土粒之间没有联结,或者联结力较弱,而且土粒之间存在大量孔隙,具备散体性和多体性。这些特性决定了土与一般的固体材料相比较,具有压缩性大、强度低及透水性强等特点。水利及建筑工程离不开土体,弄清土的基本指标检测与应用,为工程质量检测提供可靠依据。

任务一　土的物理性质指标检测

❖引例❖

瀑布沟水电站大坝为砾石土心墙堆石坝,大坝由心墙防渗料区、上下游反滤料区、上下游过渡料区、上下游堆石料区和上下游护坡块石料区等组成。大坝各种填筑料要求不一,各种料源应满足坝体填筑各料区坝料的技术指标要求。坝料物理指标和要求如表 6-1 所示。

表 6-1　坝料物理指标和要求

填筑坝料	坝料物理指标要求
砾石土心墙防渗料	填筑土料中水溶岩含量小于 3%,有机质含量小于 2%;在黑马料场Ⅰ区土料最大粒径不大于 80 mm,在 0 区土料最大粒径不大于 60 mm;心墙防渗土料的塑性指数大于 8 且小于 20;细料含水率高于最优含水率的 1%~2%
高塑性黏土料	高塑性黏土料中水溶岩含量小于 3%,有机质含量小于 2%;最大粒径小于 2 mm,颗粒级配满足设计级配曲线网络图;塑性指数大于 20;含水率高于最优含水率的 1%~4%
反滤料	反滤料 B1、B3 最大粒径不大于 10 mm,粒径小于 0. 075 mm 的颗粒含量小于 2%;B2、B4 最大粒径不大于 100 mm,粒径小于 1. 8 mm 的颗粒含量小于 2%。B5 最大粒径不大于 200 mm,粒径小于 2. 5 mm 的颗粒含量小于 2%;压实后的相对密度大于 0. 8
过渡料	过渡料采用石料场开采料,饱和抗压强度大于 50 MPa;最大粒径不大于 300 mm,最小粒径大于 0. 1 mm,粒径小于 5 mm 的颗粒含量不大于 15%。压实后的孔隙率小于 23%

任务:

(1)通过现场试验确定黑马料场土料含水率、密度和干密度。

(2)确定高塑性黏土料的颗粒级配。

❖知识准备❖

码 6-1　微课-土的三相组成与颗粒级配

一、土的组成与结构

(一)土的组成

天然状态的土一般由固体、液体和气体三部分组成。这三部分通常称为土的三相。其中,固相即为土颗粒,它构成土的骨架。土颗粒之间存在有许多孔隙,孔隙被水和气体所填充。水和溶解于水中的物质构成土的液相,空气以及其他气体构成土的气相。若土中孔隙全部由气体填充,称为干土;若孔隙全部由水填充,称为饱和土;若孔隙中同时存在水和气体,称为湿土。饱和土和干土都是二相系,湿土为三相系。这三相物质本身的特征以及它们之间的相互作用,对土的物理、力学性质影响很大。下面将分别介绍三相物质的属性及其对土的物理、力学性质的影响。

(二)土的固相

土的固相是土中最主要的组成部分。它由各种矿物成分组成,有时还包括土中所含的有机质。土粒的矿物成分不同、粗细不同、形状不同,土的性质也不同。

思政案例 6-2

1. 土的矿物成分和土中的有机质

土的矿物成分取决于成土母岩的成分以及所经受的风化作用。按所经受的风化作用不同,土的矿物成分可分为原生矿物和次生矿物两大类。

1)原生矿物和次生矿物

岩石经物理风化作用后破碎形成的矿物颗粒,称原生矿物。原生矿物在风化过程中,其化学成分并没有发生变化,它与母岩的矿物成分是相同的。常见的原生矿物有石英、长石和云母等。

岩石经化学风化作用所形成的矿物颗粒,称次生矿物。次生矿物的矿物成分与母岩不同。常见的次生矿物有高岭石、伊利石(水云母)和蒙脱石(微晶高岭石)三大黏土矿物。

另外,还有一类易溶于水的次生矿物,称水溶盐。水溶盐的矿物种类很多,按其溶解度可区分为难溶盐、中溶盐和易溶盐三类。难溶盐主要是碳酸钙($CaCO_3$),中溶盐常见的是石膏($CaSO_4 \cdot 2H_2O$),易溶盐常见的是各种氯化物(如 NaCl、KCl、$CaCl_2$)以及钾与钠的硫酸盐和碳酸盐等。

2)各粒组中所含的主要矿物成分

自然界的土是岩石风化的产物,其颗粒大小的变化很大,相差极为悬殊。大的土颗粒可大至数百毫米以上,小的土颗粒可小至千分之几甚至万分之几毫米。通常把自然界的土颗粒划分为漂石或块石、卵石或碎石、砾石、砂粒、粉粒和黏粒等六大粒组。不同粒组的土,其矿物成分不同,性质也差别很大。

石英和长石多呈粒状,是砾石和砂的主要矿物成分,性质较稳定,强度很高。云母呈薄片状,强度较低,压缩性大,在外力作用下易变形。含云母较多的土,作为建筑物的地基时,沉降量较大,承载力较低;作为筑坝土料时不易压实。

黏土矿物的颗粒很细,都小于 0.005 mm,多是片状(或针状)的晶体,颗粒的比表面积(单位体积或单位质量的颗粒表面积的总和)大、亲水性(指黏土颗粒表面与水相互作用的能力)强。不同类型的黏土矿物具有不同程度的亲水性。如蒙脱石是由多个晶体层构造而成的矿物颗粒,结构不稳定,水容易渗入使晶体劈开,而且颗粒最小,所以它的亲水性最强;而高岭石颗粒相对较大,晶体结构比较稳定,亲水性较弱;伊利石则介于两者之间,但比较接近蒙脱石。黏土矿物的亲水性使黏性土具有黏聚性、可塑性、膨胀性、收缩性以及透水性小等一系列特性。

黏性土中的水溶盐,通常是由土中的水溶液蒸发后沉淀充填在土孔隙中的,它构成了土粒间不稳定的胶结物质。如黏性土中含有水溶盐类矿物,遇水溶解后会被渗透水流带走,导致地基或土坝坝体产生集中渗流,引起不均匀沉降以及强度降低。因此,通常规定筑坝土料的水溶盐含量不得超过 8%。如果水工建筑物地基土的水溶盐含量较大,必须采取适当的防渗措施,以防水溶盐流失对建筑物造成危害。

3)土中的有机质

土中的有机质是在土的形成过程中动植物的残骸及其分解物质与土混掺沉积在一起,经生物化学作用生成的物质。其成分比较复杂,主要是动植物残骸、未完全分解的泥炭和完全分解的腐殖质。有机质亲水性很强,因此有机土压缩性大、强度低。有机土不能作为堤坝工程的填筑土料,否则会影响工程的质量。

2. 土的粒组划分

颗粒的大小及其含量直接影响着土的工程性质。例如颗粒较大的卵石、砾石和砂粒等,其透水性较大,无黏性和可塑性;而颗粒很小的黏粒则透水性较小,黏性和可塑性较大。土颗粒的大小常以粒径来表示。土的粒径与土的性质之间有一定的对应关系,土的粒径相近时,土的矿物成分接近,所呈现出的物理、力学性质基本相同。因此,通常将性质相近的土粒划分为一组,称为粒组。把土在性质上表现出有明显差异的粒径作为划分粒组的分界粒径。

粒组的划分标准,不同国家,甚至一个国家的不同部门都有不同的规定。在我国土建工程中,常用的规范系统有水利水电工程、建筑工程和公路工程等的行业规范。水利水电工程粒组划分如表6-2所示。

表6-2 水利水电工程粒组划分标准

<table>
<tr><th colspan="4">粒组划分与名称</th></tr>
<tr><th colspan="3">粒组划分与名称</th><th>粒径 d 的范围/mm</th></tr>
<tr><td rowspan="2">巨粒</td><td colspan="2">漂石(块石)</td><td>d>200</td></tr>
<tr><td colspan="2">卵石(碎石)</td><td>200≥d>60</td></tr>
<tr><td rowspan="6">粗粒</td><td rowspan="3">砾(圆粒、角粒)</td><td>粗砾</td><td>60≥d>20</td></tr>
<tr><td>中砾</td><td>20≥d>5</td></tr>
<tr><td>细砾</td><td>5≥d>2</td></tr>
<tr><td rowspan="3">砂</td><td>粗砂</td><td>2≥d>0.5</td></tr>
<tr><td>中砂</td><td>0.5≥d>0.25</td></tr>
<tr><td>细砂</td><td>0.25≥d>0.075</td></tr>
<tr><td rowspan="2">细粒</td><td colspan="2">粉粒</td><td>0.075≥d>0.005</td></tr>
<tr><td colspan="2">黏粒</td><td>0.005≥d</td></tr>
</table>

3. 土的颗粒级配

土的工程性质不仅取决于土粒的大小,而且主要取决于土中不同粒组的相对含量。土中各粒组的相对含量用各粒组质量占土粒总质量的百分数表示,称为土的颗粒级配,土的颗粒级配可通过颗粒分析试验测定。

1)颗粒分析试验

颗粒分析试验方法有筛分法和密度计法两种,前者适用于粒径大于0.075 mm的粗粒土,后者适用于粒径小于0.075 mm的细粒土。若土中同时含有粒径大于和小于0.075 mm的土粒,则需联合使用这两种方法。

筛分法是用一套从上到下孔径依次由大到小的标准筛,将事先称过质量的干土样倒入筛的顶部,盖严上盖,置于筛分机上振筛10~15 min,分别称出留在各筛上的土的质量,即可求出各个粒组的相对含量,即得土的颗粒级配。

密度计法是利用不同大小的土粒在水中的沉降速度(简称沉速)不同来确定小于某粒径的土粒含量。

【例6-1】 从干砂样中称取质量为1 000 g的试样,放入标准筛中,经充分振动后,称得各级筛上留存的土粒质量,见表6-3中的第二列。试求土中各粒组的土粒含量及小于各级筛孔径的土粒含量。

解:留在孔径 2.0 mm 筛上的土粒质量为 100 g,则小于该孔径的土粒含量为:

$$(1\,000-100)/1\,000=90\%$$

留在孔径 1.0 mm 筛上的土粒质量为 100 g,则小于该孔径的土粒含量为:

$$(1\,000-100-100)/1\,000=80\%$$

同样可算得小于其他孔径的土粒含量,见表 6-3 中的第三列。

因 0.5 mm$\geqslant d>$0.25 mm 的土粒质量为 300 g,则粒径范围 0.5 mm$\geqslant d>$0.25 mm(中砂)的含量为:

$$300/1\,000=30\%$$

同样可算得其他粒组的土粒含量,见表 6-3 中第五列。所以,该土样各粒组含量分别为:砾 10%,砂 80%(粗砂 35%、中砂 30%、细砂 15%),细粒(包括粉粒和黏粒)10%。

表 6-3　筛分试验结果

筛孔径/mm	各级筛上留存的土粒质量/g	小于各级筛孔径的土粒含量/%	粒径的范围/mm	各粒组的土粒含量/%
2	100	90	$d>2.0$	10
1.0 0.5	100 250	80 55	$2.0\geqslant d>0.5$	35
0.25	300	25	$0.5\geqslant d>0.25$	30
0.1 0.075	100 50	15	$0.25\geqslant d>0.075$	15
底盘	100	10	$d\leqslant 0.075$	10

2)土的级配曲线

根据颗粒分析试验的成果,绘制颗粒级配累计曲线,如图 6-1 所示。

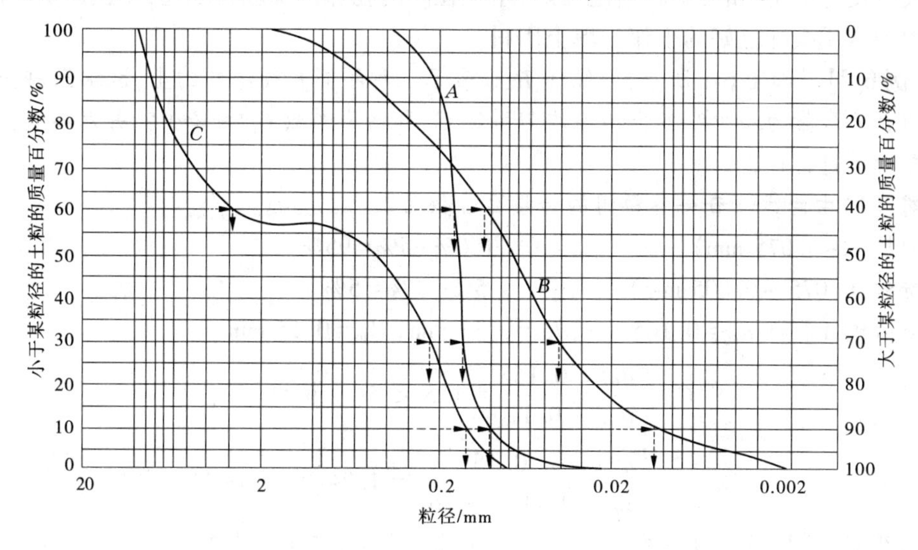

图 6-1　土的级配曲线

图 6-1 中横坐标表示粒径(用对数尺度),纵坐标表示小于某粒径的土粒质量占总质量的百分数。

从颗粒级配曲线的形态上可以评定土颗粒的级配特征,曲线平缓表示粒度分布连续,颗粒大小不均匀,级配良好(见图 6-1 中的 B 线);若土中缺乏某些粒径,则级配曲线出现水平段(见图 6-1 中的 C 线);曲线坡度陡而窄,说明颗粒均匀,级配不良(见图 6-1 中的 A 线)。

3)颗粒级配指标

颗粒级配曲线的形状只能定性地评价土的级配好坏,为了定量判别土的颗粒级配好坏,工程中引用了不均匀系数 C_u、曲率系数 C_c 两个指标。

不均匀系数
$$C_u = \frac{d_{60}}{d_{10}} \tag{6-1}$$

曲率系数
$$C_c = \frac{d_{30}^2}{d_{10}d_{60}} \tag{6-2}$$

式中 d_{10}、d_{30}、d_{60}——级配曲线纵坐标上小于某粒径含量为 10%、30%、60%所对应的粒径值,d_{10} 称为有效粒径,d_{60} 称为控制粒径。

不均匀系数 C_u 是反映土颗粒大小不均匀程度的指标。C_u 越大,表明土颗粒越不均匀,级配良好(颗粒级配曲线愈平缓);反之,C_u 越小,表明土颗粒愈均匀,级配不良。工程上把 $C_u<5$ 的土视为级配不良的土;$C_u>10$ 的土视为级配良好的土。

曲率系数 C_c 是反映级配曲线分布的整体形态,表明是否有某粒组缺失。$C_c=1\sim3$ 时,表明土粒大小的连续性较好;C_c 值小于 1 或大于 3 时,颗粒级配曲线有明显弯曲而呈阶梯状,表明颗粒级配不连续,缺乏中间粒径。

对于砾类土或砂类土,同时满足 $C_u \geqslant 5$ 和 $C_c=1\sim3$ 时,定名为良好级配砂或良好级配砾。若不能同时满足这两个条件,则称为级配不良的土。

级配良好的土,粗细颗粒搭配较好,粗颗粒间的孔隙被细颗粒填充,易被压实。所以,在工程中常用级配良好的土作为填土用料。

【例 6-2】 如图 6-1 所示,曲线 A、B、C 表示三种不同粒径组成的土,试求三种土中各粒组的百分含量为多少?各土的不均匀系数 C_u 和曲率系数 C_c 为多少?并对各种土的颗粒级配情况进行评价。

解:(1)由曲线 A 查得各粒组的含量百分数为:

砂粒(2~0.075 mm) 100%-5%=95%

粉粒(0.075~0.005 mm) 5%-0%=5%

查曲线 A 得知 $d_{60}=0.165$ mm,$d_{10}=0.11$ mm,$d_{30}=0.15$ mm

$$C_u = \frac{d_{60}}{d_{10}} = \frac{0.165}{0.11} = 1.5 < 5(\text{土粒均匀})$$

$$C_c = \frac{d_{30}^2}{d_{10}d_{60}} = \frac{0.15^2}{0.11 \times 0.165} = 1.24(\text{介于 } 1\sim3)$$

虽然 C_c 在 1~3,但 $C_u<5$,其中有一个条件不满足,故 A 土级配不良。

(2)曲线 B 和曲线 C 中各粒组的百分含量及 C_u、C_c 的计算结果见表 6-4。

表 6-4　A、B、C 三种土的计算结果

土样编号	土粒组成/%				d_{60}/mm	d_{10}/mm	d_{30}/mm	C_u	C_c
	10~2 mm	2~0.075 mm	0.075~0.005 mm	<0.005 mm					
A	0	95	5	0	0.165	0.11	0.15	1.5	1.24
B	0	52	44	4	0.115	0.012	0.044	9.6	1.40
C	43	57	0	0	3.00	0.15	0.25	20.0	0.14

由此可知,B 土级配良好,C 土级配不良。

(三)土中的水

1. 结合水

思政案例 6-3

研究表明,大多数黏土颗粒表面带有负电荷,因而在土粒周围形成了具有一定强度的电场,使孔隙中的水分子极化,这些极化后的极性水分子和水溶液中所含的阳离子(如钾、钠、钙、镁等的阳离子),在电场力的作用下定向地吸附在土颗粒周围,形成一层不可自由移动的水膜,该水膜称为结合水,如图 6-2(a)所示。最靠近颗粒表面的水分子受电场力的作用很强,可以达到 1 000 MPa。随着远离土粒表面,电场力迅速减小,当达到一定距离时电场力消失,如图 6-2(b)所示。为此,结合水又可根据受电场力作用的强弱分成强结合水和弱结合水。

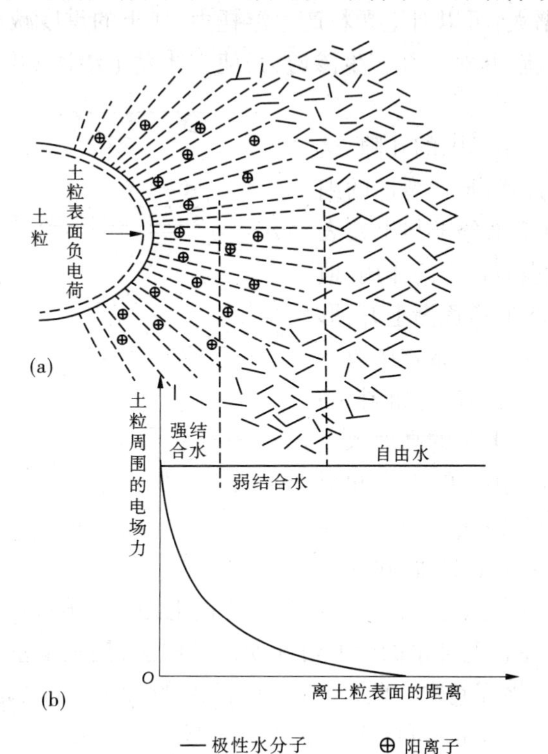

图 6-2　土粒与水分子相互作用的模拟图

1）强结合水

强结合水是指被强电场力紧紧地吸附在土粒表面附近的结合水膜。这部分水膜因受电场力作用大，与土粒表面结合得十分紧密，所以分子排列密度大。其密度一般为1.2~2.4 g/cm^3，冰点很低，可达-78 ℃，沸点较高，在105 ℃以上才蒸发，而且很难移动，没有溶解能力，不传递静水压力，失去了普通水的基本特性，其性质接近于固体，具有很大的黏滞性、弹性和抗剪强度。

2）弱结合水

弱结合水是指分布在强结合水外围的结合水。这部分水膜由于距颗粒表面较远，受电场力作用较小，它与土粒表面的结合不如强结合水紧密。其密度一般为1.0~1.7 g/cm^3，冰点低于0 ℃，不传递静水压力，也不能在孔隙中自由流动，只能以水膜的形式由水膜较厚处缓慢移向水膜较薄的地方，这种移动不受重力影响。弱结合水的存在对黏性土的性质影响很大。

2. 自由水

土孔隙中位于结合水以外的水称为自由水，自由水由于不受土粒表面静电场力的作用，可在孔隙中自由移动。按其运动时所受的作用力不同，自由水可分为重力水和毛细水。

1）重力水

受重力作用，在土的孔隙中流动的水称为重力水。重力水常处于地下水位以下。与一般水一样，重力水可以传递静水和动水压力，具有溶解能力，可溶解土中的水溶盐，使土的强度降低，压缩性增大；可以对土颗粒产生浮托力，使土的重度减小；它还可以在水头差的作用下形成渗透水流，并对土粒产生渗透力，使土体发生渗透变形。

2）毛细水

土中存在着很多大小不同的孔隙，这些孔隙有的可以相互连通，形成弯曲的细小通道（毛细管）。由于水分子与土粒表面之间的附着力和水表面张力的作用，地下水将沿着土中的细小通道逐渐上升，形成一定高度的毛细水带。这部分在地下水位以上的自由水称为毛细水，如图6-3所示。在土层中，毛细水上升的高度取决于土的粒径、矿物成分、孔隙的大小和形状等因素，可用试验方法测定。一般黏性土上升的高度较大，可达几米，而砂土的上升高度很小，仅几厘米至几十厘米，卵石、砾石土的毛细水上升高度接近于零。

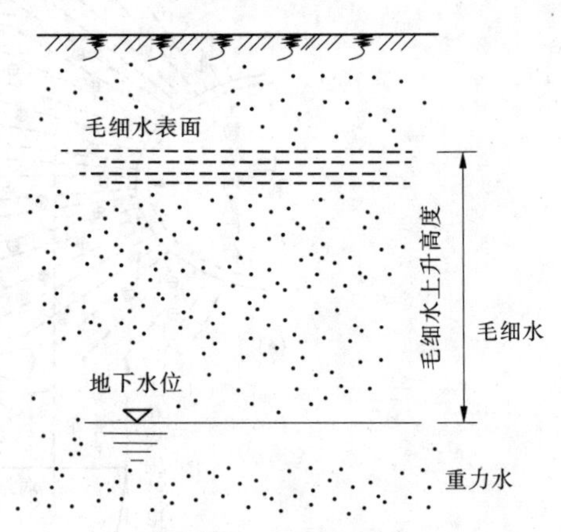

图6-3　土层中的水

在工程实践中应注意毛细水的上升可能使地基浸湿，使地下室受潮或使地基、路基产生冻胀，造成土地盐渍化等问题。此外，在一般潮湿的砂土（尤其是粉砂、细砂）中，孔隙中的水仅在土粒接触点周围并可形成互不连通的弯液面。由于水的表面张力的作用，弯液面下孔隙水中的压力小于大气压力，因而产生使土粒相互挤紧的力，这个力称为毛细压力。由于毛细压力的作用，砂土也会像黏性土一样，具有一定的黏聚力。如在湿砂中能开挖一定深度的直立坑壁，一旦砂土处在干燥或饱和状态时，毛细现象便不复存在，毛细水连接即可消失，直立坑壁就会坍塌，故又把无黏性土粒间的这种联结力称为“假黏聚力”。

(四)土中的气体

土中的气体可分为两种基本类型：一种是与大气连通的气体，另一种是与大气不连通、以气泡形式存在的封闭气体。

与大气连通的气体，受外荷作用时，易被排出土外，对土的工程力学性质影响不大。封闭气体在压力作用下，气泡被压缩；而当压力减小时，气泡就会膨胀。所以，封闭气体可以使土的弹性增大，延长土的压缩过程，使土层不易压实。此外，封闭气体还能阻塞土内的渗流通道，使土的渗透性减小。

(五)土的结构性

1. 土的结构

土的结构是指土粒或粒团的排列方式及其粒间或粒团间联结的特征。土的结构是在地质作用过程中逐渐形成的，它与土的矿物成分、颗粒形状和沉积条件有关。通常土的结构可分为三种基本类型，即单粒结构、蜂窝结构和絮凝结构。

1)单粒结构

粗粒土(如砂土和砂砾石土等)由于其比表面积小，在沉积过程中，主要依靠自重下沉。下沉过程中的土颗粒一旦与已经沉积稳定的颗粒相接触，找到自己的平衡位置而稳定下来，就形成点与点接触的单粒结构，如图6-4(a)所示。随着形成条件的不同，其排列有松有密。紧密排列的单粒结构比较稳定，孔隙所占的比例较小，承载力较高，变形较小。

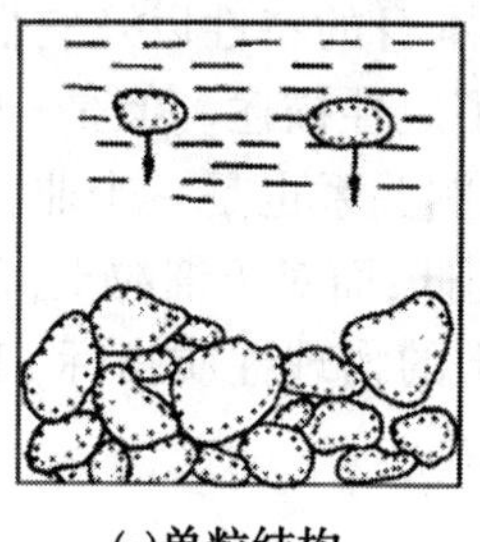
(a)单粒结构

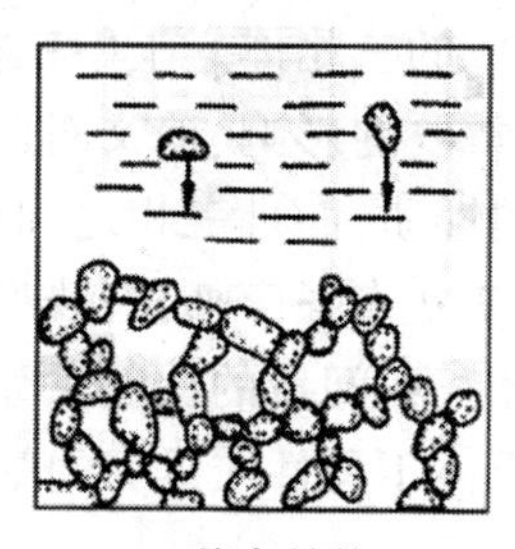
(b)蜂窝结构

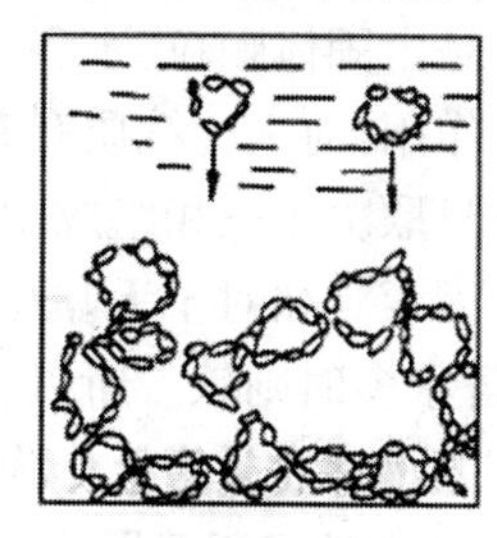
(c)絮凝结构

图6-4　土的结构

疏松排列的单粒结构，如松砂，由于孔隙大，在荷载作用下，土粒易发生移动，引起土体变形，承载力也较低。特别是饱和状态的细砂、粉砂及匀粒粉土，受振动荷载作用后，易产生液化现象，此时，土体承载力将完全丧失。

2)蜂窝结构

较细的土粒(主要指粉粒和部分黏粒)，由于土粒细、比表面积大，粒间引力大于下沉土粒的重量，在自重作用下沉积时，碰到别的正在下沉或已经沉稳的土粒，在粒间接触点上产生联结，逐渐形成链环状团粒，很多这样的链环状团粒联结起来，形成孔隙较大的蜂窝结构，如图6-4(b)所示。

3)絮凝结构

极细小的黏土颗粒(d<0.002 mm)，能在水中长期悬浮，一般不以单粒下沉，而是聚

合成絮状团粒下沉。下沉后接触到已经沉稳的絮状团粒时，由于引力作用又产生联结，最终形成孔隙很大的絮凝结构，如图 6-4(c)所示。

蜂窝结构和絮凝结构的特点都是土中孔隙较大，结构不稳定，相对于单粒结构而言，具有较大的压缩性，强度也较低。但是也不尽然，蜂窝结构和絮凝结构的黏性土，如果形成的年代比较久远，其土粒之间的联结强度(结构强度)会由于长期受自重压力作用和胶结作用而可能得到加强。胶结作用是指由于原来溶解在水中的各种胶结物质(如氯盐、碳酸盐、氢氧化铁、氢氧化硅等)随着土中水分的蒸发而析出，在颗粒接触点处形成结晶，将土粒胶结在一起，这种联结作用也称为胶结物联结。胶结物联结是在整个漫长的地质作用过程中逐渐形成的。如把这种联结破坏，土的联结强度也会降低，且短时间内是无法恢复的。

2. 土的结构性

从天然土层中取出的土样，如能保持原有的结构及含水率不变，则称为原状土；若土样结构或含水率受到人为的破坏而发生变化，则称为扰动土。土的结构性是指土的天然结构扰动后，土原有的物理、力学性质会降低的特性。一般把具有蜂窝结构和絮凝结构的土称为结构性土。黏性土一般具有结构性，而砂土则不具有结构性。

对于结构性土，当其天然结构被扰动后，土中的胶结物联结遭到破坏，土的力学性质往往发生很大变化，如压缩性增大、抗剪强度降低等。为评价土的结构性大小，常用灵敏度 S_t 来反映黏性土在结构被扰动后强度的损失程度。

二、土的物理性质指标

土是由固体颗粒、水和空气组成的三相体。土中三相物质本身的特性以及它们之间的相互作用，对土的性质有着非常重要的影响，前文对此已做了定性描述。但是，土的性质不仅只取决于三相组成中各相的性质，而且三相之间量的比例关系也是一个非常重要的影响因素。如对于无黏性土，密实状态强度高，松散时则强度低；而对于细粒土，含水少时硬，含水多时则软。所以，把土体三相间量的比例关系称为土的物理性质指标，工程中常用土的物理性质指标作为评价土体工程性质优劣的基本指标。

(一)土的三相草图

为了便于研究土中三相物质之间的比例关系，常常理想地把土中实际交错混杂在一起的三相物质分别集中在一起，并以图 6-5 的形式表示出来，该图称为土的三相草图。

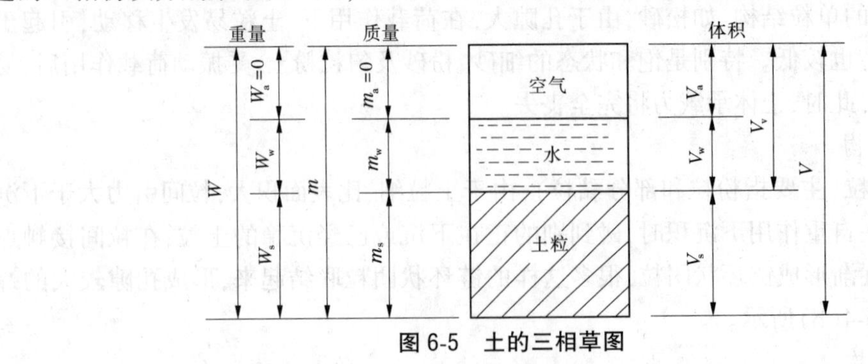

图 6-5　土的三相草图

图6-5中各符号的意义如下：

W表示重量，m表示质量，V表示体积，下标a表示气体，下标s表示土粒，下标w表示水，下标v表示孔隙。如W_s、m_s、V_s分别表示土粒重量、土粒质量和土粒体积。

(二)土的物理性质指标

土的物理性质指标，有一些必须通过试验测定，称为实测指标，又称为基本指标，包括密度、天然含水率和土粒比重；另外一些可以根据实测指标经过换算得出，称为换算指标，又称为计算指标，包括干重度、饱和重度、浮重度、孔隙比、孔隙率和饱和度。下面将分别介绍这两类指标。

1. 实测指标

1)土的密度ρ和土的重度γ

天然土的密度(也称天然密度)是指单位体积天然土的质量，可简称为土的密度。常用ρ表示，其表达式为：

$$\rho = \frac{m}{V} = \frac{m_s + m_w}{V} \quad (\mathrm{g/cm^3}) \tag{6-3}$$

土的天然密度变化较大，随土的密实程度和孔隙水含量的多少而变化，一般为1.6~2.0 g/cm³。天然土体为三相土时，天然密度称为湿密度；天然土体为饱和状态时，天然密度称为饱和密度。

土的重度是指单位土体所受的重力，常用γ表示，其表达式为：

$$\gamma = \frac{W}{V} = \frac{W_s + W_w}{V} \quad (\mathrm{kN/m^3}) \tag{6-4}$$

土的密度是通过试验测定的，土的重度可以由土的密度换算得到。其换算关系式为：

$$\gamma = \rho g \tag{6-5}$$

式中　g——重力加速度，在国际单位制中常用9.81 m/s²，为换算方便，也可近似用10 m/s²进行计算。

土的密度常用环刀法测定，具体方法见《土工试验方法标准》(GB/T 50123—2019)。工程中现场测定土的密度常用灌砂法、灌水法，以及核子密度仪测定方法。

2)土粒比重G_s

土粒比重是指土粒在105~110 ℃温度下烘至恒重时的质量与同体积4 ℃时纯水的质量之比，简称比重，其表达式为：

$$G_s = \frac{m_s}{V_s \rho_w} \tag{6-6}$$

式中　ρ_w——4 ℃时纯水的密度，取$\rho_w = 1$ g/cm³。

土粒比重常用比重瓶法来测定，试验方法详见《土工试验方法标准》(GB/T 50123—2019)。

土粒比重是一个无量纲指标，其值取决于土粒的矿物成分和有机质含量，一般在2.60~2.80。但当土中含有较多的有机质时，土粒比重会明显减小，甚至达到2.40以下。

工程实践中，由于各类土的比重变化幅度不大，除重要建筑物及特殊情况外，可按经验数值选用。土粒比重的一般数值见表 6-5。

表 6-5　土粒比重的一般数值

土名	砂土	砂质粉土	黏质粉土	粉质黏土	黏土
比重	2.65~2.69	2.70	2.71	2.72~2.73	2.74~2.76

3) 土的含水率 ω

土的含水率是指土中水的质量与土粒质量的比，以百分数表示。其表达式为：

$$\omega = \frac{m_w}{m_s} \times 100\% \tag{6-7}$$

土的含水率是反映土干湿程度的指标，常用烘干法测定，试验方法详见《土工试验方法标准》(GB/T 50123—2019)，现场也可以用核子密度仪测定。在天然状态下，土的含水率变化幅度很大。一般来说，砂土的含水率 $\omega = 0 \sim 40\%$，黏性土的含水率 $\omega = 15\% \sim 60\%$，淤泥或泥炭的含水率可高达 100% ~300%。同一种土，随土的含水率增高，土在变湿、变软，强度会降低，压缩性也会增大。所以，土的含水率是控制填土压实质量、确定地基承载力特征值和换算其他物理性质指标的重要指标。

2. 换算指标

1) 几种不同状态下土的密度和重度

(1) 干密度 ρ_d 和干重度 γ_d。

土的干密度是指单位体积土中土粒的质量，即土体中土粒质量 m_s 与总体积 V 之比。表达式为：

$$\rho_d = \frac{m_s}{V} \quad (\mathrm{g/cm^3}) \tag{6-8}$$

单位体积的干土所受的重力称为干重度，可按下式计算：

$$\gamma_d = \frac{W_s}{V} \quad (\mathrm{kN/m^3}) \tag{6-9}$$

土的干密度(或干重度)是评价土的密实程度的指标，干密度大表明土密实，干密度小表明土疏松。因此，在堤坝、路基等填方工程中，常把干密度作为填土设计和施工质量控制的指标。一般填土的设计干密度为 1.5~1.7 g/cm³。

(2) 饱和密度 ρ_{sat} 和饱和重度 γ_{sat}。

土的饱和密度是指土在饱和状态时，单位体积土的质量。此时，土中的孔隙完全被水充满，土体处于二相状态。其表达式为：

$$\rho_{sat} = \frac{m_s + m'_w}{V} = \frac{m_s + V_v \rho_w}{V} \quad (\mathrm{g/cm^3}) \tag{6-10}$$

式中　m'_w——土中孔隙全部充满水时水的质量；

ρ_w——水的密度，$\rho_w = 1\ \mathrm{g/cm^3}$。

饱和重度的表达式为：

$$\gamma_{sat} = \rho_{sat} g \tag{6-11}$$

(3)浮重度 γ'。

土在水下时，单位体积的有效重量称为土的浮重度，或称有效重度。地下水位以下的土，由于受到水的浮力作用，土体的有效重量应扣除水的浮力作用。浮重度的表达式为：

$$\gamma' = \frac{W_s - V_s\gamma_w}{V} \quad (kN/m^3) \tag{6-12}$$

从上述四种重度的定义可知，同一种土的四种重度在数值上的关系是：$\gamma_{sat} \geqslant \gamma > \gamma_d > \gamma'$。

2）孔隙率 n 与孔隙比 e

土的孔隙率是指土体中的孔隙体积与总体积之比，常用百分数表示。其表达式为：

$$n = \frac{V_v}{V} \times 100\% \tag{6-13}$$

土的孔隙比是指土体中的孔隙体积与土颗粒体积之比。其表达式为：

$$e = \frac{V_v}{V_s} \tag{6-14}$$

孔隙率表示孔隙体积占土的总体积的百分数，所以其值恒小于100%。土的孔隙比主要与土粒的大小及其排列的松密程度有关。一般砂土的孔隙比为0.4~0.8，黏土为0.6~1.5，有机质含量高的土，孔隙比甚至可高达2.0以上。

孔隙比和孔隙率都是反映土的密实程度的指标。对于同一种土，n 或 e 愈大，表明土愈疏松；反之，土愈密实。在计算地基沉降量和评价砂土的密实度时，常用孔隙比而不用孔隙率。

3）饱和度 S_r

饱和度是指土中水的体积与孔隙体积之比，用百分数表示。其表达式为：

$$S_r = \frac{V_w}{V_v} \times 100\% \tag{6-15}$$

饱和度反映土中孔隙被水充满的程度。理论上，当 $S_r = 100\%$ 时，表示土体孔隙中全部充满了水，土是完全饱和的；当 $S_r = 0$ 时，表明土是完全干燥的。实际上，土在天然状态下是极少达到完全干燥或完全饱和状态的。因为风干的土仍含有少量水分，而即使完全浸没在水下，土中还可能会有一些封闭气体存在。

按饱和度的大小，可将砂土分为以下几种不同的湿润状态：①$S_r \leqslant 50\%$，稍湿；②$50\% < S_r \leqslant 80\%$，很湿；③$S_r > 80\%$，饱和。

(三)土的物理性质指标间的换算

上述土的物理性质指标中，天然密度 ρ、土粒比重 G_s 和含水率 ω 三个指标是通过试验测定的。在测定这三个指标后，其他各指标可根据它们的定义并利用土中三相关系导出其换算公式。

码6-2　微课-土的物理性质指标及计算

例如：

$$\gamma_d=\frac{W_s}{V}=\frac{W_s}{W/\gamma}=\frac{\gamma W_s}{W_s+W_w}=\frac{\gamma}{1+\frac{W_w}{W_s}}=\frac{\gamma}{1+\omega} \tag{6-16}$$

$$e=\frac{V_v}{V_s}=\frac{V-V_s}{V_s}=\frac{W_sV}{W_sV_s}-1=\frac{W_s}{V_s\gamma_d}-1=\frac{W_s}{V_s\gamma_w}\cdot\frac{\gamma_w}{\gamma_d}-1=\frac{G_s\gamma_w}{\gamma_d}-1 \tag{6-17}$$

各种换算指标，也可假定 $V_s=1$ 或 $V=1$，根据三相草图算出各相的数值，然后由各换算指标的定义式求得其值。

【例 6-3】 用体积 $V=50\ cm^3$ 的环刀切取原状土样，用天平称出土样的湿土质量为 94.00 g，烘干后为 75.63 g，测得土样的比重 $G_s=2.68$。求该土的湿重度 γ、含水率 ω、干重度 γ_d、孔隙比 e 和饱和度 S_r 各为多少？

解：(1)湿重度：

$$\rho=\frac{m}{V}=\frac{94.00}{50}=1.88(g/cm^3)$$

$$\gamma=\rho g=1.88\times9.81=18.44(kN/m^3)$$

(2)含水率：

$$\omega=\frac{m_w}{m_s}\times100\%=\frac{m-m_s}{m_s}\times100\%=\frac{94.00-75.63}{75.63}\times100\%=24.3\%$$

(3)干重度：

$$\gamma_d=\frac{\gamma}{1+\omega}=\frac{18.44}{1+24.3\%}=14.84(kN/m^3)$$

(4)孔隙比：

$$e=\frac{G_s\gamma_w}{\gamma_d}-1=\frac{2.68\times9.81}{14.84}-1=0.772$$

(5)饱和度：

$$S_r=\frac{\omega G_s}{e}\times100\%=\frac{24.3\%\times2.68}{0.772}\times100\%=84.4\%$$

【例 6-4】 某原状土样，经试验测得土的湿重度 $\gamma=18.44\ kN/m^3$，天然含水率 $\omega=24.3\%$，土粒的比重 $G_s=2.68$，试利用三相草图求该土样的干重度 γ_d、饱和重度 γ_{sat}、孔隙比 e 和饱和度 S_r 等指标值。

解：(1)求基本物理量。

设 $V=1\ m^3$，求三相草图各相的数值。

(1)求 W_s、W_w、W。

由 $\gamma=\frac{W}{V}$ 得

$$W=\gamma V=18.44\times1=18.44(kN)$$

又由 $\omega=\dfrac{W_w}{W_s}$ 得

$$W_w=\omega W_s=0.243W_s \qquad ①$$

$$W=W_s+W_w \qquad ②$$

将式①代入式②得　$18.44=W_s+0.243W_s$

$$W_s=\frac{18.44}{1.243}=14.84(\text{kN})$$

$$W_w=0.243W_s=0.243\times14.84=3.61(\text{kN})$$

(2)求 V_s、V_w、V_v。

由 $G_s=\dfrac{W_s}{V_s\gamma_w}$ 得　$V_s=\dfrac{W_s}{G_s\gamma_w}=\dfrac{14.84}{2.68\times9.81}=0.564(\text{m}^3)$

又由 $\gamma_w=\dfrac{W_w}{V_w}$ 得　$V_w=\dfrac{W_w}{\gamma_w}=\dfrac{3.61}{9.81}=0.368(\text{m}^3)$

$$V_v=V-V_s=1.0-0.564=0.436(\text{m}^3)$$

2.求 γ_d、γ_{sat}、e、S_r。

$$\gamma_d=\frac{W_s}{V}=\frac{14.84}{1}=14.84(\text{kN/m}^3)$$

$$\gamma_{sat}=\rho_{sat}g=\frac{m_s+V_v\rho_w}{V}\cdot g=\frac{W_s+V_v\gamma_w}{V}=\frac{14.84+0.436\times9.81}{1}=19.12(\text{kN/m}^3)$$

$$e=\frac{V_w}{V_v}\times100\%=\frac{0.368}{0.436}\times100\%=84.4\%$$

【例6-5】　某饱和黏性土的含水率为 $\omega=38\%$,比重 $G_s=2.71$,求土的孔隙比 e 和干重度 γ_d。

解:1.计算各基本物理量

设 $V_s=1\ \text{m}^3$,绘三相草图(见图6-6),求三相草图中的各基本物理量。

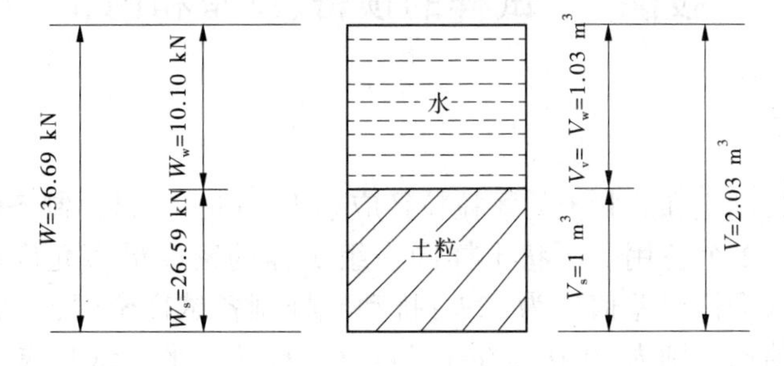

图6-6　土的三相草图

(1)求 W_s、W_w、W。

由 $G_s=\dfrac{W_s}{V_s\gamma_w}$ 得

$$W_s=G_sV_s\gamma_w=2.71\times1\times9.81=26.59(\text{kN})$$

由 $\omega = \dfrac{W_w}{W_s}$ 得

$$W_w = \omega W_s = 0.38 \times 26.59 = 10.10(\text{kN})$$
$$W = W_s + W_w = 26.59 + 10.10 = 36.69(\text{kN})$$

(2)求 V_w、V_v、V。

由 $\gamma_w = \dfrac{W_w}{V_w}$ 得

$$V_w = \frac{W_w}{\gamma_w} = \frac{10.10}{9.81} = 1.03(\text{m}^3)$$

因是饱和土体,所以 $V_w = V_v$, $V = V_s + V_w = 1 + 1.03 = 2.03(\text{m}^3)$ 。

2. 求 e 和 γ_d

$$e = \frac{V_v}{V_s} = \frac{1.03}{1} = 1.03$$

$$\gamma_d = \frac{W_s}{V} = \frac{26.59}{2.03} = 13.10(\text{kN/m}^3)$$

应当注意,在以上三个例题中,例 6-4 是假设土的总体积 $V=1\ \text{m}^3$,例 6-5 则是假设土粒的体积 $V_s=1\ \text{m}^3$。事实上,因为土的物理性质指标都是三相基本物理量间的相对比例关系,因此取三相图中任意一个基本物理量等于任何数值进行计算都应得到相同的指标值。但如假定的已知量选取合适,则可以减少计算工作量。而例 6-3 是根据测定的三个试验指标按换算公式计算的,它比按三相草图计算简便迅速。但在学习中必须首先掌握物理性质指标的定义、三相草图的概念以及计算公式的推导过程。在此基础上,利用换算公式就不会发生概念模糊,甚至出现错误现象了。

❖技能应用❖

技能 1　试样的预备、制备和饱和

一、一般规定

试样制备的扰动土和原状土的颗粒粒径应小于 60 mm。试样制备的数量视试验需要而定,应多制备 1~2 个备用。原状土样同一组试样的密度最大允许误差值应为±0.03 g/cm³;含水率最大允许误差值应为±2%;扰动土样制备试样密度、含水率与制备标准之间最大允许误差值应分别为±0.02 g/cm³ 与±1%;扰动土平行试验或一组内各试样之间最大允许误差值应分别为±0.02 g/cm³ 与±1%。

二、试验目的

试样的预备、制备和饱和程序是试验工作的第一个质量要素,为保证试验结果的可靠性和试验数据的可比性,必须统一土样和试样的预备、制备方法及程序,制备步骤直接影响试验成果。

三、试验方法和适用范围

试样分为原状土样和扰动土样。扰动土样在试验前必须经过预备程序以及制备试样等过程。预备程序包括土的风干、碾碎、过筛、均土、分样、储存等；对封闭原状土样除小心搬运和妥善存放外，在试验前不应开启，尽量使土样少受扰动；土样预备、制备程序应视不同的试验而异，故土样预备、制备前应拟订土工试验计划。

四、试验仪器设备

(1)筛：孔径 20 mm、5 mm、2 mm、0.5 mm。

(2)洗筛：孔径 0.075 mm。

(3)台秤：称量 10~40 kg，最小分度值 5 g。

(4)天平：称量 1 000 g，最小分度值 0.1 g；称量 200 g，最小分度值 0.01 g。

(5)碎土器：磨土机。

(6)击样器：包括活塞、导筒和环刀，如图 6-7 所示。

(7)抽气机(附真空表)。

(8)饱和器(附金属或玻璃的真空缸)：如图 6-8 所示。

(9)其他：烘箱、干燥器、保湿器、研钵、木碾、橡皮板、切土刀、钢丝锯、凡士林、喷水设备等。

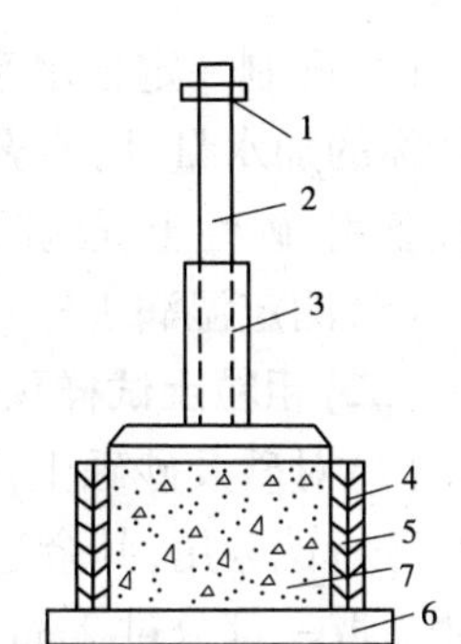

1—定位环；2—导杆；3—击锤；4—击样筒；5—环刀；6—底座；7—试样。

图 6-7　击样器

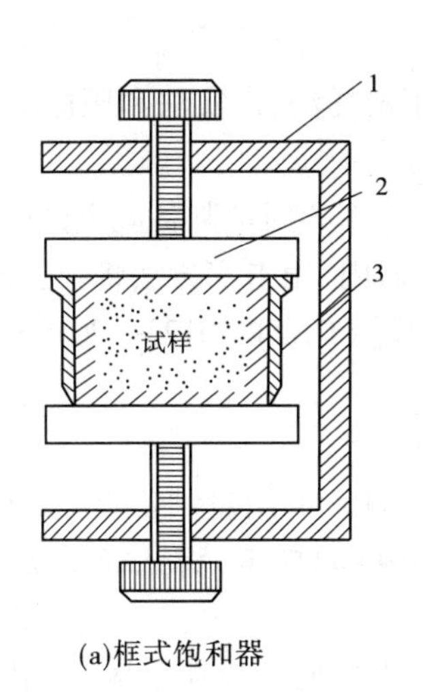

(a)框式饱和器

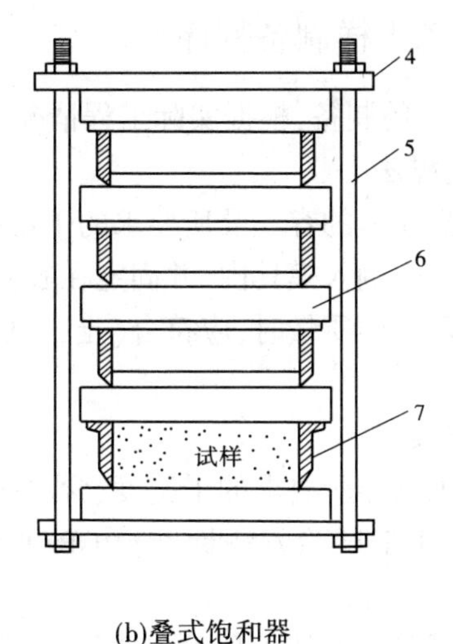

(b)叠式饱和器

1—框架；2,6—透水板；3,7—环刀；4—夹板；5—拉杆。

图 6-8　饱和器

五、扰动土样预备程序

(一)细粒土试样预备程序

(1)对扰动土样进行描述，描述内容包括颜色、土类、气味及夹杂物；当有需要时，将扰动土充分拌匀，取代表性土样进行含水率测定。

(2)将块状扰动土放在橡皮板上碾散,碾散时勿压碎颗粒;当含水率较大时可先风干再碾散。

(3)根据试验所需试样数量,将碾散后的土样过筛。过筛后用四分对角取样法或分砂器,取出足够数量的代表性试样装入玻璃缸内,试样应有标签,标签包括任务单号、土样编号、过筛孔径、用途、制备日期和试验人员,以备各项试验之用。对风干土样应测定风干含水率。

(4)配制一定含水率试样,取过筛的风干土 1~5 kg,平铺在不吸水的盘内,按要求计算所需的加水量,用喷雾器喷洒预计的加水量,静置一段时间,装入玻璃缸内密封,湿润一昼夜备用,砂性土湿润时间可酌情减短。

(5)测定湿润土样不同位置的含水率,取样点不应少于 2 个,最大允许差值为±1%。

(二)粗粒土试样预备程序

(1)对砂及砂砾土,可用四分法或分砂器细分取样。取足够试验用的代表性土样供颗粒分析试验用,其余过 5 mm 筛。筛上和筛下土样分别贮存,供做比重及相对密度等试验用。取一部分过 2 mm 筛的试样供直剪和固结力学试验用。

(2)当有部分黏土依附在砂砾石表面时,先用水浸泡,将浸泡过的土样在 2 mm 筛上冲洗,取筛上和筛下代表性试样供颗粒分析试验用。

(3)将冲洗下来的土浆风干至易碾散为止,然后按照细粒土预备程序(2)~(3)的规定进行预备工作。

六、扰动土样制备程序

扰动土样的制备,根据实际工程情况可分别采用击样法、击实法和压样法。

(一)击样法

(1)根据模具的容积及所要求的干密度、含水率计算的用量制备湿土试样。

(2)将湿土倒入模具内,并固定在底板上的击实器内,用击实方法将土击入模具内。

(3)称取试样质量时,应符合《土工试验方法标准》(GB/T 50123—2019)一般规定的要求。

(二)击实法

(1)根据试样所要求的干密度、含水率,应按要求计算的用量制备湿土试样;

(2)按《土工试验方法标准》(GB/T 50123—2019)的规定,将土样击实到所需的密度,用推土器推出;

(3)将试验用的切土环刀内壁涂一薄层凡士林,刃口向下放在土样上,用切土刀将土样切削成稍大于环刀直径的土柱,然后将环刀垂直向下压,边压边削,至土样伸出环刀为止。削去两端余土并修平,擦净环刀外壁,称环刀、土总量,精确至 0.1 g,并应测定环刀两端削下土样的含水率[应符合《土工试验方法标准》(GB/T 50123—2019)的规定]。

(三)压样法

(1)按规定制备湿土试样,称出所需的湿土量。将湿土倒入压样器内,拂平土样表面,以静压力将土压入。

(2)称取试样质量,应符合《土工试验方法标准》(GB/T 50123—2019)一般规定并做好相应的记录。

七、原状土样制备程序

(一)开启试样

将土样筒按标明的上下方向放置,剥去蜡封和胶带,小心开启土样筒取出土样。观察原状土的颜色、气味、结构、夹杂物和均匀性等其他情况,并做原状土开土记录。当确定土样已受扰动或取土质量不符合要求时,不应制备力学性质试验的试样。

(二)切取试样

环刀切取试样时,应在环刀内壁涂一薄层凡士林,刃口向下放在土样上,将环刀垂直下压,并用切土刀沿环刀外侧切削土样,边压边削至土样高出环刀。切削过程中应细心观察土样的情况,并描述它的层次、气味,有无杂质、裂缝等。

(三)剩余土样

环刀切削的余土可做土的物理性试验,切取试样后剩余的原状土样,应用蜡纸封好,置于保湿器内,以备补做试验之用。

(四)试样存放

视试样本身及工程要求,决定试样是否进行饱和,如不立即进行试验或饱和,则将试样保存于保湿器内。

八、试样饱和

土的孔隙逐渐被水填充的过程称为饱和。孔隙被水充满时的土,称为饱和土。根据土样的透水性能,决定饱和方法:

(1)粗粒土(砂土)。可直接在仪器内浸水饱和。

(2)细粒土。渗透系数大于 10^{-4} cm/s 时,采用毛细管饱和法较为方便。

(3)细粒土。渗透系数小于 10^{-4} cm/s 时,采用抽气饱和法。如土的结构性较弱,抽气可能发生扰动,不宜采用。

(一)毛细管饱和法

(1)选用框式饱和器,在装有试样的环刀上下面放滤纸和透水石,装入饱和器内,并旋紧螺母。

(2)将装好试样的饱和器放入水箱中,注入清水,水面不宜将试样淹没,使土中气体得以排出。

(3)关上箱盖,浸水时间不得少于两昼夜,借土的毛细管作用使试样饱和。

(4)取出饱和器,松开螺母,取出环刀,擦干外壁,取下试件上下滤纸,称环刀和试样总质量,精确至0.1 g,并根据式(6-15)计算试样饱和度。

(5)如饱和度低于95%,将环刀装入饱和器,浸入水内,重新延长饱和时间。

(二)抽气饱和法

(1)选用叠式饱和器和框式饱和器(见图6-8)及真空饱和装置(见图6-9)。在叠式饱和器下夹板的正中,依次放置透水板、滤纸、带试样的环刀、滤纸、透水板,如此顺序重复,由下向上重叠到拉杆高度,将饱和器上夹板盖好后,拧紧拉杆上端的螺母,将各个环刀在上下夹板间夹紧。

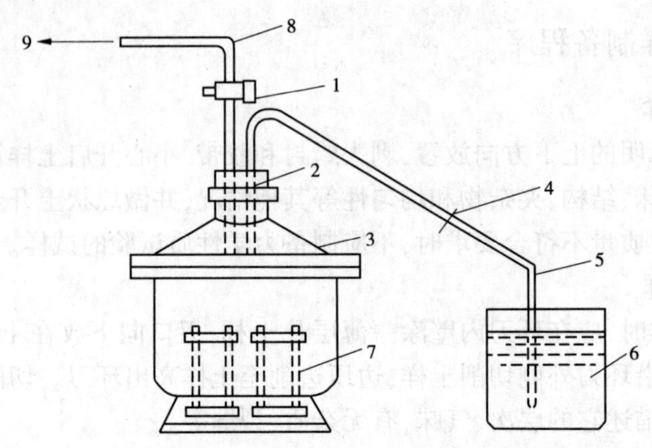

1—二通阀;2—橡皮塞;3—真空缸;4—管夹;5—引水管;6—水缸;
7—饱和器;8—排气管;9—接抽气机。

图 6-9 真空饱和装置

(2)将装好试样的饱和器放入真空缸内,盖口涂一薄层凡士林,以防漏气。

(3)将真空缸与抽气机接通,启动抽气机,当真空压力表读数接近当地一个大气压力值时(抽气时间不小于 1 h),微开管夹,使清水徐徐注入真空缸,在注水过程中,真空压力表读数宜保持不变。

(4)待水淹没饱和器后,即停止抽气。开管夹使空气进入真空缸,静待一定时间,细粒土宜为 10 h,使试样充分饱和。

(5)打开真空缸,从饱和器内取出带环刀的试样,称环刀和试样的总质量,精确至 0.1 g,并计算饱和度。当饱和度低于 95%时,应继续抽气饱和。

九、计算

(一)土质量

干土质量按式(6-18)计算,即

$$m_s = \frac{m}{1 + \omega_0} \tag{6-18}$$

式中 m_s——干土质量,g;

m——风干土质量(或天然湿土质量),g;

ω_0——风干含水率(或天然含水率)(%)。

(二)试样制备含水率所加水量计算

试样制备含水率所加水量按式(6-19)计算,即

$$m_w = \frac{m}{1 + \omega_0} \times (\omega' - \omega_0) \tag{6-19}$$

式中 m_w——土样制备所需加水质量,g;

m——风干含水率时的土样质量,g;

ω_0——土样的风干含水率(%);

ω'——土样所要求的含水率(%)。

(三)计算制备扰动土试样所需总土质量

制备扰动土试样所需总土质量按式(6-20)计算,即

$$m = (1 + \omega_0)\rho_d V \tag{6-20}$$

式中　m——制备试样所需总质量,g;

ρ_d——制备试样所要求的干密度,g/cm^3;

V——计算出击实土样体积或压样器所用环刀体积,cm^3;

ω_0——风干含水率(%)。

(四)计算制备扰动土样应增加的水量

制备扰动土样应增加的水量按式(6-21)计算,即

$$\Delta m_w = (\omega' - \omega_0)\rho_d V \tag{6-21}$$

式中　Δm_w——制备扰动土样应增加的水量,g;

其他符号含义同前。

(五)计算饱和度

饱和度按式(6-22)计算,即

$$S_r = \frac{(\rho - \rho_d)G_s}{e\rho_d} \quad 或 \quad S_r = \frac{\omega G_s}{e} \tag{6-22}$$

式中　S_r——试样的饱和度(%);

ρ——试样饱和后的密度,g/cm^3;

ρ_d——土的干密度,g/cm^3;

G_s——土粒比重;

e——试样的孔隙比;

ω——试样饱和后的含水率(%)。

十、试验记录

原状土开土样记录如表6-6所示。

表6-6　原状土开土记录

委托单位＿＿＿＿＿＿　工程名称＿＿＿＿＿＿　记录者＿＿＿＿＿＿

进室日期＿＿＿＿＿＿　开土日期＿＿＿＿＿＿　校核者＿＿＿＿＿＿

土样编号		取土高程/m	取土深度/m	颜色	气味	结构	夹杂物	包装与扰动情况	其他
室内	野外								

扰动土试样制备记录如表 6-7 所示。

表 6-7　扰动土试样制备记录

工程名称＿＿＿＿＿＿　土样编号＿＿＿＿＿＿　制备日期＿＿＿＿＿＿
制 备 者＿＿＿＿＿＿　计 算 者＿＿＿＿＿＿　校 核 者＿＿＿＿＿＿

土样编号		
制备标准	干密度/(g/cm³)	
	含水率 ω' /%	
所需土质量及增加水量的计算	环刀或计算的击实筒容积 V/cm	
	干土质量 m_s/g	
	含水率 ω_0 /%	
	湿土质量 m/g	
	增加的水量 Δm_w/g	
	所需土质量/g	
试样制备	制备方法	
	环刀质量/g	
	环刀加湿土质量/g	
	密度 ρ/(g/cm³)	
	含水率 ω /%	
	干密度 ρ_d/(g/cm³)	
与制备标准之差	干密度 ρ_d/(g/cm³)	
	含水率 ω /%	
备注		

技能 2　颗粒分析试验

一、试验目的

测定土中各种粒组占该土总质量的百分数,以便了解土粒的组成情况,供砂类土的分类、判断土的工程性质及建材选料之用。

二、试验方法和适用范围

颗粒分析试验分为筛分法和密度计法。对于粒径小于或等于 60 mm、大于 0.075 mm 的土粒可用筛分法测定;对于粒径小于 0.075 mm 的土粒则用密度计法来测定;当土中粗细兼有时,应联合使用筛分法和密度计法。

三、筛分法

筛分法是将土样通过各种不同孔径的筛子，并按筛子孔径的大小将颗粒加以分组，然后再称量并计算出各个粒组占总量的百分数。

(一)仪器设备

(1)分析筛。粗筛：孔径为 60 mm、40 mm、20 mm、10 mm、5 mm、2 mm；细筛：孔径为 2.0 mm、1.0 mm、0.5 mm、0.25 mm、0.1 mm、0.075 mm。

(2)天平：称量 1 000 g，分度值 0.1 g；称量 200 g，分度值 0.01 g。

(3)台秤：称量 5 kg，分度值 1 g。

(4)振筛机：筛分过程能上下振动。

(5)其他：烘箱、研钵、瓷盘、毛刷、木碾等。

(二)操作步骤(无黏性土的筛分法)

(1)从风干、松散的土样中，用四分法按下列规定取出代表性试样：

①粒径小于 2 mm 颗粒的土取 100~300 g。

②最大粒径小于 10 mm 的土取 300~1 000 g。

③最大粒径小于 20 mm 的土取 1 000~2 000 g。

④最大粒径小于 40 mm 的土取 2 000~4 000 g。

⑤最大粒径小于 60 mm 的土取 4 000 g 以上。

(2)砂砾土筛析法。

①按规定的数量取出试样，称量精确至 0.1 g；当试样质量大于 500 g 时，精确至 1 g。

②将试样过 2 mm 细筛，分别称出筛上和筛下土质量；若 2 mm 筛下的土小于试样总质量的 10%，则可省略细筛筛析。若 2 mm 筛上的土小于试样总质量的 10%，则可省略粗筛筛析。

③取 2 mm 筛上试样倒入依次叠好的粗筛的最上层筛中，进行粗筛筛析；取 2 mm 筛下试样倒入依次叠好的细筛最上层筛中，进行细筛筛析。细筛宜放在振筛机上振摇，振摇时间一般为 10~15 min。

④由最大孔径筛开始，顺序将各筛取下，在白纸上用手轻叩摇晃，如仍有土粒漏下，应继续轻叩摇晃，至无土粒漏下为止。漏下的土粒应全部放入下级筛内，并将留在各筛上的试样分别称量，精确至 0.1 g。

⑤各细筛上及底盘内土质量总和与筛前所取 2 mm 筛下土质量之差不得大于 1%；各粗筛上及 2 mm 筛下的土质量总和与试样质量之差不得大于 1%。

(3)含有黏土粒的砂砾土的筛析。

①将土样放在橡皮板上用土碾将黏结的土团充分碾散，用四分法按规定称取代表性试样，置于盛有清水的瓷盆中，用搅棒搅拌，使试样充分浸润和粗细颗粒分离。

②将浸润后的混合液过 2 mm 细筛，边搅拌边冲洗边过筛，直至筛上仅留粒径大于 2 mm 的土粒为止。然后将筛上的土烘干称量，精确至 0.1 g。

③用带橡皮头的研杵研磨粒径小于 2 mm 的混合液，待稍沉淀，将上部悬液过 0.075 mm 筛，再向瓷盆加清水研磨，静置过筛，反复几次，直至盆内悬液清澈。最后将全部土料

倒在 0.075 mm 筛上，用水冲洗，直至筛上仅留粒径大于 0.075 mm 的净砂为止。

④将粒径大于 0.075 mm 的净砂烘干称重，精确至 0.01 g。

⑤将粒径大于 2 mm 的土和粒径为 2～0.075 mm 的土的质量从原取土总质量中减去，即得到粒径小于 0.075 mm 的土的质量。

⑥当粒径小于 0.075 mm 的试样质量大于总质量的 10%时，按密度计法测定粒径小于 0.075 mm 的颗粒组成。

(三)计算与制图

(1)计算小于某粒径的试样质量占试样总质量的百分数：

$$x = \frac{m_A}{m_B} d_x \tag{6-23}$$

式中　x——小于某粒径的试样质量占试样总质量的百分比(%)；

m_A——小于某粒径的试样质量，g；

m_B——当细筛分析时或用密度计法分析时所取试样质量，粗筛分析时则为试样总质量，g；

d_x——粒径小于 2 mm 或粒径小于 0.075 mm 的试样质量占总质量的百分数，如试样中无大于 2 mm 粒径或无小于 0.075 mm 粒径，在计算粗筛分析时则 d_x = 100%。

(2)绘制颗粒大小分布曲线。以小于某粒径的试样质量占总质量的百分数为纵坐标、颗粒直径为横坐标(以对数尺度)进行绘制，如图 6-10 所示。

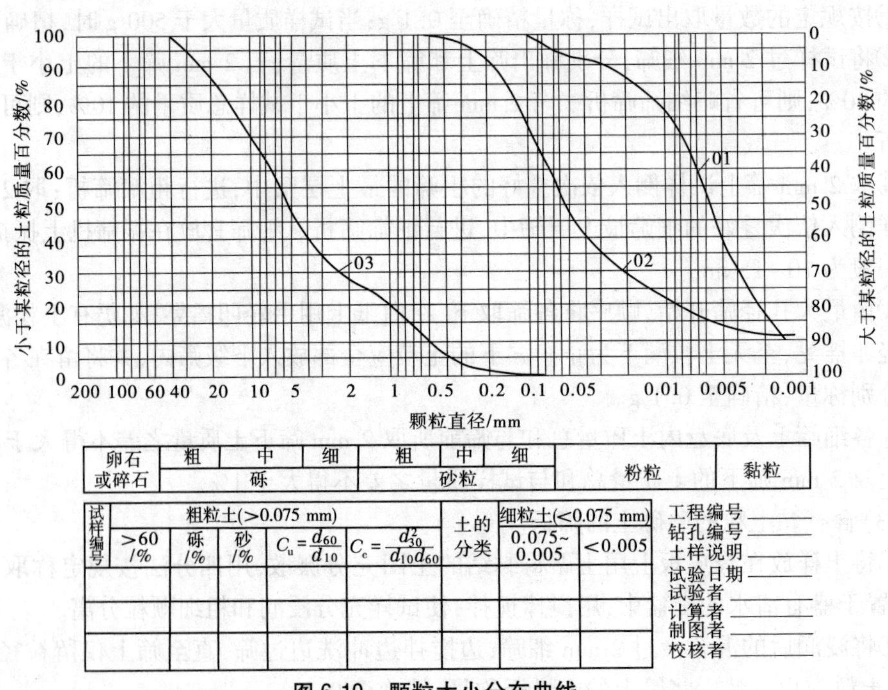

图 6-10　颗粒大小分布曲线

(3)计算级配指标。

不均匀系数：
$$C_u = \frac{d_{60}}{d_{10}}$$

曲率系数：
$$C_c = \frac{d_{30}^2}{d_{10}d_{60}}$$

(四)试验记录

本试验记录如表6-8所示。

表6-8　颗粒分析试验记录(筛分法)

工程名称________　土样编号________　试验日期________
试 验 者________　计 算 者________　校 核 者________

风干土质量=______g　粒径小于0.075 mm的土占总土质量的百分数=______%
2 mm筛上土质量=______g　粒径小于2 mm的土占总土质量的百分数=______%
2 mm筛下土质量=______g　细筛分析时所取试样质量=______g

筛号	孔径/mm	留筛土质量/g	累计留筛土质量/g	小于该孔径的土质量	小于该孔径的土质量百分数/%
底盘总计					

四、密度计法

密度计法是将一定量的土样放在量筒中，然后加纯水，经过搅拌，使土的大小颗粒在水中均匀分布，制成一定量的均匀浓度的土悬液(1 000 mL)。静置悬液，让土粒下沉过程中，用密度计测出在悬液中对应于不同时间的悬液的不同密度，根据密度计读数和土粒的下沉时间，就可计算出粒径小于某一粒径的颗粒占土样的百分数。

(一)仪器设备

(1)密度计。甲种密度计，刻度为-5~50，最小分度值为0.5；乙种密度计，刻度为0.995~1.020，最小分度值为0.000 2。

(2)量筒。高约45 cm，内径约6 cm，容积1 000 mL，刻度为0~1 000 mL，分度值为10 mL。

(3)试验筛分细筛和洗筛，细筛孔径为2 mm、1 mm、0.5 mm、0.25 mm、0.15 mm；洗筛孔径为0.075 mm。

(4)洗筛漏斗:上口直径大于洗筛直径,下口直径略小于量筒内径。

(5)天平:称量 200 g,最小分度值 0.01 g。

(6)搅拌器:轮径 50 mm,孔径 3 mm,杆长约 400 mm,带螺旋叶。

(7)煮沸设备:附冷凝管装置。

(8)温度计:刻度 0~50 ℃,最小分度值 0.5 ℃。

(9)其他:秒表、锥形瓶(容积 500 mL)、研钵、木杵、电导率仪等。

(二)试剂

(1)分散剂:浓度 6%双氧水,1%的硅酸钠,4%六偏磷酸钠。

(2)水溶盐检验试剂:5%硝酸银,10%硝酸,5%氯化钡,10%盐酸。

(三)操作步骤

(1)宜采用风干土试样,按式(6-24)计算试样干土质量为 30 g 时所需的风干土质量:

$$m = m_s(1 + \omega) \tag{6-24}$$

式中 m——风干土质量,g;

m_s——试样干土质量,g;

ω——风干土含水率(%)。

(2)称干土质量为 30 g 的风干试样倒入锥形瓶中,勿使土粒丢失。注入水 200 mL,浸泡 12 h。

(3)将锥形瓶放在煮沸设备上,连接冷凝管进行煮沸,一般煮沸时间约 1 h。

(4)将冷却后的悬液倒入瓷杯中,静置约 1 min,将上部悬液倒入量筒。杯底沉淀物用带橡皮头研杵细心研散、加水,经搅拌后,静置约 1 min,再将上部悬液倒入量筒。如此反复操作,直至杯中悬液澄清为止。当土中粒径大于 0.075 mm 的颗粒大致超过试样总质量的 15%时,应将其全部倒至 0.075 mm 筛上冲洗,直至筛上仅留粒径大于 0.075 mm 的颗粒为止。

(5)将留在洗筛上的颗粒洗入蒸发皿内,倾去上部的清水,烘干称量,按《土工试验方法标准》(GB/T 50123—2019)的规定进行细筛筛析。

(6)将过洗筛上的颗粒倒入量筒,加 4%浓度的六偏磷酸钠约 10 mL 于量筒溶液中,再注入纯水,使筒内悬液达 1 000 mL。当加入六偏磷酸钠后土样产生凝聚时,应选用其他分散剂。

(7)用搅拌器在量筒内沿整个悬液深度上下搅拌约 1 min,往复各约 30 次,搅拌时勿使悬液溅出筒外,使悬液内土粒均匀分布。取出搅拌器,将密度计放入悬液中同时开动秒表,可测经 0.5 min 、1 min、2 min、5 min、15 min、30 min、60 min、120 min、180 min 和 1 440 min 时的密度计读数。

(8)注意事项如下:

①每次读数均应在预定时间前 10~20 s 将密度计小心放入悬液接近读数的深度,并须注意密度计浮泡应保持在量筒中部位置,不得贴近筒壁。

②密度计读数均以弯液面上缘为准,甲种密度计应精确至 0.5,乙种密度计应精确至 0.000 2;每次读数完毕立即取出密度计放入盛有纯水的量筒中,并测定各相应的悬液温度,精确至 0.5 ℃。

③每次放入或取出密度计时,应尽量减少对悬液的扰动。

④当试样在分析前未过0.075 mm洗筛,在密度计第1个读数时,发现下沉的土粒已超过试样总质量的15%时,则应于试验结束后,将量筒中土粒过0.075 mm筛,然后按《土工试验方法标准》(GB/T 50123—2019)的规定进行筛析,并应计算各级颗粒占试样总质量的百分比。

(四)计算和绘图

(1)按式(6-25)计算小于某粒径的试样质量占试样总质量的百分数。

甲种密度计:

$$X=\frac{100}{m_s}C_s(R+m_T+n-C_D) \tag{6-25}$$

$$C_s=\frac{\rho_s}{\rho_s-\rho_{w20}}\times\frac{2.65-\rho_{w20}}{2.65} \tag{6-26}$$

式中　X——小于某粒径的土质量百分数(%);

m_s——试样干土质量,g;

m_T——温度校正值,查《土工试验方法标准》(GB/T 50123—2019);

C_D——分散剂校正值;

R——甲种密度计读数;

n——弯液面校正值;

C_s——土粒比重校正值,查《土工试验方法标准》(GB/T 50123—2019),或按式(6-26)计算;

ρ_s——土粒密度,g/cm^3;

ρ_{w20}——20 ℃水的密度,g/cm^3。

乙种密度计:

$$X=\frac{100V}{m_s}C_s'[(R'-1)+m_T'+n'-C_D']\rho_{w20} \tag{6-27}$$

$$C_s'=\frac{\rho_s}{\rho_s-\rho_{w20}} \tag{6-28}$$

式中　C_s'——土粒比重校正值,查《土工试验方法标准》(GB/T 50123—2019),或按式(6-28)计算;

n'——弯液面校正值;

m_T'——温度校正值,查《土工试验方法标准》(GB/T 50123—2019)确定;

C_D'——分散剂校正值;

R'——乙种密度计读数。

(2)按式(6-29)计算颗粒直径,也可以按《土工试验方法标准》(GB/T 50123—2019)确定。

$$d=\sqrt{\frac{1\,800\times10^4\eta}{(G_s-G_{wT})\rho_{w0}g}\times\frac{L}{t}} \tag{6-29}$$

式中　d——颗粒直径,mm;

ρ_{w0}——4 ℃时水的密度,g/cm^3;

η——水的动力黏滞系数,10^{-6}kPa·s;

G_s——土粒比重;

G_{wT}——温度为 T ℃时水的比重;

L——某一时间 t 内的土粒沉降距离,cm;

g——重力加速度,981 cm/s^2;

t——沉降时间,s。

(3)绘制颗粒大小分布曲线。用小于某粒径的土质量百分数为纵坐标,颗粒直径为横坐标(以对数尺度),将试验数据点在图上,绘成一条平滑曲线,即为该土的颗粒大小分布曲线。

(五)试验记录

本试验记录如表 6-9 所示。

表 6-9 颗粒分析试验记录(密度计法)

工程名称______ 土样编号______ 试验日期______

试 验 者______ 计 算 者______ 校 核 者______

粒径小于 0.075 mm 颗粒土质量百分数____ 干土总质量____ 湿土质量____ 试样处理说明____

含水率____ 干土质量____ 含盐量____ 密度计号____ 量筒号____

风干土质量____ 烧杯号____ 土粒比重____ 比重校正值____ 弯液面校正值____

试验时间	下沉时间 t/min	悬液温度 T/℃	密度计读数					土粒落距 L/cm	粒径 d/mm	小于某粒径土质量百分数/%
			密度计读数 R	温度校正值 m	分散剂校正值 C_D	$R_M=R+m+n-C_D$	$R_H=R_MC_s$			

技能 3 含水率试验

码 6-3 微课-含水率试验

一、试验目的

试验目的是测定土的含水率。土的含水率是土在 105~110 ℃下烘干到恒重时所失去的水的质量占干土质量的百分数。含水率是土的基

本物理性质指标之一，它反映了土的干湿状态，是计算土的干密度、孔隙比、饱和度、液性指数的基本指标，也是建筑物地基、路堤、土坝等施工质量控制的重要指标。

二、试验方法和适用范围

(1)烘干法。室内试验的标准方法，一般黏性土都可以采用。

(2)酒精燃烧法。适用于快速简易测定细粒土的含水率。

三、烘干法

(一)仪器设备

(1)烘箱：采用能控制温度保持105~110 ℃电热烘箱。

(2)天平：称量200 g，分度值0.01 g。

(3)电子台秤：称量5 000 g，分度值0.01 g。

(4)其他：干燥器、称量盒。

(二)操作步骤

(1)取代表性试样：细粒土为15~30 g，砂类土50~100 g，砂砾石2~5 kg。放入质量为m_0称量盒内，立即盖上盒盖，称盒加湿土总质量m_1，细粒土、砂类土称量精确至0.01 g，砂砾石称量精确至1 g。

(2)打开盒盖，将试样和盒放入烘箱，在温度105~110 ℃的恒温下烘至恒重。烘干时间与土的类别及取土数量有关。黏性土不得少于8 h；砂类土不得少于6 h；对有机质含量为5%~10%的土，应将烘干温度控制在65~70 ℃的恒温下烘至恒重。

(3)将烘干后的试样和盒从烘箱中取出，盖好盒盖放入干燥器内冷却至室温(一般为0.5~1 h)，称盒加干土质量m_2，细粒土、砂类土称量精确至0.01 g，砂砾石称量精确至1 g。

四、酒精燃烧法

(一)仪器设备

(1)酒精：纯度不得小于95%。

(2)天平：称量200 g，分度值0.01 g。

(3)其他：称量盒、滴管、火柴和调土刀等。

(二)操作步骤

(1)取代表性试样：黏性土为5~10 g，砂性土为20~30 g，有机质土为50 g，放入称量盒内，立即盖上盒盖，按烘干法规定称盒加湿土总质量m_1，精确至0.01 g。

(2)打开盒盖，用滴管将酒精注入放有试样的称量盒中，直至盒中出现自由液面为止。为使酒精在试样中充分混合均匀，可将盒底在桌面上轻轻敲击。

(3)点燃盒内酒精，烧至自然熄灭。

(4)将试样冷却数分钟，按上述方法再重复燃烧两次，当第三次火焰熄灭后，立即盖上盒盖冷却至室温，称盒加干土质量m_2，精确至0.01 g。

五、计算含水率

含水率按式(6-30)计算，即

$$\omega = \frac{m_w}{m_s} = \frac{m_1 - m_2}{m_2 - m_0} \times 100\% \tag{6-30}$$

烘干法试验应对试样进行两次平行测定，取其算术平均值。两次测定的差值，当含水率小于 10%时，允许的平均差值为±0.5%；当含水率大于 10%而小于 40%时，允许的平均差值为±1%；当含水率等于或大于 40%时，允许的平均差值为±2%。

六、试验记录

本试验记录如表 6-10 所示。

表 6-10　含水率试验记录

工程名称＿＿＿＿＿　试验方法＿＿＿＿＿　试验日期＿＿＿＿＿
试 验 者＿＿＿＿＿　计 算 者＿＿＿＿＿　校 核 者＿＿＿＿＿

试样编号	土样说明	盒号	盒质量/g	盒加湿土质量/g	盒加干土质量/g	水的质量/g	干土质量/g	含水率/%	平均含水率/%
			(1)	(2)	(3)	(4)＝(2)－(3)	(5)＝(3)－(1)	(6)＝(4)/(5)×100%	(7)

技能 4　密度试验

一、试验目的

测定土的湿密度，以了解土的疏密和干湿状态，供换算土的其他物理性质指标和工程设计以及控制施工质量之用。

二、试验方法与适用范围

(1) 细粒土，宜采用环刀法。
(2) 试样易破碎，难以切削的土，可采用蜡封法。

码 6-4　微课-密度试验

三、环刀法密度试验

环刀法的试验是采用一定体积环刀切取土样并称土质量的方法，环刀内土的质量与体积之比即为土的密度。

（一）仪器设备

（1）环刀：内径6~8 cm，高2~3 cm。

（2）天平：称量500 g，分度值0.1 g；称量200 g，分度值0.01 g。

（3）其他：切土刀、钢丝锯、凡士林等。

（二）操作步骤

（1）测出环刀的容积V，在天平上称环刀质量m_1。

（2）取直径和高度略大于环刀的原状土样或制备土样，整平其两端。

（3）环刀取土：在环刀内壁涂一薄层凡士林，将环刀刃口向下放在土样上，用切土刀（或钢丝锯）将土样削成略大于环刀直径的土柱，然后将环刀垂直下压，边压边削，直至土样上端伸出环刀为止。将环刀两端余土削去修平（严禁在土面上反复涂抹），然后取剩余的代表性土样测定含水率。

（4）擦净环刀外壁，将取好土样的环刀放在天平上称量，记下环刀与湿土的总质量m_2。

（三）计算土的密度

$$\rho = \frac{m}{V} = \frac{m_2 - m_1}{V} \tag{6-31}$$

式中　ρ——密度，计算至0.01 g/cm³；

m——湿土质量，g；

m_2——环刀加湿土质量，g；

m_1——环刀质量，g；

V——环刀体积，cm³。

密度试验需进行二次平行测定，两次测定的差值不得大于±0.03 g/cm³，取其算术平均值。

（四）试验记录

本试验记录如表6-11所示。

表6-11　密度试验记录（环刀法）

工程名称__________　土样说明__________　试验日期__________

试 验 者__________　计 算 者__________　校 核 者__________

试样编号	土样说明	环刀号	湿土质量/g	体积/cm³	湿密度/(g/cm³)	含水率/%	干密度/(g/cm³)	平均干密度/(g/cm³)
			(1)	(2)	$(3)=\frac{(1)}{(2)}$	(4)	$(5)=\frac{(3)}{1+(4)}$	(6)

任务二　土的物理状态的判定

❖引例❖

小浪底大坝为土质斜心墙堆石坝，坝顶高程 281 m，最大坝高 160 m，坝顶长 1 666.3 m，坝体填筑总量 5 184.7 万 m^3，其中主坝斜心墙Ⅰ区防渗土料填筑总量约为 820 万 m^3。小浪底工程所用土料有轻粉质壤土、中粉质壤土、重粉质壤土和粉质黏土 4 类。对于高土石坝心墙而论，防渗土料的合理选择、填筑标准的合理确定不仅对于经济合理地设计大坝具有十分重要的意义，而且对于保证顺利施工和坝体填筑质量也具有十分重要的意义。

根据文件提供的 33 组试验结果中，塑性指数最大为 19，最小为 9，平均为 12.9。由于施工过程中所检测的土料的塑性指数与招标文件中提供的料场的土料的塑性指数相差较大，承包商曾以业主提供的料场与投标时相比发生了变化为由向业主提出索赔。对于此问题工程师进行认真的分析研究后认为，土料塑性指数的差异：一是由于料场土料发生变化；二是由于不同试验方法引起的。

任务：

(1)塑性指数在大坝心墙料填筑中的主要作用是什么？

(2)测定土料的塑性指数。

❖知识准备❖

在天然状态下，土所表现出的干湿、软硬、疏密等特征，统称为土的物理状态。土的物理状态对土的工程性质影响较大，类别不同的土所表现出的物理状态特征也不同。如无黏性土，其力学性质主要受密实程度的影响；而黏性土则主要受含水率变化的影响。因此，不同类别的土具有不同的物理状态指标。

一、无黏性土的密实状态

无黏性土是具有单粒结构的散粒体。它的密实状态对其工程性质影响很大。密实的砂土，结构稳定，强度较高，压缩性较小，是良好的天然地基；疏松的砂土，特别是饱和的松散粉细砂，结构常处于不稳定状态，容易产生流砂，在振动荷载作用下，可能会发生液化，对工程建筑不利。所以，常根据密实度来判定天然状态下无黏性土层的优劣。

码 6-5　微课-无黏性土的密实程度

无黏性土密实度判别方法如下。

(一)孔隙比判别

判别无黏性土密实度最简便的方法是用孔隙比 e。孔隙比愈小，表示土愈密实；孔隙比愈大，土愈疏松。但由于颗粒的形状和级配对密实度的影响很大，而孔隙比没有考虑颗粒级配这一重要因素的影响，故应用时存有缺陷。为说明这个问题，取两种不同级配的砂土进行分析。如图 6-11 所示，把砂土颗粒视为理想的圆球。图 6-11(a)为均匀级配的砂最紧密的排列，可以算出这时的不均匀系数 $C_u=1.0$、$e=0.35$；图 6-11(b)同样是理想的圆球状砂，但其中除大的圆球外，还有小的圆球可以充填于孔隙中，即不均匀系数 $C_u>1.0$，显然，这种砂最紧密排列时的孔隙比 $e<0.35$。就是说两种级配不同的砂若都具有相同的孔隙比 $e=0.35$，级配均匀的砂已处于最密实的状态，而级配不均匀的砂则达不到最密实；反之，相同密实状态下，级配良好的砂，其孔隙比较小。

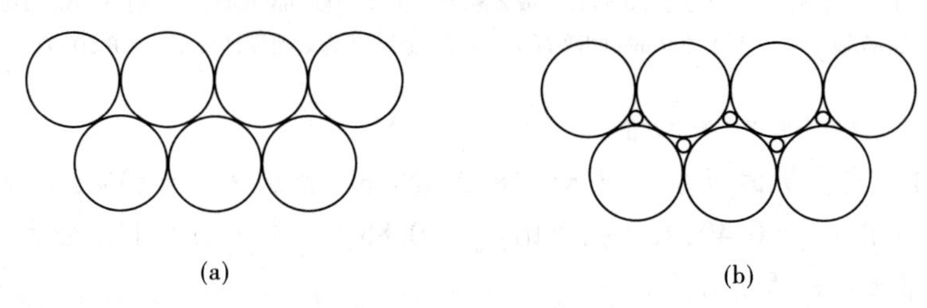

图 6-11　颗粒级配对砂土密实度的影响

（二）相对密实度判别

相对密实度 D_r 是将天然状态的孔隙比 e 与最疏松状态的孔隙比 e_{max} 和最密实状态的孔隙比 e_{min} 进行对比，作为衡量无黏性土密实度的指标，其表达式为：

$$D_r=\frac{e_{max}-e}{e_{max}-e_{min}} \tag{6-32}$$

式中　e_{max}——砂土在最疏松状态的孔隙比；

e_{min}——砂土在最密实状态的孔隙比；

e——砂土在天然状态下的孔隙比。

显然，D_r 越大，土越密实。当 $D_r=0$ 时，表示土处于最疏松状态；当 $D_r=1$ 时，表示土处于最紧密状态。工程中根据相对密实度 D_r，将无黏性土的密实程度划分为密实、中密和疏松三种状态，其标准如下：

$D_r>0.67$　　密实

$0.67\geqslant D_r>0.33$　　中密

$D_r\leqslant 0.33$　　疏松

（三）标准贯入试验判别

标准贯入试验是在现场进行的原位试验。该法是用质量为 63.5 kg 的穿心锤，以 76 cm 的落距将贯入器打入土中 30 cm 时所需要的锤击数作为判别指标，称为标准贯入锤击数 N。显然，锤击数 N 愈大，表明土层愈密实；N 愈小，土层愈疏松。我国《岩土工程勘察规范》（GB 50021—2001）中按标准贯入锤击数 N 划分砂土密实度的标准如表 6-12 所示。

表 6-12　砂土的密实度

密实度	密实	中密	稍密	松散
标准贯入锤击数 N	$N>30$	$30\geqslant N>15$	$15\geqslant N>10$	$N\leqslant 10$

碎石土可以根据标准贯入击数划分为密实、中密、稍密和松散四种密实状态。其划分标准见表 6-13。

表 6-13 碎石土密实野外鉴别方法

重型圆锥动力触探锤击数	$N_{63.5} \leqslant 5$	$5 < N_{63.5} \leqslant 10$	$10 < N_{63.5} \leqslant 20$	$20 < N_{63.5}$
密实度	松散	稍密	中密	密实

注:1. 本表适用于平均粒径小于或等于 50 mm,且最大粒径不大于 100 mm 的卵石、碎石、圆砾、角砾。对于平均粒径大于 50 mm 或最大粒径大于 100 mm 的碎石土,可按《建筑地基基础设计规范》(GB 50007—2011)附录鉴别其密实度。

2. 表内 $N_{63.5}$ 为经综合修正后的平均值。

【例 6-6】 某砂层的天然重度 $\gamma = 18.2\ \text{kN/m}^3$,含水率 $\omega = 13\%$,土粒的比重 $G_s = 2.65$,最小孔隙比 $e_{\min} = 0.40$,最大孔隙比 $e_{\max} = 0.85$。问该土层处于什么状态?

解:(1)求土层的天然孔隙比 e:

$$e = \frac{G_s \gamma_w (1+\omega)}{\gamma} - 1 = \frac{2.65 \times 9.81 \times (1 + 13\%)}{18.2} - 1 = 0.614$$

(2)求相对密实度 D_r:

$$D_r = \frac{e_{\max} - e}{e_{\max} - e_{\min}} = \frac{0.85 - 0.614}{0.85 - 0.40} = 0.524$$

因为 $0.67 > D_r > 0.33$,故该砂层处于中密状态。

二、黏性土的稠度

(一)黏性土的稠度状态

黏性土的物理状态随其含水率的变化而有所不同。所谓稠度,是指黏性土在某一含水率时的稀稠程度或软硬程度。稠度还反映了土粒间的联结强度,稠度不同,土的强度及变形特性也不同。所以,稠度也可以指土对外力引起变形或破坏的抵抗能力。黏性土处在某种稠度时所呈现出的状态,称为稠度状态。

黏性土所表现出的稠度状态,是随含水率的变化而变化的。当土中含水率很小时,水全部为强结合水,此时土粒表面的结合水膜很薄,土颗粒靠得很近,颗粒间的结合水联结很强。因此,当土粒之间只有强结合水时,按水膜厚薄不同,土呈现为坚硬的固态或半固态。随着含水率的增加,土粒周围结合水膜加厚,结合水膜中除强结合水外还有弱结合水,此时,土处于塑态。土在这一状态范围内,具有可塑性,即被外力塑成任意形状而土体表面不发生裂缝或断裂,外力去掉后仍能保持其形变的特性。黏性土只有在塑态时,才表现出可塑性。

当含水率继续增加,土中除结合水外还有自由水时,土粒多被自由水隔开,土粒间的结合水联结消失,土就处于液态。

(二)界限含水率

所谓界限含水率,是指黏性土从一个稠度状态过渡到另一个稠度状态时的分界含水率,也称稠度界限。因此,四种稠度状态之间有三个界限含水率,分别叫作缩限 ω_S、塑限 ω_P 和液限 ω_L,如图 6-12 所示。

1. 缩限 ω_S

缩限是指固态与半固态之间的界限含水率。当含水率小于缩限 ω_S 时,土体的体积不

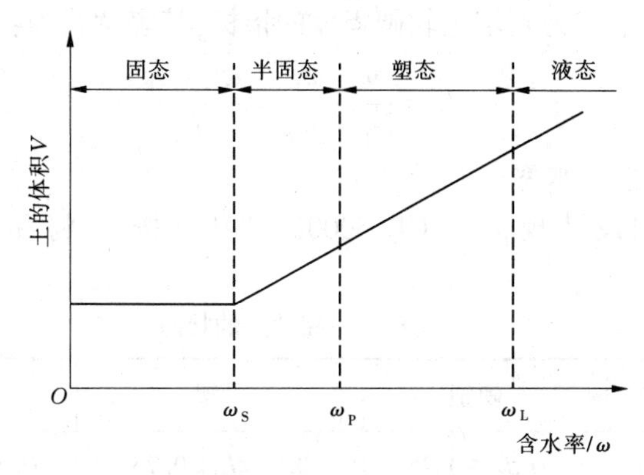

图 6-12　黏性土的稠度状态

随含水率的减小而发生变化；当含水率大于缩限 ω_S 时，土体的体积随含水率的增加而变大。

2. 塑限 ω_P

塑限是指半固态与可塑态之间的界限含水率。也就是可塑态的下限，即含水率小于塑限时，黏性土不具有可塑性。

3. 液限 ω_L

液限是指可塑态与液态之间的界限含水率。也就是黏性土可塑态的上限含水率。

（三）塑性指数与液性指数

1. 塑性指数 I_P

塑性指数 I_P 是指液限与塑限的差值，其表达式为：

$$I_P = \omega_L - \omega_P \tag{6-33}$$

塑性指数习惯上用直接去掉%的数值来表示，如 $\omega_L = 36\%$，$\omega_P = 16\%$，则 $I_P = 36-16 = 20$，通常写为"$I_P = 20$"。

塑性指数表明了黏性土处在可塑状态时含水率的变化范围。它的大小与土的黏粒含量及矿物成分有关，土的塑性指数愈大，说明土中黏粒含量愈多。因为土的黏粒含量愈多，土的比表面积愈大，亲水性愈强，则弱结合水的可能含量愈高，因而土处在可塑状态时含水率变化范围也就愈大，I_P 值也愈大；反之，I_P 值愈小。所以，塑性指数是一个能反映黏性土性质的综合性指数，工程上普遍采用塑性指数对黏性土进行分类和评价。但由于液限测定标准的差别，同一土类按不同标准可能得到不同的塑性指数，即塑性指数相同的土，采用不同的规范标准，得出的土类可能不同。

2. 液性指数 I_L

土的含水率在一定程度上可以说明土的软硬程度。对同一种黏性土来说，含水率越大，土体越软。但是，对两种不同的黏性土来说，即使含水率相同，若它们的塑性指数各不相同，那么这两种土所处的状态就可能不同。例如两土样的含水率均为 32%，对液限为 30%的土样是处于流动状态，而对于液限为 35%的土样来说则是处于可塑状态。因此，只知道土的天然含水率还不能说明土所处的稠度状态，还必须把天然含水率 ω 与这种土的塑限 ω_P 和液限 ω_L 进行比较，才能判定天然土的稠度状态，进而说明土是硬的还是软的。

工程中，用液性指数 I_L 作为判定土软硬程度的指标，其表达式为：

$$I_L = \frac{\omega - \omega_P}{\omega_L - \omega_P} = \frac{\omega - \omega_P}{I_P} \tag{6-34}$$

式中　ω——土的天然含水率。

《建筑地基基础设计规范》(GB 50007—2011)按 I_L 将黏性土的稠度状态划分见表6-14。

表6-14　黏性土的状态

状态	坚硬	硬塑	可塑	软塑	流塑
液性指数	$I_L \leqslant 0$	$0 < I_L \leqslant 0.25$	$0.25 < I_L \leqslant 0.75$	$0.75 < I_L \leqslant 1$	$I_L > 1$

值得注意的是，黏性土的塑限与液限都是将土样经搅拌后测定，此时，土的原状结构已完全破坏。由于液性指数没有考虑土的原状结构对强度的影响，因此用它评价重塑土的软硬状态比较合适，而用于评价原状土的天然稠度状态，往往偏于保守。当天然含水率超过液限时，土并不表现为流动状态。这是因为保持原状结构的天然黏性土，除具有结合水联结外，还存在胶结物联结。当 $\omega > \omega_L$ 且 $I_L > 1$ 时，结合水联结消失了，但胶结物联结仍然存在，这时土仍具有一定的强度。所以，在基础施工中，应注意保护黏土地基的原状结构，以免承载力受到损失。

【例6-7】　从某地基中取原状土样，用76 g圆锥仪测得土的10 mm液限 $\omega_L = 47\%$，塑限 $\omega_P = 18\%$，天然含水率 $\omega = 40\%$。问该地基土处于什么状态？

解：液性指数

$$I_L = \frac{\omega - \omega_P}{\omega_L - \omega_P} = \frac{40 - 18}{47 - 18} = 0.759$$

查《岩土工程勘察规范》(GB 50021—2001)，$0.75 < I_L < 1.0$，土处于软塑状态。

❖技能应用❖

技能5　界限含水率试验

一、试验目的

细粒土由于含水率不同，分别处于流动状态、可塑状态、半固体状态和固体状态。液限是细粒土呈可塑状态的上限含水率；塑限是细粒土呈可塑状态的下限含水率。

试验的目的是测定细粒土的液限、塑限，计算塑性指数，给土分类定名，供设计、施工使用。

二、试验方法和适用范围

(1)土的液塑限试验：采用液塑限联合测定法。

(2)土的塑限试验:采用搓滚法。

(3)土的液限试验:采用碟式仪法。

三、液塑限联合测定法

(一)仪器设备

(1)液塑限联合测定仪:如图 6-13 所示,包括带标尺的圆锥仪、电磁铁、显示屏、控制开关和试样杯。圆锥仪质量 76 g,锥角 30°。

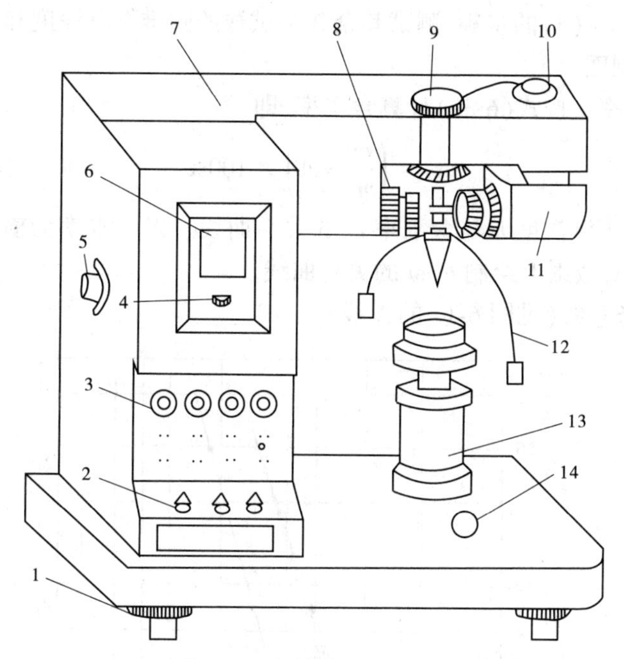

1—水平调节螺丝;2—控制开关;3—指示灯;4—零线调节螺钉;5—反光镜调节螺钉;6—屏幕;7—机壳;8—物镜调节螺钉;9—电池装置;10—光源调节螺钉;11—光源;12—圆锥仪;13—升降台;14—水平泡。

图 6-13　光电式液塑限联合测定仪结构

(2)试样杯:直径 40~50 mm,高 30~40 mm。

(3)天平:称量 200 g,分度值 0.01 g。

(4)筛:孔径 0.5 mm。

(5)其他:调土刀、不锈钢杯、凡士林、称量盒、烘箱、干燥器等。

(二)操作步骤

液塑限联合试验,原则上采用天然含水率的土样制备试样,但也允许采用风干土制备试样。

(1)当采用天然含水率的土样时,应剔除粒径大于 0.5 mm 的颗粒,然后分别按接近液限、塑限和两者之间状态制备不同稠度的土膏,静置湿润。静置时间可视原含水率的大小而定。当采用风干土样时,取过 0.5 mm 筛的代表性土样约 200 g,分成 3 份,分别放入 3 个盛土皿中,加入不同数量的纯水,使分别接近液限、塑限和两者中间状态的含水率,调成均匀土膏,然后放入密封的保湿缸中,静置 24 h。

(2)将制备好的土膏用调土刀调拌均匀,密实地填入试样杯中,应使空气逸出。高出试样杯的余土用刮土刀刮平,将试样杯放在仪器底座上。

(3)取圆锥仪,在锥体上涂一薄层凡士林,接通电源,使电磁铁吸稳圆锥仪。

(4)调节屏幕准线,使初读数为零。调节升降座,使圆锥仪锥角接触试样面,指示灯亮时圆锥在自重下沉入试样内,经5 s后立即测读圆锥下沉深度。

(5)取下试样杯,挖去锥尖入土处的润滑油脂,取锥体附近的试样不得少于10 g放入称量盒内称量,精确至0.01 g,测定含水率(做平行试验)。

(6)按以上(2)~(5)的步骤,测试其余2个试样的圆锥下沉深度和含水率。

(三)计算与制图

(1)计算含水率。按式(6-35)计算含水率,即

$$\omega=\left(\frac{m}{m_s}-1\right)\times 100\% \tag{6-35}$$

(2)绘制圆锥下沉深度 h 与含水率 ω 的关系曲线。以含水率为横坐标,圆锥下沉深度为纵坐标,在双对数纸上绘制 h-ω 的关系曲线。

①三点连一条直线(见图6-14的 A 线);

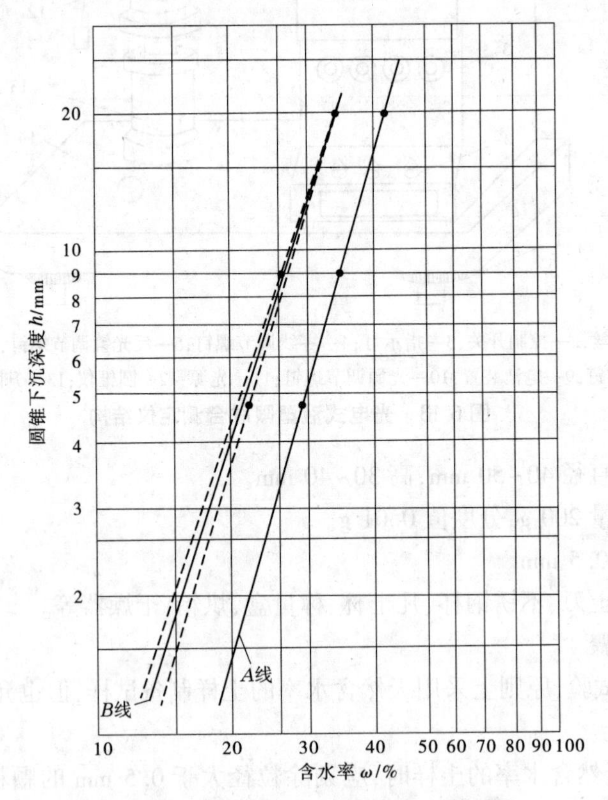

图6-14　圆锥下沉深度 h 与含水率 ω 关系图

②当三点不在一直线上时,通过高含水率的一点分别与其余两点连成两条直线,在圆锥下沉深度为2 mm处查得相应的含水率,当两个含水率的差值小于2%,应以该两点含

水率的平均值与高含水率的点连成一线(见图 6-14 的 B 线)。

③当两个含水率的差值大于或等于 2%时,应补做试验。

(3)确定液限、塑限。在圆锥下沉深度 h 与含水率 ω 关系图(见图 6-14)上,查得下沉深度为 17 mm 所对应的含水率为液限 ω_L,由图 6-14 查得下沉深度为 2 mm 所对应的含水率为塑限 ω_P,以百分数表示,取整数。

(4)计算塑性指数和液性指数:塑性指数和液性指数分别按式(6-33)和式(6-34)计算。

(5)按规范规定确定土的名称。

(四)试验记录

本试验记录如表 6-15 所示。

表 6-15　液塑限联合试验记录

工程名称＿＿＿＿＿＿　　土样说明＿＿＿＿＿＿　　试验日期＿＿＿＿＿＿
试 验 者＿＿＿＿＿＿　　计 算 者＿＿＿＿＿＿　　校 核 者＿＿＿＿＿＿

试样编号	
圆锥下沉深度 h/mm	
盒号	
盒质量/g	
盒+湿土质量/g	
盒+干土质量/g	
湿土质量/g	
土质量/g	
水的质量/g	
含水率 ω/%	
平均含水率/%	
液限 ω_L/%	
塑限 ω_P/%	
塑性指数 I_P	
液性指数 I_L	
土的名称	

任务三　土方工程压实检测

❖引例❖

思政案例 6-4

水布垭混凝土面板堆石坝为目前世界上最高的面板堆石坝，坝顶高程 409 m，坝轴线长 660 m，最大坝高 233 m，坝顶宽度 12 m，防浪墙顶高程 410.4 m，墙高 5.4 m。大坝上游坝坡 1∶1.4，下游平均坝坡 1∶1.4。坝体填筑分为七个填筑区，从上游到下游分别为盖重区（$Ⅰ_B$）、粉细砂铺盖区（$Ⅰ_A$）、垫层区（$Ⅱ_A$）、过渡区（$Ⅲ_A$）、主堆石区（$Ⅲ_B$）、次堆石区（$Ⅲ_C$）和下游堆石区（$Ⅲ_D$），大坝填筑量（包括上游铺盖）共 1 563.74 万 m^3。

填筑料碾压试验包括坝料和围堰填筑碾压试验。对不同的填筑料的铺料方法、铺料厚度和压实厚度、碾压机具、碾压遍数、行车速度、加水量、压实前后的级配和渗透系数、孔隙率、干容重提出试验结果。

对各类上坝填筑料进行颗粒级配分析试验，并对填筑施工中填料洒水量、碾压方式、碾压速度、碾压遍数等施工工艺及参数进行检查。每一填筑单元碾压后，采用试坑灌水法对填料进行抽样检查试验，测定填料的干密度、含水率、孔隙率、颗粒级配等。

各种填筑料抽样检查频次及试验项目见表 6-16。

表 6-16　填筑料抽样检查频次及试验项目

坝料类别及部位		试验项目	取样试验频次
垫层料	水平	颗粒级配、干密度、含水率、孔隙率	1 次/(1 500~3 000) m^3
	斜坡	颗粒级配、干密度、含水率、孔隙率	1 次/(3 000~5 000) m^3
过渡料		颗粒级配、干密度、含水率、孔隙率、渗透系数	1 次/(6 000~10 000) m^3
主堆石料		颗粒级配、干密度、含水率、孔隙率	1 次/(30 000~50 000) m^3
次堆石料		颗粒级配、干密度、含水率、孔隙率	1 次/(50 000~80 000) m^3
下游堆石料		颗粒级配、干密度、含水率、孔隙率	1 次/(100 000~120 000) m^3

任务：

(1) 坝体压实参数有哪些？

(2) 如何确定土方工程压实参数？

(3) 如何通过压实参数控制压实质量？

❖知识准备❖

在工程建设中，常用土料填筑土堤、土坝、路基和地基等，为了提高填土的强度、增加土的密实度、减小压缩性和渗透性，一般都要经过压实。压实的方法很多，可归结为碾压、夯实和振动三类。大量的实践证明,在对黏性土进行压实时,土太湿或太干都不能被较好压实,只有当含水率控制为某一适宜值时,压实效果才能达到最佳。黏性土在一定的压实功能下,达到最密时的含水率,称为最优含水率,用 ω_{op} 表示,与其对应的干密度则称为最大干密度,用 ρ_{dmax} 表示。因此,为了既经济又可靠地对土体进行碾压或夯实,必须要研究土的这种压实特性,即土的击实性。

一、击实试验和击实曲线

研究土的击实性,需做击实试验。根据试验的结果,经计算整理,可绘制出干密度与含水率之间的关系曲线,即击实曲线(见图 6-15)。

码 6-6　微课-击实试验

击实曲线反映出土的击实特性如下:

(1)对于某一土样,在一定的击实功能作用下,只有当土的含水率为某一适宜值时,土样才能达到最密实。因此在击实曲线上就反映出有一峰值,峰点所对应的纵坐标值为最大干密度 ρ_{dmax},对应的横坐标值为最优含水率 ω_{op}。据研究,黏性土的最优含水率与塑限有关,大致为 $\omega_{op}=\omega_P+2\%$。

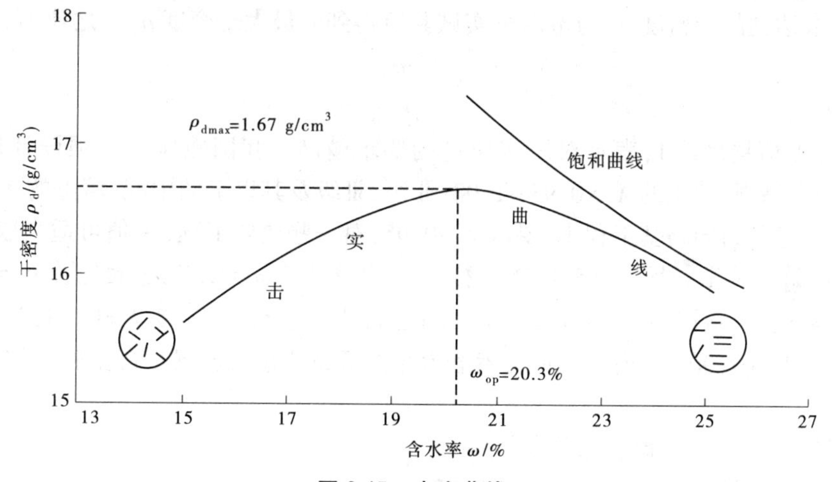

图 6-15　击实曲线

(2)土在击实过程中,通过土粒的相互位移,很容易将土中气体挤出;但要挤出土中水分来达到击实的效果,对于黏性土来说,不是短时间的加载所能办到的。因此,人工击实不是挤出土中水分而是挤出土中气体来达到击实目的的。同时,当土的含水率接近或大于最优含水率时,土孔隙中的气体越来越处于与大气不连通的状态,击实作用已不能将其排出土体之外。所以,击实土不可能被击实到完全饱和状态,击实曲线必然位于饱和曲线的左侧而不可能与饱和曲线相交。试验证明,一般黏性土在其最佳击实状态下(击实曲线峰值),其饱和度为 80%(见图 6-16)。

(3)当含水率低于最优含水率时,干密度受含水率变化的影响较大,即含水率变化对干密度的影响在偏干时比偏湿时更加明显,因此击实曲线的左段(低于最优含水率)比右段的坡度陡。

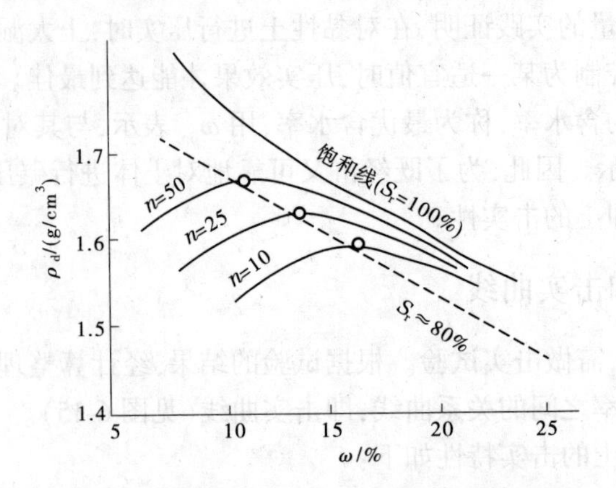

图 6-16　土的含水率、干密度和击实功关系曲线

二、土的压实度

在工程实践中，常用土的压实度来直接控制填土的工程质量。压实度的定义是：工地压实时要求达到的干密度 ρ_d 与室内击实试验所得到的最大干密度 ρ_{dmax} 之比值，即

$$\lambda = \frac{\rho_d}{\rho_{dmax}} \tag{6-36}$$

可见，λ 值越接近 1，表示对压实质量的要求越高。我国碾压土石坝设计规范中规定：Ⅰ级坝和高坝，填土的 $\lambda = 0.98 \sim 1.00$；Ⅱ级、Ⅲ级及其以下的中坝，填土的 $\lambda = 0.96 \sim 0.98$。在高速公路的路基工程中，要求 $\lambda > 0.95$，对一些次要工程，λ 值可适当取小些。

【例 6-8】　某土料场土料为低液限黏土，天然含水率 $\omega = 21\%$，土粒比重 $G_s = 2.70$，室内标准击实试验得到最大干密度 $\rho_{dmax} = 1.85\ g/cm^3$。设计取压实度 $\lambda = 0.95$，并要求压实后土的饱和度 $S_r \leqslant 90\%$。问土料的天然含水率是否适于填筑？碾压时土料应控制多大的含水率？

解：(1)求压实后土的孔隙体积。

填土的干密度 $\rho_d = \rho_{dmax} \times \lambda = 1.85 \times 0.95 = 1.76(g/cm^3)$

绘制土的三相图(见图 6-17)，并设 $V_s = 1\ cm^3$。

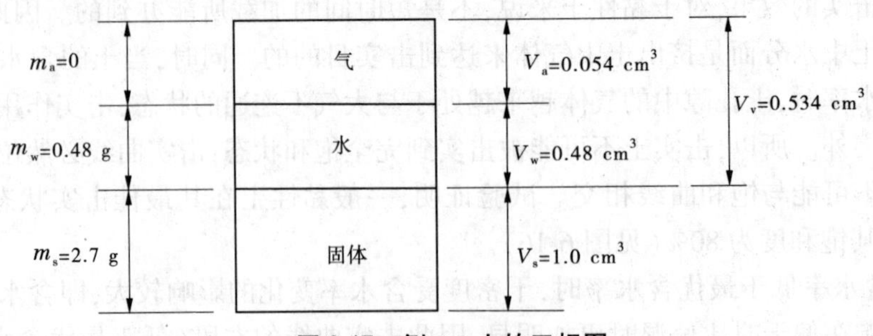

图 6-17　例 6-8 土的三相图

由 $G_s=\frac{m_s}{V_s\rho_w}$，$m_s=G_sV_s\rho_w=2.70\times1\times1=2.70(g)$

由 $\rho_d=\frac{m_s}{V}$，$V=\frac{m_s}{\rho_d}=\frac{2.7}{1.76}=1.534(cm^3)$

则 $V_v=V-V_s=1.534-1=0.534(cm^3)$

(2)求压实时的含水率。

根据题意，按饱和度 $S_r=0.9$ 控制含水率，则由 $S_r=\frac{V_w}{V_v}$ 得

$$V_w=S_r\times V_v=0.9\times0.534=0.48(cm^3)$$

$$m_w=\rho_w\times V_w=0.48(g)$$

则压实时的含水率：

$$\omega=\frac{m_w}{m_s}\times100\%=\frac{0.48}{2.70}\times100\%=17.8\%<21\%$$

即碾压时的含水率应控制在18%左右。料场土料的含水率高3%，不适于直接填筑，应进行翻晒处理。

三、影响土击实效果的因素

影响土压实性的因素很多，主要有含水率、击实功能、土的种类和级配以及粗粒含量等，现分别叙述如下。

(一)含水率的影响

如果用同一种土料，在不同的含水率下，用同一击数将它们分层击实，就能得到一条含水率 ω 与相应干密度 ρ_d 关系曲线，如图6-15所示。由图6-15可见，当含水率较低时，击实后的干密度随含水率的增加而增大。而当干密度增大到某一值后，含水率的继续增加反导致干密度的减小。干密度的这一最大值称为该击数下的最大干密度 ρ_{damx}，与它对应的含水率称为最优含水率 ω_{op}。这就是说，当击数一定时，只有在某一含水率下才获得最佳的击实效果。击实曲线的这种特征被解释为黏性土在含水率低时，土粒表面的吸着水层薄，击实过程中粒间电作用力以引力占优势，土粒相对错动困难，并趋向于形成任意排列，干密度就低。随着含水率的增加，吸着水层增厚，击实过程中粒间斥力增大，土粒易于错动，因此土粒定向排列增多，干密度相应地增大。当含水率超过某一值后，虽仍能使粒间引力减小，但此时空气以封闭气泡的形式存在于土体内，击实时气泡体积暂时减小，而很大一部分击实功能却由孔隙气承担，转化为孔隙压力，粒间所受的力减小，击实仅能导致土粒更高程度的定向排列，而土体几乎不发生永久的体积变化。因而，干密度反随含水率的增加而减小。

(二)击实功能的影响

在实验室内击实功能是用击数来反映的。如果用同一种土料在不同含水率下分别用不同击数进行击实试验，就能得到一组随击数而异的含水率与干密度关系曲线，如图6-18所示。

由图6-18可见：

(1)土料的最大干密度和最优含水率不是常数。最大干密度随击数的增加而逐渐增大;反之,最优含水率逐渐减小。然而,这种增大或减小的速率是递减的。因此,光靠增加击实功能来提高土的最大干密度是有一定限度的。

(2)当含水率较低时击数的影响较显著。当含水率较高时,含水率与干密度关系曲线趋近于饱和线,也就是说,这时提高击实功能是无效的。

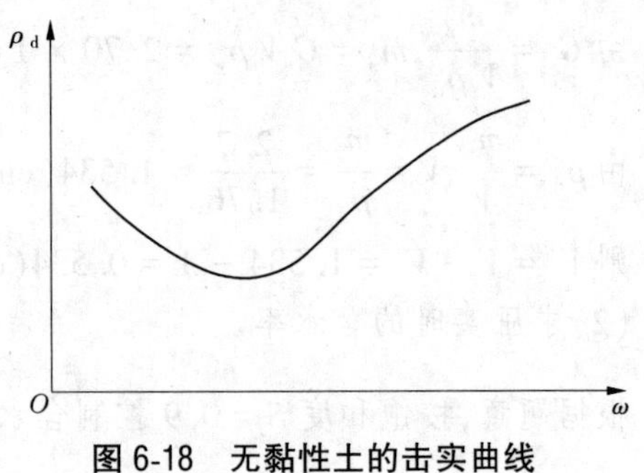

图 6-18 无黏性土的击实曲线

还应指出,填料的含水率过高或过低都是不利的。含水率过低,填土遇水后容易引起湿陷;过高又将恶化填土的其他力学性质。因此,在实际施工中填土的含水率控制得当与否,不仅涉及经济效益,而且影响到工程质量。

(三)土类和级配的影响

试验表明,在相同击实功能下,黏性土的黏粒含量愈高或塑性指数愈大,压实愈困难,最大干密度愈小,最优含水率愈大。这是由于在相同含水率下,黏粒含量一高,吸着水层就薄,击实过程中土粒错动就困难的缘故。

然而,对无黏性土而言,含水率对压实性的影响虽不像黏性土那样敏感,但还是有影响的。图 6-18 是无黏性土的击实试验结果。可以看出,它的击实曲线与黏性土的不同。含水率近于零,它有较高的干密度。可是,在某一较小的含水率,却出现最低的干密度。这被认为是由于假黏聚力的存在,击实过程中一部分击实功能消耗在克服这种假黏聚力上而造成的。随着含水率的增加,假黏聚力逐渐消失,就得到较高的干密度。因此,在无黏性土的实际填筑中,通常需要不断洒水使其在较高含水率下压实。顺便指出,无黏性土的填筑标准,通常是用相对密实度来控制的,一般不进行击实试验。对于土石坝,无黏性填料的相对密实度要求不低于 0.70~0.75。在地震区,要求不低于 0.75~0.85。

在同一土类中,土的级配对它的压实性影响很大。级配均匀的,压实干密度要比不均匀的低,这是因为在级配均匀的土内较粗土粒形成的孔隙很少由细土粒去充填。而级配不均匀的土则相反有足够的细土粒去充填,因而能获得较高的干密度。

(四)粗粒含量的影响

上面提到,在轻型击实试验中,允许试样的最大粒径不大于 5 mm。当土内含有粒径大于 5 mm 的土粒时,常剔除后进行试验。这样,由试验测得的最大干密度和最优含水率必与实际土料在相同击实功能下的最大干密度和最优含水率不同。但当土内粒径大于 5 mm 的土粒含量不超过 25%~30%(土粒浑圆时,容许达到 30%;土粒呈片状时,容许达 25%)时,可认为土内粗土粒可均匀分布在细土粒之内,同时细土粒达到了它的最大干密度。于是,实际土料的最大干密度和最优含水率可通过下式直接算得。

最大干密度:

$$\rho'_{dmax} = \frac{1}{\frac{1-P_5}{\rho_{dmax}} - \frac{P_5}{\rho_w G_{s5}}} \tag{6-37}$$

式中　ρ_{dmax}——粒径小于 5 mm 土料的最大干密度；

ρ'_{dmax}——相同击实功能下实际土料的最大干密度；

P_5——粒径大于 5 mm 的土粒含量；

G_{s5}——粒径大于 5 mm 的土粒干相对密度(实际上由粗土粒的质量除以它的饱和面干体积求得)。

最优含水率：

$$\omega'_{op} = \omega_{op}(1-P_5) + \omega_{ab}P_5 \tag{6-38}$$

式中　ω_{op}——粒径小于 5 mm 土料的最优含水率；

ω'_{op}——相同击实功能下实际土料的最优含水率；

ω_{ab}——粒径大于 5 mm 土粒的吸着含水率；

其余符号意义同上。

室内试验用来模拟工地压实是一种半经验的方法。根据我国新中国成立以来的工程实践和现有压实机械的能力,碾压式土坝设计规范规定:黏性土填料的设计填筑干密度应按压实度确定,其定义为

$$P = \frac{\rho_{ds}}{\rho_{dmax}} \tag{6-39}$$

式中　P——填料的压实度；

ρ_{ds}——填料的设计填筑干密度；

ρ_{dmax}——击实试验求得的最大干密度。

对Ⅰ、Ⅱ级坝和高坝,压实度应不低于 0.96~0.99;对其他级别的坝,应不低于 0.93~0.96。填筑含水率一般就控制在最优含水率附近,其上、下限偏离最优含水率不超过 2%~3%以便获得最佳的压实效果。对于大型和重要工程,由室内击实试验确定的填筑标准还应通过工地碾压试验进行校核,并确定最经济的碾压参数(如碾压机具重量、铺土厚度、碾压遍数和行车速率等),或根据工地条件对室内试验提供的填筑标准进行适当修正后,作为实际施工控制的填筑标准。

❖技能应用❖

技能 6　击实试验

一、试验目的

用标准的击实方法,测定土的密度与含水率的关系,从而确定土的最大干密度和最优含水率。

二、击实试验方法种类

在实验室内进行击实试验,是研究土压实性的基本方法,是填土工程施工不可缺少的重要试验项目。土的击实试验分轻型击实试验和重型击实试验两类,表 6-17 列出了我国国标《土工试验方法标准》(GB/T 50123—2019)的击实试验方法和仪器设备的主要技术指标。具体选用应根据工程实际情况而定。我国以往采用轻型击实试验比较多,水库堤防、铁路路基填土均采用轻型击实,而高等级公路填土和机场跑道等一般要采用重型击实。

表 6-17　击实试验方法种类规格表

<table>
<tr><th rowspan="2">试验方法</th><th rowspan="2">锤底直径/mm</th><th rowspan="2">锤质量/kg</th><th rowspan="2">落高/mm</th><th colspan="3">击实筒尺寸</th><th rowspan="2">护筒高度/mm</th><th rowspan="2">层数</th><th rowspan="2">每层击数</th><th rowspan="2">锤击能/(kJ/m^3)</th><th rowspan="2">最大粒径/mm</th></tr>
<tr><th>内径/mm</th><th>筒高/mm</th><th>容积/cm^3</th></tr>
<tr><td rowspan="2">轻型</td><td rowspan="5">51</td><td rowspan="2">2.5</td><td rowspan="2">305</td><td>102</td><td rowspan="5">116</td><td>947.4</td><td rowspan="5">≥50</td><td rowspan="4">3</td><td>25</td><td rowspan="2">592.2</td><td rowspan="2">5</td></tr>
<tr><td>152</td><td>2 103.9</td><td>56</td></tr>
<tr><td rowspan="3">重型</td><td rowspan="3">4.5</td><td rowspan="3">457</td><td>102</td><td>947.4</td><td>42</td><td rowspan="3">2 684.9</td><td rowspan="3">20</td></tr>
<tr><td rowspan="2">152</td><td rowspan="2">2 103.9</td><td>94</td></tr>
<tr><td>5</td><td>56</td></tr>
</table>

三、仪器设备

目前我国室内击实试验仪有手动操作与电动自动操作两类,其所用的主要仪器设备有:

(1)击实仪。符合现行国家标准《土工试验仪器　击实仪》(GB/T 22541—2008)的规定,由击实筒(见图 6-19)、击锤(见图 6-20)和护筒组成;其击实筒、击锤和护筒等主要部件的尺寸规定见表 6-17。

(2)天平:称量 200 g,分度值 0.01 g。

(3)台秤:称量 10 kg,分度值 1 g。

(4)标准筛:孔径为 20 mm 和 5 mm 标准筛。

(5)试样推出器:宜用螺旋式千斤顶或液压式千斤顶,如无此类装置,也可用刮刀和修土刀从击实筒中取出试样。

(6)其他:烘箱,喷水设备,碾土设备,盛土器,修土刀和保湿设备等。

四、操作步骤

(一)试样制备

试样制备分为干法制备和湿法制备,根据工程要求选用轻型、重型试验方法,根据试验土的性质选用干法、湿法制备。

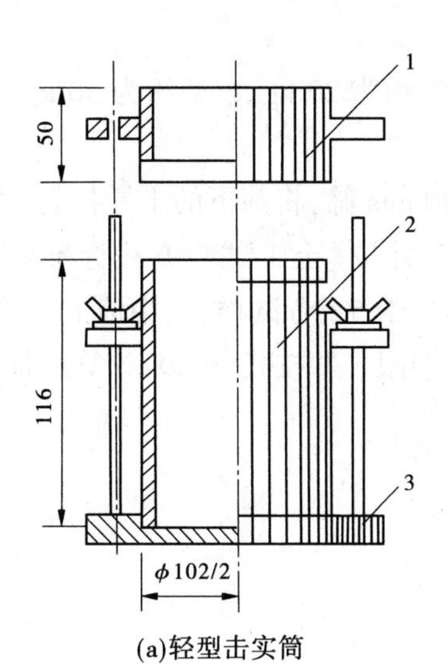

(a)轻型击实筒

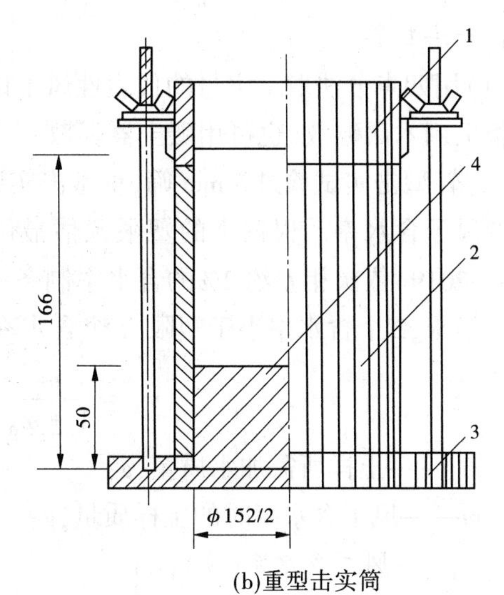

(b)重型击实筒

1—护筒;2—击实筒;3—底板;4—垫块。

图 6-19　击实筒　(单位:mm)

(a)2.5 kg击锤　　(b)4.5 kg击锤

1—提手;2—导筒;3—硬橡皮垫;4—击锤。

图 6-20　击锤与导筒　(单位:mm)

1. 干法制备

(1)用四点分法取一定量的代表性风干试样(轻型约为 20 kg,重型约为 50 kg),放在橡皮板上用木碾碾散(也可用碾土器碾散)。

(2)轻型击实试验过 5 mm 筛,重型击实试验过 20 mm 筛,将筛下的土样拌匀,并测定土样的风干含水率。根据土的塑限预估最优含水率,并按《土工试验方法标准》(GB/T 50123—2019)依次相差约 2%的含水率制备一组(不少于 5 个)试样,其中应有 2 个含水率大于塑限,2 个含水率小于塑限,1 个含水率接近于塑限。并按式(6-40)计算应加水量。

$$m_w = \frac{m}{1 + \omega_0} \times (\omega - \omega_0) \tag{6-40}$$

式中 m_w——土样所需加水质量,g;

m——风干含水率时的土样质量,g;

ω_0——风干含水率(%);

ω——土样所要求的含水率(%)。

(3)将一定量的土样平铺于不吸水的盛土盘内,其中轻型击实取土样约 2.5 kg,重型击实取土样约 5.0 kg,按预定含水率用喷水设备往土样上均匀喷洒所需加水量,拌匀并装入塑料袋内或密封于盛土器内静置备用。静置时间分别为:高液限黏土不得少于 24 h,低液限黏土可酌情缩短,但不应少于 12 h。

2. 湿法制备

取天然含水率的代表性土样(轻型为 20 kg,重型为 50 kg)碾散,分别按重型击实和轻型击实的要求过筛,将筛下的天然含水率土样拌匀,并测定试样的含水率,分别风干或加水到所要求的不同含水率。应使制备好的试样水分均匀分布。

(二)试样击实步骤

(1)将击实仪平稳置于刚性基础上,击实筒内壁和底板涂一薄层润滑油,连接好击实筒与底板,安装好护筒。检查仪器各部件及配套设备的性能是否正常,并做好记录。

(2)从制备好的一份试样中称取一定量土料,分 3 层或 5 层倒入击实筒内并将土面整平,分层击实;工程检测中的击实试验一般遵循以下原则:

①对于轻型击实试验,分 3 层击实,每层土料的质量为 600~800 g(其量应使击实后的试样高度略高于击实筒的 1/3),每层 25 击。

②对于重型击实试验,分 5 层击实,每层土料的质量宜为 900~1 100 g(其量应使击实后的试样高度略高于击实筒的 1/5),每层 56 击。

击实后的每层试样高度应大致相等,两层交接面的土面应刨毛。击实完成后,超出击实筒顶的试样高度(余土高度)应小于 6 mm。

(3)用修土刀沿护筒内壁削挖后,扭动并取下护筒,测出超高(应取多个测值平均,精确至 0.1 mm)。沿击实筒顶部细心修平试样,拆除底板。如试样底面超出筒外,亦应修平。擦净筒外壁,称筒与试样的总质量,精确至 1 g,并计算试样的湿密度。

(4)用推土器从击实筒内推出试样,从试样中心处取 2 个一定量土料(细粒土为 15~

30 g,含粗粒土为50~100 g)平行测定土的含水率,称量精确至0.01 g,含水率的平行误差不得超过±1%。

(5)重复上述步骤,对其余不同含水率的试样依次击实测定。

五、成果整理

(一)计算

(1)按式(6-41)计算击实后各试样的含水率:

$$\omega = \left[\frac{m}{m_d} - 1\right] \times 100\% \tag{6-41}$$

式中　ω——含水率(%);

m——湿土质量,g;

m_d——干土质量,g。

(2)按式(6-42)计算击实后各试样的干密度:

$$\rho_d = \frac{\rho}{1 + \omega} \tag{6-42}$$

式中　ρ_d——干密度,g/cm³;

ρ——湿密度,g/cm³;

ω——含水率(%)。

密度计算至0.01 g/cm³。

(3)按式(6-43)计算土的饱和含水率:

$$\omega_{sat} = \left[\frac{\rho_w}{\rho_d} - \frac{1}{G_s}\right] \times 100\% \tag{6-43}$$

式中　ω_{sat}——饱和含水率(%);

G_s——土粒比重;

ρ_d——土的干密度,g/cm³;

ρ_w——水的密度,g/cm³。

(二)制图

(1)以干密度为纵坐标,含水率为横坐标,绘制干密度与含水率的关系曲线图。曲线上峰值点的纵、横坐标分别代表土的最大干密度和最优含水率,如图6-21所示,如果曲线不能给出峰值点,应进行补点试验或重做试验。击实试验一般不宜重复使用土样,以免影响准确性(重复使用土样会使最大干密度偏高)。

(2)按式(6-43)计算数个干密度下土的饱和含水率。在图6-21上绘制饱和曲线。

六、试验记录

本试验记录如表6-18所示。

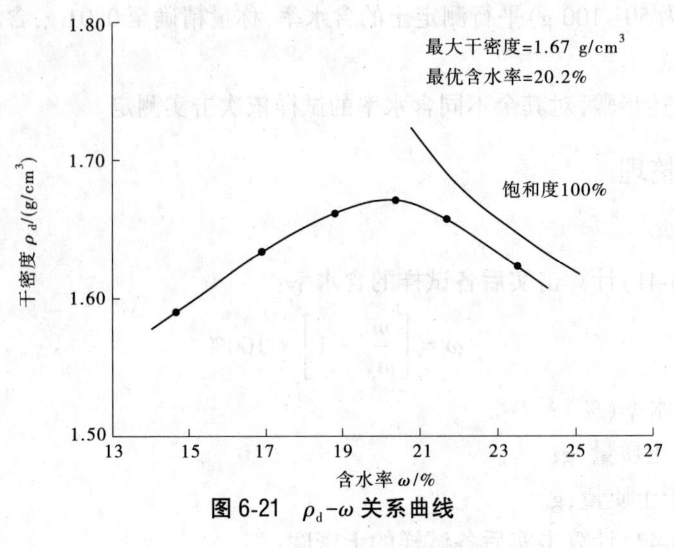

图 6-21 ρ_d-ω 关系曲线

表 6-18 击实试验记录

工程名称__________ 试验者__________
土样编号__________ 计算者__________
试验日期__________ 校对者__________

土粒相对密度__________ 土样说明__________ 试验仪器__________
土样类别__________ 每层击数__________
风干含水率__________% 估计最优含水率__________%

	试验点号	1		2		3		4		5		6		7	
干密度	筒湿土质量/g														
	筒质量/g														
	湿土质量/g														
	筒体积/cm³														
	湿密度/(g/ cm³)														
	干密度/(g/ cm³)														
含水率	盒号														
	盒加湿土质量/g														
	盒加干土质量/g														
	盒质量/g														
	水质量/g														
	干土质量/g														
	含水率/%														
	平均含水率/%														

七、注意事项

(1)击实仪、天平和其他计量器具应按有关检定规程进行检定。

(2)击实筒应放在坚硬的地面上(如混凝土地面),击实筒内壁和底板均需要涂一薄层润滑油(如凡士林)。

(3)击实仪的击锤应配导筒,击锤与导筒间应有足够的间隙使锤能自由下落。电动操作的击锤在试验前、后应对仪器的性能(特别对落距跟踪装置)进行检查并做记录。

(4)击实一层后,用刮土刀把土样表面刮毛,使层与层之间压密。应控制击实筒余土高度小于 6 mm,否则试验无效。

(5)检查击实试验曲线是否在饱和曲线左侧,且击实曲线的右边部分是否与饱和曲线接近平行。

(6)使用电动击实仪,须注意安全。打开仪器电源后,手不能接触击实锤。

任务四　土的工程分类

❖引例❖

洋河水库拦河坝加固工程中,砂砾卵石混合料是使用量最多的一种土料,用于坝体坝基、下游护坡垫层、上游护坡垫层、坝体代替、坝顶路基础和坝下游排水沟反滤层等部位。这种砂砾卵石混合料的形成主要是由于河流上游洪水、枯水的交替变化,经过先后两次沉积或冲击而形成的粗细两种料的混合体。

根据现场勘察、大型野外碾压试验,并结合室内振动台试验成果,可以将砂砾卵石混合料场划分为两大区域,即以 31#、34#、37#坑为代表的较粗类砂砾卵石混合料和以 22#、25#坑为代表的较细类砂砾卵石混合料,34#和 37#坑控制范围内的较粗砂砾卵石混合料。

任务:根据规范对土进行分类定名。

❖知识准备❖

在实际工程中会遇到各种各样的土。在不同的环境里形成的土,其成分和工程性质变化很大。对土进行工程分类的目的就是根据工程实践经验,将工程性质相近的土归成一类并予以定名,以便于对土进行合理的评价和研究,又能使工程技术人员对土有一个共同的认识,利于经验交流。

码 6-7　微课-土的工程分类

土的分类法有两大类:一类是实验室分类法,该分类方法主要是根据土的颗粒级配及塑性等进行分类,常在工程技术设计阶段使用;另一类是目测法,是在现场勘察中根据经验和简易的试验,根据土的干强度、含水率、手捻感觉、摇振反应和韧性等,对土进行简易分类。本节主要介绍实验室分类法。

目前,我国使用的土名和土的室内分类方法并不统一。这是由于各类工程的特点不同,工程中对土的某些工程性质的重视程度和要求并不完全相同,制定分类标准时的着眼点、侧重面也就不同,加上长期的经验和习惯,形成了不同分类体系。有时即使在同一行业中,不同的规范之间也存在着差异。为了适应各种不同行业技术工作的需要,本书将介绍国标《土的工程分类标准》(GB/T 50145—2007)。

对同样的土如果采用不同的规范分类，定出的土名可能会有差别。所以，在使用规范时必须先确定工程所属行业，根据有关行业规范，确定建筑物地基土的工程分类。

一、国标《土的工程分类标准》(GB/T 50145—2007)分类法

(一)土的粒组划分

按 GB/T 50145—2007 分类法，土的分类应根据下列指标确定：①土颗粒组成及其特征；②土的塑性指标：塑限 ω_P、液限 ω_L 和塑性指数 I_P；③土中有机质含量。土按其不同粒组的相对含量可划分为巨粒类土、粗粒类土和细粒类土，土的粒组应根据表 6-19 规定的土颗粒粒径范围划分。

表 6-19　粒组划分

粒组	颗粒名称		粒径 d 的范围/mm
巨粒	漂石(块石)		$d>200$
	卵石(碎石)		$60<d<200$
粗粒	砾粒	粗砾	$20<d\leqslant 60$
		中砾	$5<d\leqslant 20$
		细砾	$2<d\leqslant 5$
	砂粒	粗砂	$0.5<d\leqslant 2$
		中砂	$0.25<d\leqslant 0.5$
		细砂	$0.075<d\leqslant 0.25$
细粒	粉粒		$0.005<d\leqslant 0.075$
	黏粒		$d\leqslant 0.005$

注：1. 巨粒类土应按粒组划分；

2. 粗粒类土应按粒组、级配、细粒土含量划分；

3. 细粒类土应按塑性图、所含粗粒类别以及有机质含量划分。

土颗粒级配特征应根据土的不均匀系数 C_u 和曲率系数 C_c 确定。细粒土塑性图分类见图 6-22。

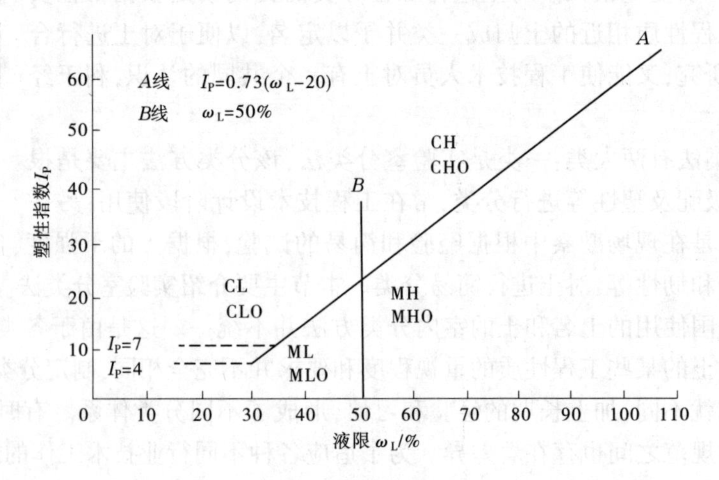

图 6-22　塑性图

(二)巨粒类土的分类

(1)巨粒类土的分类应符合表 6-20 的规定。

表 6-20　巨粒类土的分类

土类	粒组含量		土类代号	土类名称
巨粒土	巨粒含量>75%	漂石含量大于卵石含量	B	漂石(块石)
		漂石含量不大于卵石含量	Cb	卵石(碎石)
混合巨粒土	50%<巨粒含量≤75%	漂石含量大于卵石含量	BSI	混合土漂石(块石)
		漂石含量不大于卵石含量	CbSI	混合土卵石(块石)
巨粒混合土	15%<巨粒含量≤50%	漂石含量大于卵石含量	SIB	漂石(块石)混合土
		漂石含量不大于卵石含量	SICb	卵石(碎石)混合土

注:巨粒混合土可根据所含粗粒或细粒的含量进行细分。

(2)试样中巨粒组含量不大于 15%时,可扣除巨粒,按粗粒类土或细粒类土的相应规定分类;当巨粒对土的总体性状有影响时,可将巨粒计入砾粒组进行分类。

(3)试样中粗粒组含量大于 50%时的土称粗粒组类,其分类应符合下列规定:

①砾粒组含量大于砂粒组含量的土称砾类土;

②砾粒组含量不大于砂粒组含量的土称砂类土。

(三)砾类土的分类

砾类土的分类应符合表 6-21 的规定。

表 6-21　砾类土的分类

土类	粒组含量		土类代号	土类名称
砾	细粒含量<5%	级配 $C_u \geqslant 5, 1 \leqslant C_c \leqslant 3$	GW	级配良好砾
		级配,不同时满足上述要求	GP	级配不良砾
含细粒土砾	5%≤细粒含量<15%		GF	含细粒土砾
细粒土质砾	15%≤细粒含量<50%	细粒组中粉粒含量不大于 50%	GC	黏土质砾
		细粒组中粉粒含量大于 50%	GM	粉土质砾

(四)砂类土的分类

砂类土的分类应符合表 6-22 的规定。

表 6-22　砂类土的分类

土类	粒组含量		土类代号	土类名称
砂	细粒含量<5%	级配 $C_u \geqslant 5, 1 \leqslant C_c \leqslant 3$	SW	级配良好砂
		级配,不同时满足上述要求	SP	级配不良砂
含细粒土砂	5%≤细粒含量<15%		SF	含细粒土砂
细粒土质砂	15%≤细粒含量<50%	细粒组中粉粒含量不大于 50%	SC	黏土质砂
		细粒组中粉粒含量大于 50%	SM	粉土质砂

(五)细粒土的分类

试样中细粒组含量不小于50%的土为细粒类土。细粒类土应按下列规定划分：

(1)粗粒组含量不大于25%的土称细粒土。

(2)粗粒组含量大于25%且不大于50%的土称含粗粒的细粒土。

(3)有机质含量小于10%且不小于5%的土称有机质土。

细粒土的分类应符合表6-23的规定。

表6-23　细粒土的分类

土的塑性指标在塑性图中的位置		土类代号	土类名称
$I_P \geqslant 0.73(\omega_L-20)$ 和 $I_P \geqslant 7$	$\omega_L \geqslant 50\%$	CH	高液限黏土
	$\omega_L < 50\%$	CL	低液限黏土
$I_P < 0.73(\omega_L-20)$ 和 $I_P < 4$	$\omega_L \geqslant 50\%$	MH	高液限粉土
	$\omega_L < 50\%$	ML	低液限粉土

二、土的简易鉴别、分类和描述

(一)简易鉴别方法

(1)目测法鉴别：将碾散的风干试样摊成一薄层，根据土中巨、粗、细粒组所占的比例确定土的分类。

(2)干强度试验：将一小块土捏成土团，风干后用手指捏碎、掰断及捻碎，并应根据用力的大小进行区分：很难或用力才能捏碎或掰断为干强度高；稍用力即可捏碎或掰断为干强度中等；易于捏碎或捻成粉末者为干强度低。

(3)手捻试验：将稍湿或硬塑的小土块在手中捻捏，然后用拇指和食指将土捏成片状，并应根据手感和土片光滑度进行以下区分：手滑腻，无砂，捻面光滑为塑性高；稍有滑腻，有砂粒，捻面稍有光滑者为塑性中等；稍有黏性，砂感强，捻面粗糙为塑性低。

(4)搓条试验：将含水率略大于塑限的湿土块在手中揉捏均匀，再在手掌上搓成土条，并应根据土条不断裂而能达到的最小直径进行区分：能搓成直径小于1 mm土条为塑性高；能搓成直径1~3 mm土条为塑性中等；能搓成直径大于3 mm土条为塑性低。

(5)韧性试验：将含水率略大于塑限的湿土块在手中揉捏均匀，并在手掌中搓成直径为3 mm的土条，并应根据再揉成土团和搓条的可能性进行区分：能揉成土团，再搓成条，揉而不碎者为韧性高；可再揉成团，捏而不易碎者为韧性中等；勉强或不能再揉成团，稍捏或不捏即碎者为韧性低。

(6)摇震反应试验：将软塑或流动的小土块捏成土球，放在手掌上反复摇晃，并以另一手掌击此手掌。土中自由水将渗出，球面呈现光泽；用二个手指捏土球，放松后水又被吸入，光泽消失。并应根据渗水和吸水反应快慢，进行区分：立即渗水及吸水者为反应快；渗水及吸水中等者为反应中等；渗水、吸水慢者为反应慢；不渗水、不吸水者为无反应。

(二)鉴别分类

巨粒类土和粗粒类土可根据目测结果按照土的分类定名。细粒类土可根据干强度、手捻、搓条、韧性和摇震反应等试验结果按表6-24分类定名。

表6-24　细粒土的简易分类

干强度	手捻试验	搓条试验		摇震反应	土类代号
		可搓成土条的最小直径/mm	韧性		
低—中	粉粒为主,有砂感,稍有黏性,捻面较粗糙,无光泽	3~2	低—中	快—中	ML
中—高	含砂粒,有黏性,稍有滑腻感,捻面较光滑,稍有光泽	2~1	中	慢—无	CL
中—高	粉粒较多,有黏性,稍有滑腻感,捻面较光滑,稍有光泽	2~1	中—高	慢—无	MH
高—很高	无砂感,黏性大,滑腻感强,捻面光滑,有光泽	<1	高	无	CH

土中有机质系未完全分解的动植物残骸和无定形物质,可采用目测、手摸或嗅感判别,有机质一般呈灰色或暗色,有特殊气味,有弹性和海绵感。

(三)土的描述

土的描述包含以下内容:

(1)巨粒类土、粗粒类土:通俗名称及当地名称,土颗粒的最大粒径,土颗粒风化程度,巨粒、砾粒、砂粒组的含量百分数,巨粒或粗粒形状(圆、次圆、棱角或次棱角),土颗粒的矿物成分,土颜色和有机质,天然密实度,所含细粒土类别(黏土或粉土),土或土层的代号和名称。

(2)细粒土类:通俗名称及当地名称,土颗粒的最大粒径。

❖技能应用❖

技能7　按《土的工程分类标准》(GB/T 50145—2007)规范对土分类定名

【例6-9】　从某无机土样的颗粒级配曲线上查得粒径大于0.075 mm的颗粒含量为97%,粒径大于2 mm的颗粒含量为63%,粒径大于60 mm的颗粒含量为7%,$d_{60}=3.55$ mm,$d_{30}=1.65$ mm,$d_{10}=0.3$ mm。试按《土的工程分类标准》(GB/T 50145—2007)对土分类定名。

解:(1)因该土样的粗粒组含量为:97%−7%=90%,大于50%,该土属粗粒类土;

(2)因该土样砾粒组含量为:63%−7%=56%,大于50%,该土属于砾类土;

(3)因该土样细粒组含量为:100%− 97%=3%,小于5%,查表6-21,该土属于砾,需根据级配情况进行细分。

(4)该土的不均匀系数 $C_u = \dfrac{d_{60}}{d_{10}} = \dfrac{3.55}{0.3} = 11.8 > 5$

曲率系数 $C_c = \dfrac{d_{30}^2}{d_{60}d_{10}} = \dfrac{1.65^2}{3.55 \times 0.3} = 2.56$,在1~3之间

故属级配良好,因此该土定名为级配良好的砾,即GW。

【例6-10】 已知从某土样的颗粒级配曲线上查得:粒径大于0.075 mm的颗粒含量为64%,粒径大于2 mm的颗粒含量为8.5%,粒径大于0.25 mm的颗粒含量为38.5%,并测得该土样细粒部分的液限 $\omega_L=38\%$,塑限 $\omega_P=19\%$。试按《土的工程分类标准》(GB/T 50145—2007)对土分类定名。

解:(1)因该土样粗粒组含量为64% >50%,所以该土属粗粒类土。

(2)因该土样砾粒组含量为8.5%<50%,所以该土属砂类土。

(3)因该土样细粒含量为100%−64%=36%,查表6-22,在15%~50%,所以该土为细粒土质砂,应根据塑性图进一步细分。

(4)因该土的塑性指数 $I_P=38-19=19$,$\omega_L=38\%$,查塑性图(见图6-22),坐标交点落在CL区,故该土的最后定名为黏土质砂,即SC。

【例6-11】 从某土样颗粒级配曲线上查得:粒径大于0.075 mm的颗粒含量为38%,粒径大于2 mm的颗粒含量为13%,并测得该土样细粒部分的液限 $\omega_L= 46\%$,塑限 $\omega_P= 28\%$。试按《土的工程分类标准》(GB/T 50145—2007)对土分类定名。

解:(1)因该土样细粒组含量为100%−38%=62%>50%,所以该土属细粒类土。

(2)因该土样粗粒组含量为38%,在25%~50%,故该土属含粗粒的细粒土,应先按塑性图定出细粒土的名称。

(3)土样的塑性指数 $I_P=46-28=18$,$\omega_L=46\%$,查塑性图(见图6-22),坐标交点落在CL区,再判断粗粒中是砾粒占优势还是砂粒占优势。

(4)因该土样砾粒组含量为13%,砂粒组含量为38%−13%=25%,故砂粒占优势,称含砂细粒土,应在细粒土名代号后缀以代号S。因此,该土的最后定名为含砂低液限黏土,即为CLS。

附图:土的工程分类体系框图见图6-23。

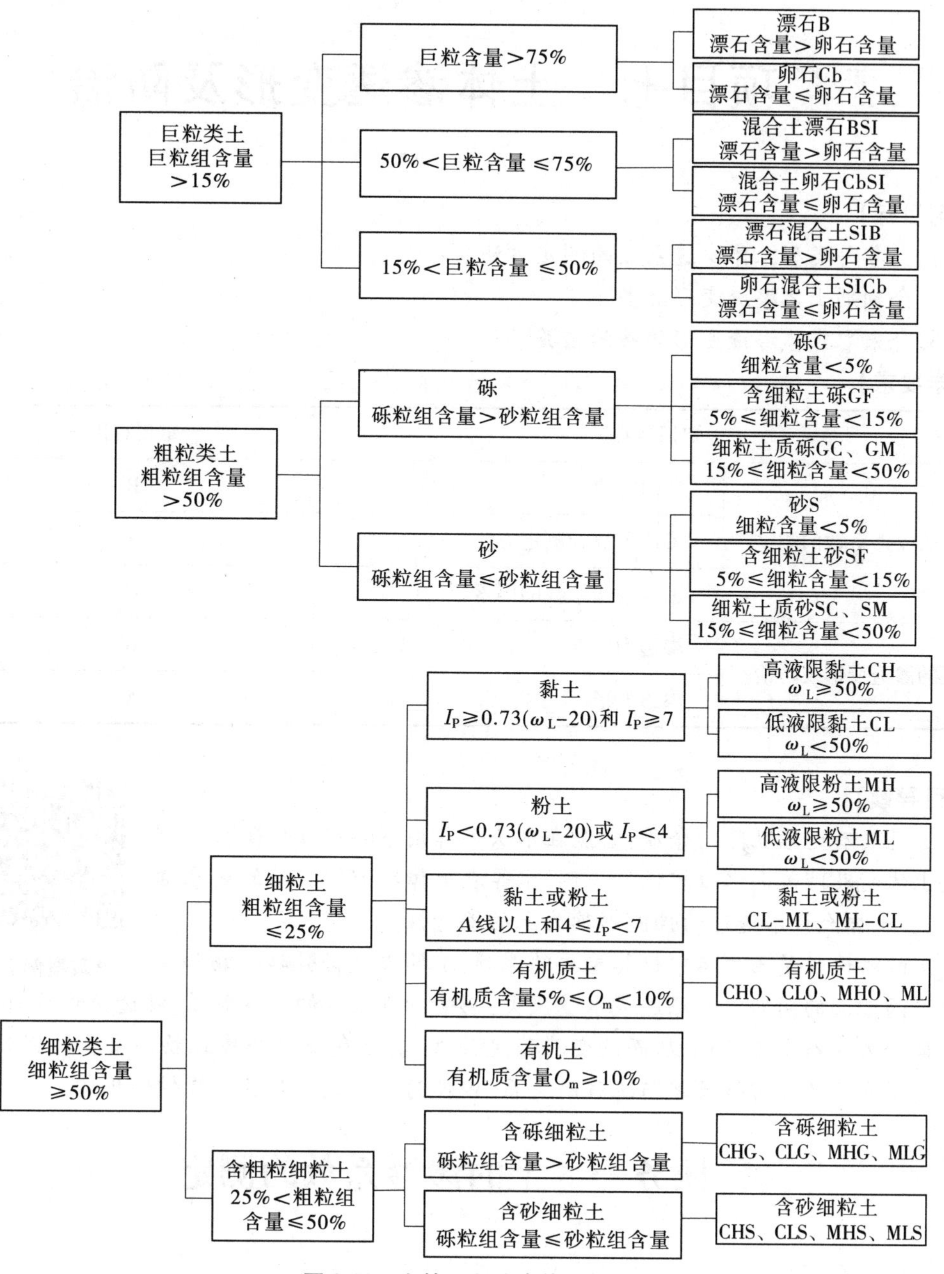

图 6-23　土的工程分类体系框图

【课后练习】

请扫描二维码,做课后练习与技能提升卷。

项目六　课后练习与技能提升卷

项目七　土体渗透变形及防治

【学习目标】

1. 会各种类型土体渗透系数的测定方法。
2. 会判别土体渗透变形类型。
3. 会采取土体渗透变形的防治措施。

【教学要求】

知识要点		重要程度
土的渗透系数的测定	达西定律	B
	渗透系数的测定方法	A
	影响渗透系数的因素	C
土的渗透变形及防治	渗透力	B
	渗透变形	A

【项目导读】

思政案例 7-1

土是具有连续孔隙的介质,它能在水头差作用下从水位较高的一侧透过土体的孔隙流向水位较低的一侧,水等在土体孔隙中流动的现象称为渗流,土体允许水透过的性能则称为土的渗透性。

土的渗透性是土力学中极其重要的课题,水的渗透将引起渗漏和渗透变形两方面的问题。渗漏造成水量损失,影响闸坝蓄水的工程效益;渗透变形将引起土体内部应力状态发生变化,从而改变其稳定条件,甚至危及整个建筑物的安全。因此,我们需要研究土的渗透性及其与工程的关系,以便为工程设计和施工提供依据。

任务一　土的渗透系数的测定

❖引例❖

在许多实际工程中都会遇到渗流问题,土坝在挡水后,水在浸润线以下的坝体中会产生渗流,如图 7-1(a)所示;水闸挡水后,在上下游水位差作用下,水会从上游经过闸基渗透到下游,如图 7-1(b)所示。可见,渗流现象随处可见,那么,水在土中渗透的基本规律是什么？土的渗透系数影响因素有哪些？各种类型土体渗透系数该如何测定？

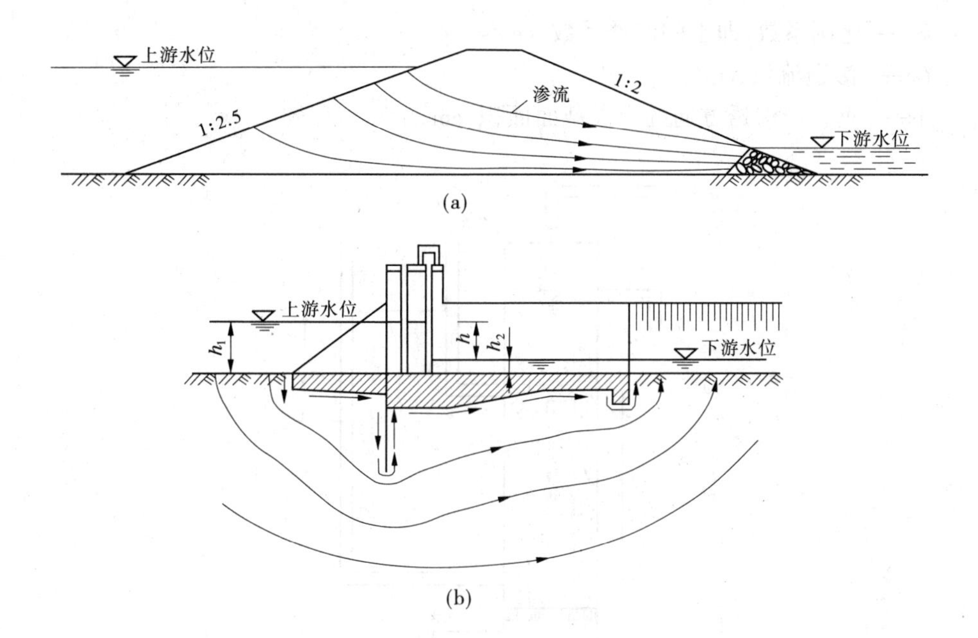

图 7-1　坝、闸渗透示意图

❖知识准备❖

码 7-1　微课-土的渗透性

一、达西定律

(一)达西定律的概念

为了解决生产实践中的渗流问题,首先必须研究水在土中渗透的基本规律。为此在 1856 年,法国科学家达西对不同粒径砂土做试验时,发现水流在层流状态时,水的渗透速度与水力坡度成正比,这就是著名的达西定律,此试验称为达西试验。

达西试验的装置如图 7-2 所示。装置中的 1 为土样,2 是横截面面积为 A 的直立圆筒,其上端开口,在圆筒侧壁装有两支相距为 L 的侧压管。筒底以上一定距离处装一滤板 3,滤板上填放颗粒均匀的砂土。水由上端注入圆筒,多余的水从溢水管 4 溢出,使筒内的水位维持一个恒定值。渗透过砂层的水从短水管 5 流入量杯 6 中。

达西定律的表达式为:

$$Q = k\frac{h}{L}At \tag{7-1}$$

$$v = k\frac{h}{L} = ki \tag{7-2}$$

式中　v——渗透速度,cm/s;

h——渗流水头,cm;

L——渗流路径(渗径)长度,cm;

i——水力坡降,是水头差 h 与渗透路径 L 之比,即 h/L,无量纲;

k——比例系数，即土的渗透系数，cm/s；

Q——渗透流量，cm^3；

A——垂直于渗透方向的土样截面面积，cm^2。

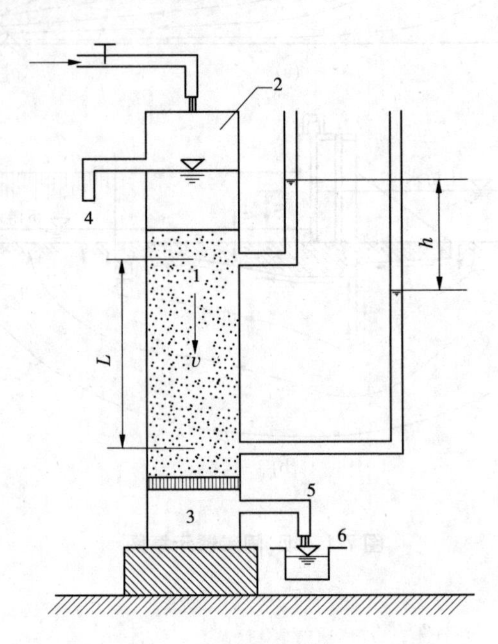

图 7-2　达西试验的装置示意图

达西定律是土力学中的重要定律之一，不仅仅是研究地下水运动的基本定律，而且在水利水电工程建设中，坝基和渠道的渗漏计算、水库的渗漏计算、基坑排水计算、井孔的涌水量计算等、都是以达西定律为基础获得解决的。

（二）达西定律的适用范围

达西定律适用于层流状态。在实际工程中，对砂性土和较疏松的黏性土，如坝基和灌溉渠的渗透量以及基坑、水井的涌水量均可用达西定律来解决。但在大砾、卵石地基或填石坝体中，渗透速度很大。此时达西定律便不再适用。

一般情况下，由于土体中的孔隙通道很小且很曲折，水在土体中的渗透速度都很小，其渗流可以看作是层流，即水流流线互相平行的流动。水在砂性土和较疏松的黏性土中的渗流，一般都符合达西定律，渗透速度与水力坡降呈直线关系，如图 7-3(a)所示。

水在密实黏土中的渗流，由于受到水薄膜的阻碍，其渗流情况便偏离达西定律，如图 7-3(b)中的曲线。当水力坡降较小时，渗透速度与水力坡降不呈线性关系，甚至不发生渗流。只有当水力坡降达到某一较大数值，克服了薄膜水的阻力后，水才开始渗流，其渗透存在一个起始水力坡降。

水在粗颗粒土如砾石、卵石中的渗流，水力坡降较小时，渗透速度不大，可以认为是层流。如图 7-3(c)所示，当渗透速度超过某一临界速度时，渗透速度与水力坡降的关系就表现为流线不规则的紊流，此时达西定律便不再适用。

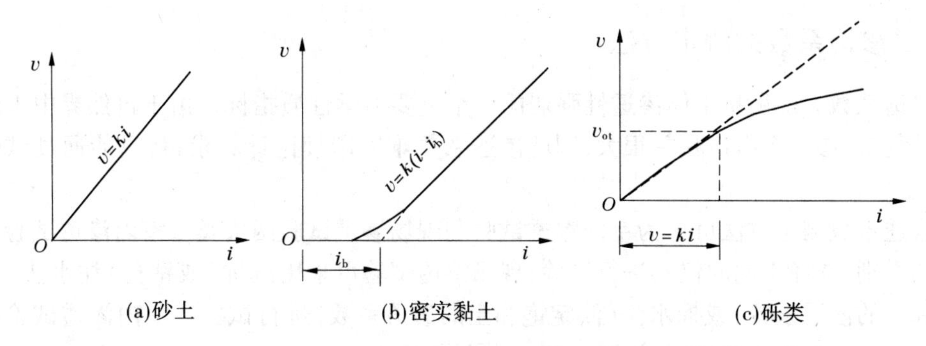

图 7-3　渗透速度与水力坡降的关系

(三)渗透系数

从达西定律公式中可以获得当 $i=1$ 时,则 $v=k$,表明渗透系数 k 是单位水力坡降时的渗透速度,它是表示土的透水性强弱的指标,单位为 cm/s,与水的渗透速度单位相同。

土的渗透系数是渗流计算中必不可少的一个基本参数,其数值大小主要取决于土的种类和透水性质。土的渗透系数不仅用于渗透计算,还可用来评定土层透水性的强弱,作为选择坝体填料的依据(如筑坝土料的选择),如土石坝的防渗墙常用渗透系数较小的黏土。

当 $k>10^{-2}$ cm/s 时,称为强透水层;当 $k=10^{-3}\sim10^{-5}$ cm/s 时,称为中等透水层;当 $k<10^{-6}$ cm/s 时,称为相对不透水层。各种土的渗透系数参考数值见表 7-1。

表 7-1　各种土的渗透系数参考数值

土的类别	渗透系数 k	
	cm/s	m/d
黏土	$<6\times10^{-6}$	<0.005
亚黏土	$6\times10^{-6}\sim1\times10^{-4}$	0.005~0.1
轻亚黏土	$1\times10^{-4}\sim6\times10^{-4}$	0.1~0.5
黄土	$3\times10^{-4}\sim6\times10^{-4}$	0.25~0.5
粉砂	$6\times10^{-4}\sim1\times10^{-3}$	0.5~1.0
细砂	$1\times10^{-3}\sim6\times10^{-3}$	1.0~5.0
中砂	$6\times10^{-3}\sim2\times10^{-2}$	5.0~20.0
粗砂	$2\times10^{-2}\sim6\times10^{-2}$	20.0~50.0
网砾	$6\times10^{-2}\sim1\times10^{-1}$	50.0~100.0
卵石	$1\times10^{-1}\sim6\times10^{-1}$	100.0~500.0

二、渗透系数的测定方法

渗透系数 k 是衡量土体渗透性强弱的一个重要力学性质指标。由于自然界中土的沉积条件复杂，渗透系数值相差很大，因此渗透系数难以用理论计算求得，只能通过试验直接测定。

渗透系数测定方法可分为室内渗透试验和现场渗透试验两大类。室内渗透试验可根据土的类别，选择不同的仪器进行试验；现场渗透试验可采用试坑（或钻孔）注水法（测定非饱和土的渗透系数）或抽水法（测定饱和土的渗透系数）进行试验。室内渗透试验与现场渗透试验的基本原理相同，均以达西定律为依据。

室内渗透试验其原理，有常水头和变水头两种。常水头渗透试验适用于粗粒土（砂质土），变水头渗透试验适用于细粒土（黏性土和粉质土）。

（一）常水头试验法

常水头试验法就是在试验过程中保持水头为一常数，从而水头差也是常数。如图 7-4 所示，试验时，在截面面积为 A 的圆形容器中装入高度为 L 的饱和试样，不断向容器中加水，使其水位保持不变，水在水头差作用下产生渗流，流过试样从桶底排出。试验过程中保持水头差不变，测得在一定时间内流经试验的水量，根据达西定律可知：

$$Q = vAt = k\frac{\Delta h}{L}At \tag{7-3}$$

$$k = \frac{QL}{\Delta hAt} \tag{7-4}$$

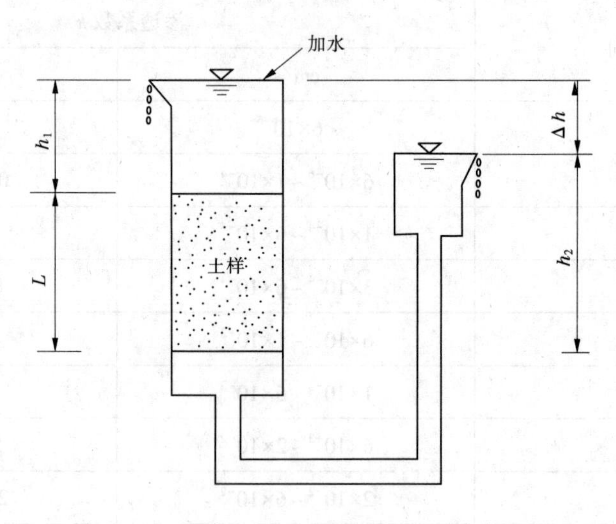

图 7-4　常水头渗透试验

（二）变水头试验法

变水头试验装置如图 7-5 所示，水流从一根竖直的带有刻度的玻璃管和 U 形管自下而上流经断面面积为 A、长度为 L 的土样。试验过程中，随时间的变化，立管的水位不断下降，而装有土样的容器中的水位保持不变，从而作用于试样两端的水头差随时间而变化。试验时，将玻璃管充水至需要的水位高度后，开动秒表，测记起始时刻 t_1 的水头差 h_1，再经过时间 t_2 后，测记水头差 h_2。那么，可求得变水头的渗透系数为：

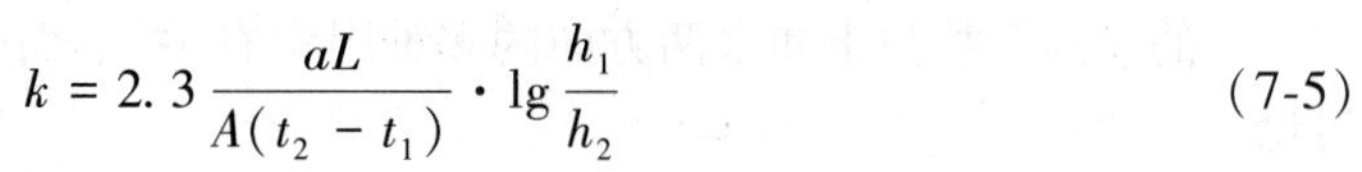

$$k = 2.3\frac{aL}{A(t_2 - t_1)} \cdot \lg\frac{h_1}{h_2} \tag{7-5}$$

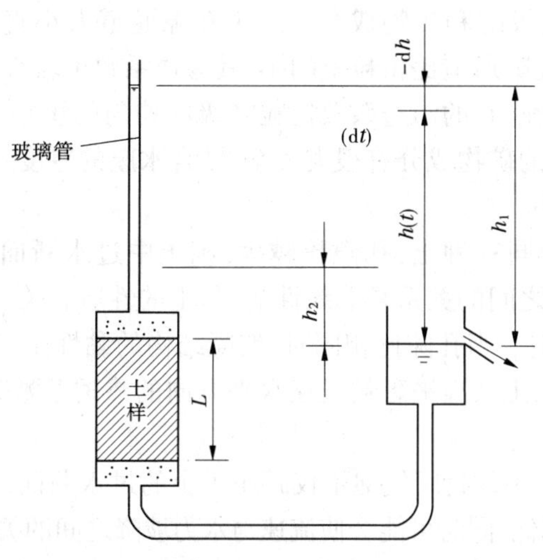

图 7-5　变水头渗透试验

室内测定渗透系数的优点是设备简单、花费较少，在工程中得到普遍应用。但是，土的渗透性与其结构构造有很大关系，而且实际土层中水平方向与垂直方向的渗透系数往往有很大差异；同时由于取样时对土不可避免的扰动，一般很难获得具有代表性的原状土样。因此，室内试验测得的渗透系数往往不能很好地反映现场土的实际渗透性质，必要时可直接进行大型现场渗透试验。有资料表明，现场渗透试验值可能比室内小试样试验值大 10 倍以上，需引起足够的重视。室内试验方法对比见表 7-2。

表 7-2　室内试验方法对比

试验方法	常水头试验	变水头试验
条件	$\Delta h=\text{const}$	Δh 变化
已知	$\Delta h, A, L$	a, A, L
测定	v, t	$\Delta h, t$
算定	$k=\frac{vL}{A\Delta ht}$	$k=\frac{aL}{At}\ln\frac{\Delta h_1}{\Delta h_2}$
取值	重复试验后，取均值	不同时段试验，取均值
试用	粗粒土	黏性土

三、影响渗透系数的因素

土的渗透系数与土和水两方面的多种因素有关,下面分别就这两个方面的因素进行讨论。

(1)土颗粒的粒径、级配和矿物成分。土中孔隙通道大小直接影响到土的渗透性。一般情况下,细粒土的孔隙通道比粗粒土的小,其渗透系数也较小;级配良好的土,粗粒土间的孔隙被细粒土所填充,它的渗透系数比粒径级配均匀的土小;在黏性土中,黏粒表面结合水膜的厚度与颗粒的矿物成分有很大关系,结合水膜的厚度越大,土粒间的孔隙通道越小,其渗透性也就越小。

(2)土的孔隙比 e。同一种土,孔隙比越大,则土中过水断面越大,渗透系数也就越大。渗透系数与孔隙比之间的关系是非线性的,与土的性质有关。

(3)土的结构和构造。当孔隙比相同时,絮凝结构的黏性土,其渗透系数比分散结构的大;宏观构造上的成层土及扁平黏粒土在水平方向的渗透系数远大于垂直方向的渗透系数。

(4)土的饱和度。土中的封闭气泡不仅减小了土的过水断面,而且可以堵塞一些孔隙通道,使土的渗透系数降低,同时可能会使流速与水力坡降之间的关系不符合达西定律。

(5)渗流水的性质。水的流速与其动力黏滞度有关,动力黏滞度越大流速越小;动力黏滞度随温度的增加而减小,因此温度升高一般会使土的渗透系数增加。

(6)水的温度。试验表明,渗透系数 k 与渗流液体(水)的重度 γ_w 以及黏滞度有关,水温不同时,γ_w 相差较小,但 η 变化较大,水温愈高,η 愈低;k 与 η 基本上呈线性关系。因此,在 T ℃测得的 k_T 值应加温度修正,使其成为标准温度下的渗透系数值。在标准温度 20 ℃下的渗透系数修正系数应按下式计算:

$$k_{20} = k_T \frac{\eta_T}{\eta_{20}} \tag{7-6}$$

式中 k_T、k_{20}——T ℃ 和 20 ℃ 时土的渗透系数;

η_T、η_{20}——T ℃ 和 20 ℃ 时水的动力黏滞系数,可查表 7-3 求得。

表 7-3 水的动力黏滞系数、黏滞系数比、温度校正值

温度/℃	动力黏滞系数 η/(10^{-6} kPa·s)	η_T/η_{20}	温度校正值 T_p	温度/℃	动力黏滞系数 η/(10^{-6} kPa·s)	η_T/η_{20}	温度校正值 T_p
5.0	1.516	1.501	1.17	8.0	0.387	1.373	1.28
5.5	1.498	1.478	1.19	8.5	1.367	1.353	1.30
6.0	1.470	1.455	1.21	9.0	1.347	1.334	1.32
6.5	1.449	1.435	1.23	9.5	1.328	1.315	1.34
7.0	1.428	1.414	1.25	10.0	1.310	1.297	1.36
7.5	1.407	1.393	1.27	10.5	1.292	1.279	1.38

续表 7-3

温度/℃	动力黏滞系数 η/(10^{-6} kPa·s)	η_T/η_{20}	温度校正值 T_p	温度/℃	动力黏滞系数 η/(10^{-6} kPa·s)	η_T/η_{20}	温度校正值 T_p
11.0	1.274	1.261	1.40	20.5	0.998	0.988	1.78
11.5	1.256	1.243	1.42	21.0	0.986	0.976	1.80
12.0	1.239	1.227	1.44	21.5	0.974	0.964	1.83
12.5	1.223	1.211	1.46	22.0	0.968	0.958	1.85
13.0	1.206	1.194	1.48	22.5	0.952	0.943	1.87
13.5	1.188	1.176	1.50	23.0	0.941	0.932	1.89
14.0	1.175	1.168	1.52	24.0	0.919	0.910	1.94
14.5	1.160	1.148	1.54	25.0	0.899	0.890	1.98
15.0	1.144	1.133	1.56	26.0	0.879	0.870	2.03
15.5	1.130	1.119	1.58	27.0	0.859	0.850	2.07
16.0	1.115	1.104	1.60	28.0	0.841	0.833	2.12
16.5	1.101	1.090	1.62	29.0	0.823	0.815	2.16
17.0	1.088	1.077	1.64	30.0	0.806	0.798	2.21
17.5	1.074	1.066	1.66	31.0	0.789	0.781	2.25
18.0	1.061	1.050	1.68	32.0	0.773	0.765	2.30
18.5	1.048	1.038	1.70	33.0	0.757	0.750	2.34
19.0	1.035	1.025	1.72	34.0	0.742	0.735	2.39
19.5	1.022	1.012	1.74	35.0	0.727	0.720	2.43
20.0	1.010	1.000	1.76				

任务二　土的渗透变形及防治

❖引例❖

2020 年 7 月 26 日,岳阳市岳阳县今日最高水位 34.83 m,超警水位 2.33 m,连续超警水位 22 d,随着高水位保持持续,该县境内大堤两处出现管涌险情,武警某支队前置岳阳县备勤官兵紧急分赴两个险情点参与抢险处置。8 时,抢险官兵接到险情通报:中州大堤南套湖先期管涌险情成功处置点出现新的变化,减压围井蓄水反压能力不足,管涌再次出现。抢险分队紧急出动 50 名官兵，携带铁锹、锄头、编织袋等作业器材 50 余件套，前往中州大堤南套湖险情处进行加固处置。为排除险情，官兵对原处置方案进行加固处置，把原有的减压围井扩大到直径 6 m，在围井中间回填级配砂卵石 1.2 m 厚，增强蓄水反压能力，确保险情有效解决。经过 6 个小时的奋战，官兵已成功装填搬运 40 m^3 砂卵石，沙袋 5 000 袋，成功控制了险情。

可见，管涌的发生，会威胁大堤的安全，会对堤后农田、人民造成不可估量的损失。防治管涌，是防汛抢险的重中之重，作为工程人员，我们要有堤在人在的信仰。那么，除管涌外，还有哪些渗透变形对水工建筑物有影响呢？它们是如何发生的呢？它们有哪些特征？我们该如何防治这些渗透变形？

码 7-2 微课-渗透力与渗透变形

❖知识准备❖

一、渗透力

(一)渗透力概念

如图 7-6 所示，$\Delta h=0$，静水中，土骨架会受到浮力作用。$\Delta h>0$，水向上流动，孔隙水对土颗粒产生一作用力——拖曳力。渗透力 j 为施加于单位土体内土粒上的拖曳力。均质土中渗透力方向与渗流方向一致。渗透力也称为动水压力，与浮力不同。

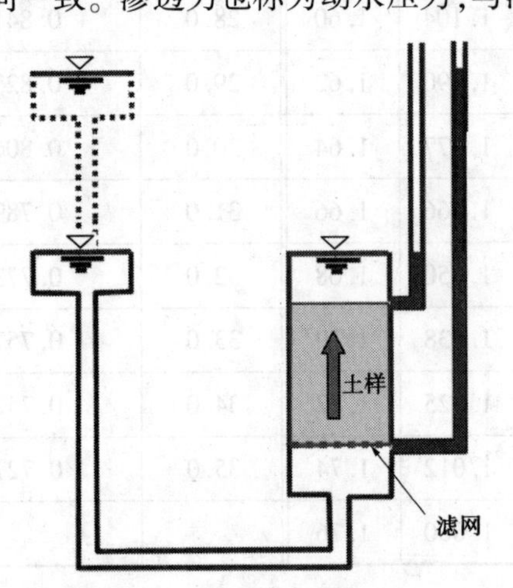

图 7-6 渗透力及其计算

(二)渗透力三要素

在渗流土体中沿渗流方向取出一个土柱体来研究，引起渗流的力与土柱体对渗流的总阻力应达到静力平衡。利用静力平衡方程式，可求得渗透力的大小。

大小：

$$j=\frac{h_1-h_2}{L}\gamma_w=\frac{h}{L}\gamma_w=i\gamma_w \tag{7-7}$$

方向：与渗流方向一致。

作用对象：土骨架。

(三)作用效果

渗透力的作用效果与渗流方向有关。当渗流自上而下时,因与重力同向,相当于加大了土的重量,对稳定有利;反之自下向上渗流,渗透力减小了土体的有效重量,对稳定不利。如土坝地基上游侧利于稳定,而下游侧不利于稳定。

二、渗透变形

思政案例 7-2

(一)渗透变形的概念

渗透水流将土粒冲走或局部土体产生移动,导致土体变形,这种现象叫作渗透变形。

(二)渗透变形的类型

土的渗透变形宜分为流土、管涌、接触冲刷和接触流失四种类型,黏性土的渗透变形主要是流土和接触流失两种类型。

流土是指在渗流作用下,局部土体隆起、浮动或颗粒群同时发生移动而流失的现象。流土一般发生在无保护的渗流出口处,而不会发生在土体内部。开挖基坑或渠道时出现的所谓"流砂"现象,就是流土的常见形式。如图 7-7 所示,河堤覆盖层下流砂涌出的现象是由于覆盖层下有一强透水砂层,而堤内、外水头差大,从而弱透水层的薄弱处被冲溃,大量砂土涌出,危及河堤的安全。

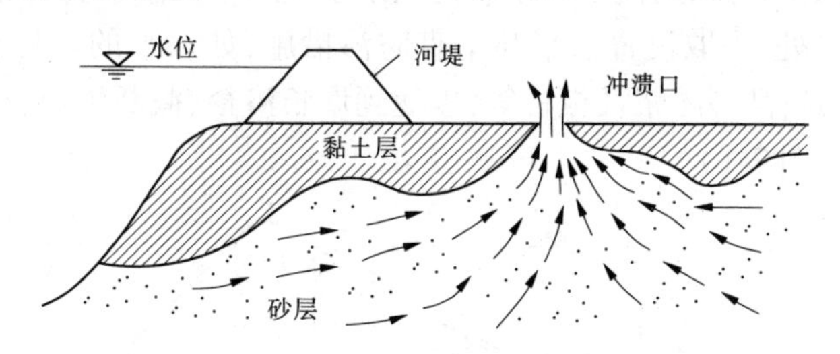

图 7-7　河堤下游覆盖层下流土涌出现象

在渗透水流作用下,土中的细颗粒在粗颗粒形成的孔隙中移动以至流失,随着土的孔隙不断扩大,渗透速度不断增加,较粗的颗粒也被水流逐渐带走,最终导致土体内形成贯通的渗流管道,造成土体塌陷,这种现象叫作管涌,如图 7-8 所示。管涌一般发生在砂性土中,发生的部位一般在渗流出口处,但也可能发生在土体的内部,管涌现象一般随时间增加不断发展,是一种渐进性质的破坏。流土和管涌的对比见表 7-4。

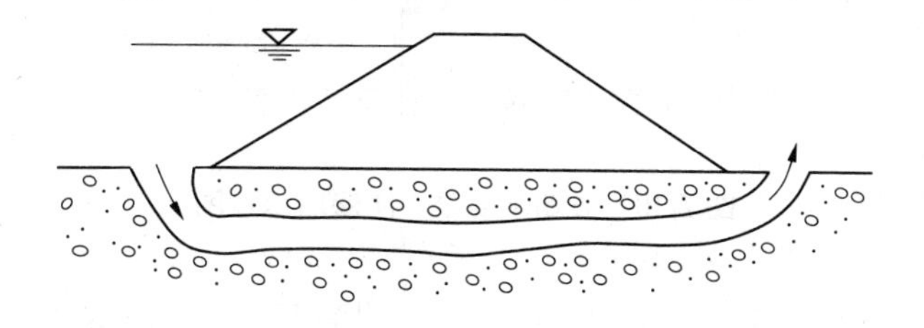

图 7-8　通过坝基的管涌示意图

表 7-4　流土和管涌对比

类型	流土	管涌
现象	土体局部范围的颗粒同时发生移动	土体内细颗粒通过粗粒形成的孔隙通道移动
位置	只发生在水流渗出的表层	可发生于土体内部和渗流溢出处
土类	渗透力足够大时,可发生在任何土中	一般发生在特定级配的无黏性土或分散性黏土
历时	破坏过程短	破坏过程相对较长
后果	导致下游坡面产生局部滑动等	导致结构发生塌陷或溃口

接触流失是指渗流垂直于两种不同介质的接触面流动时,把其中一层的细粒带入另一层土中的现象,如反滤层的淤堵。

接触冲刷是指渗流平行于两种不同介质的接触面流动时,把其中细粒层的细粒带走的现象,一般发生在土工建筑物地下轮廓线与地基土的接触面处。

(三)防止渗透变形的措施

根据渗透变形的机制可知,土体发生渗透破坏的原因有两个方面:一是渗流特征,即上下游水位差形成的水力坡降;二是土的类别及组成特性,即土的性质及颗粒级配。

防治土体渗透变形的原则概括起来就是四个字"上挡下排"。具体措施如下:

(1)在上游入口处,采取设置水平与垂直防渗措施,如水平的黏性土铺盖,或垂直的黏土或混凝土防渗墙、帷幕灌浆及板桩等,以达到增长渗径、截断渗流,从而降低水力坡降的目的,详见图 7-9、图 7-10。

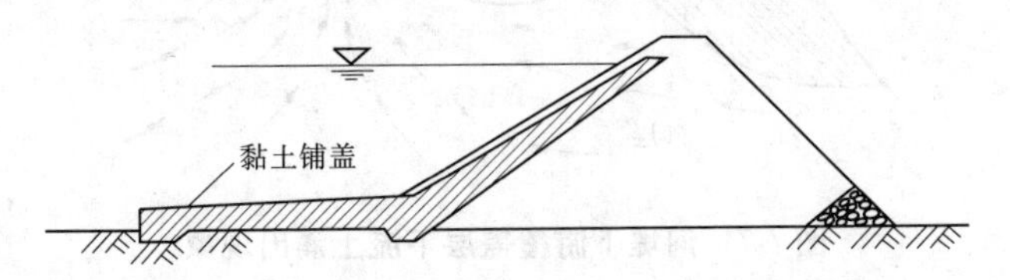

图 7-9　水平黏土铺盖示意图

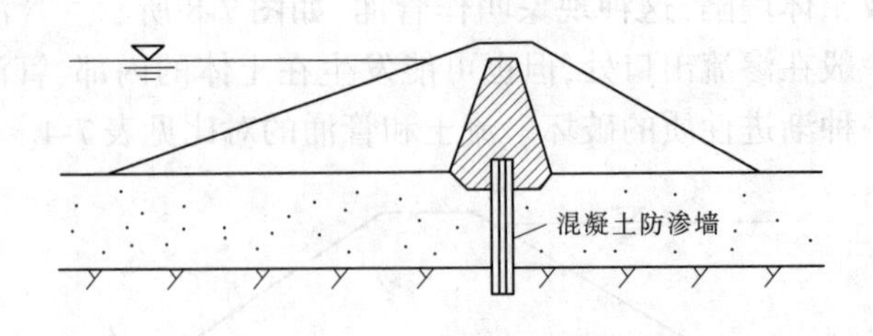

图 7-10　心墙坝混凝土防渗墙示意图

(2)在下游出口处,采取滤土排水的措施,如设置反滤层、盖重体,或排水沟、排水减压井,以达到减小出逸水力坡降,减小渗透力,渗流出逸处土体抵抗渗透变形的能力的目的,详见图 7-11。

图 7-11　反滤围井示意图

❖技能应用❖

技能 1　土的渗透变形判别

一、土的渗透变形的判别内容

(1)判别土的渗透变形类型。
(2)确定流土、管涌的临界水力比降。
(3)确定土的允许水力比降。

二、土的不均匀系数计算

$$C_u = \frac{d_{60}}{d_{10}} \tag{7-8}$$

式中　d_{10},d_{60}——级配曲线纵坐标上小于某粒径含量(累计含量)为 10%、60%所对应的粒径值,mm。

三、细颗粒含量的确定应符合的规定

(1)级配不连续的土。颗粒大小分布曲线上至少有一个以上粒组的颗粒含量小于或等于 3%的土,称为级配不连续的土。以上述粒组在颗粒大小分布曲线上形成的平缓段的最大粒径和最小粒径的平均值或最小粒径作为粗、细颗粒的区分粒径 d,相应于该粒径的颗粒含量为细颗粒含量 P。

(2)级配连续的土。粗、细颗粒的区分粒径为

$$d = \sqrt{d_{70} \cdot d_{10}} \tag{7-9}$$

式中　d_{70}——小于该粒径的含量占总土重 70%的颗粒粒径,mm。

四、无黏性土渗透变形类型的判别方法

(1)不均匀系数小于或等于 5 的土可判为流土。

(2)对于不均匀系数大于 5 的土可采用下列判别方法：

①流土：$P \geqslant 35\%$。

②过渡型取决于土的密度、粒级和形状：$25\% \leqslant P < 35\%$。

③管涌：$P < 25\%$。

(3)接触冲刷宜采用下列方法判别：

对双层结构地基，当两层土的不均匀系数均小于或等于 10，且符合式(7-10)规定的条件时，不会发生接触冲刷。

$$\frac{D_{10}}{d_{10}} \leqslant 10 \tag{7-10}$$

式中 D_{10}，d_{10}——较粗和较细一层土的颗粒粒径，mm，小于该粒径的土重占总土重的 10%。

(4)接触流失宜采用的判别方法。

对于渗流向上的情况，符合下列条件将不会发生接触流失。

①不均匀系数小于或等于 5 的土层：

$$\frac{D_{15}}{d_{85}} \leqslant 5 \tag{7-11}$$

式中 D_{15}——较粗一层土的颗粒粒径，mm，小于该粒径的土重占总土重的 15%；

d_{85}——较细一层土的颗粒粒径，mm，小于该粒径的土重占总土重的 85%。

②不均匀系数小于或等于 10 的土层：

$$\frac{D_{20}}{d_{70}} \leqslant 7 \tag{7-12}$$

式中 D_{20}——较粗一层土的颗粒粒径，mm，小于该粒径的土重占总土重的 20%；

d_{70}——较细一层土的颗粒粒径，mm，小于该粒径的土重占总土重的 70%。

五、流土与管涌的临界水力比降的确定

(1)流土型宜采用下式计算：

$$J_{cr} = (G_s - 1)(1 - n) \tag{7-13}$$

式中 J_{cr}——土的临界水力比降；

G_s——土的颗粒密度与水的密度之比；

n——土的孔隙率(%)。

(2)管涌型或过渡型可采用下式计算：

$$J_{cr} = 2.2(G_s - 1)(1 - n)^2 \frac{d_5}{d_{20}} \tag{7-14}$$

式中 d_5、d_{20}——占总土重的 5%和 20%的土粒粒径，mm。

(3)管涌型也可采用下式计算：

$$J_{cr} = \frac{42d_3}{\sqrt{\frac{k}{n^3}}} \tag{7-15}$$

式中　k——土的渗透系数,cm/s;

d_3——占总土重3%的土粒粒径,mm。

六、无黏性土的允许比降的确定方法

(1)以土的临界水力比降除以1.5~2.0的安全系数;当渗透稳定对水工建筑物的危害较大时,取2的安全系数;对于特别重要的工程也可用2.5的安全系数。

(2)无试验资料时,可根据表7-5选用经验值。

表7-5　无黏性土允许水力比降

允许水力比降	渗透变形形式					
	流土型			过渡型	管涌型	
	$C_u \leqslant 3$	$3<C_u \leqslant 5$	$C_u \geqslant 5$		级配连续	级配不连续
$J_{允许}$	0.25~0.35	0.35~0.50	0.50~0.80	0.25~0.40	0.15~0.25	0.10~0.20

注:本表不适用于渗流出口有反滤层的情况。

【课后练习】

请扫描二维码,做课后练习与技能提升卷。

项目七　课后练习与技能提升卷

项目八　地基变形分析

【学习目标】

1. 能解释土中的应力分类,了解土中应力分布规律,会计算自重应力和附加应力。
2. 会准确操作土的压缩试验。
3. 能描述土的压缩变形特点,会用分层总和法计算地基沉降量。

【教学要求】

知识要点		重要程度
土体的应力计算	土的自重应力	A
	土的附加应力	B
确定土的压缩性指标	压缩试验原理	B
	仪器的使用与操作步骤	A
地基变形计算	土的压缩性	B
	地基沉降量计算	C

【项目导读】

建筑物通过基础将荷载传递给地基,地基土承受压力后会产生压缩变形,在建筑物荷载的作用下,地基土产生的竖向变形,称为沉降。建筑物地基的沉降量过大或者沉降不均匀将影响建筑物的使用,甚至威胁建筑物的安全,因此必须先对地基变形量进行预算。

思政案例 8-1

在这之前,必须先掌握建筑物修建前后土中应力的分布和变化情况。建筑物修建之前,地基只承受上覆土层的自重应力,建筑物修建之后,地基土还要承受建筑物给的附加应力。压缩试验也称固结试验,是测定土的压缩性指标的基本方法,得到的压缩曲线可以用于计算地基土的最终沉降量。

任务一　土体的应力计算

❖引例❖

加拿大特朗斯康谷仓平面呈矩形(见图 8-1),长 59.44 m,宽 23.47 m,高 31.0 m。容积 36 368 m^3。谷仓为圆筒仓,每排 13 个圆筒仓,由 5 排 65 个圆筒仓组成。谷仓的基础为钢筋混凝土筏基,厚 61 cm,基础埋深 3.66 m。谷仓于 1911 年开始施工,1913 年秋完工。谷仓自重 20 000 t,相当于装满谷物后满载总重量的 425% 。谷仓的地基土事先未进行调查研究。根据邻近结构物基槽开挖试验结果,计算承载力为 352 kPa,应用到这个仓库。

1913 年 9 月谷仓开始装谷物,仔细地装载,使谷物均匀分布,10 月当谷仓装了 31 822 m^3 谷物时,发现 1 h 内垂直沉降达 30.5 cm。结构物向西倾斜,并在 24 h 间谷仓倾倒,倾斜度离垂线达 26°53′,谷仓西端下沉 7.32 m,东端上抬 1.52 m。由此可见,谷仓传递的应力远大于地基土承载力,那谷仓在建成后传递给地基多大的应力呢？这就需要进行土中的应力计算。

图 8-1　加拿大特朗斯康谷仓

❖知识准备❖

土体中的应力是指土体在自身重力、建筑物荷载以及其他因素作用下,土中所产生的应力。按照产生的原因不同将土中应力分为自重应力和附加应力。自重应力是指由土体自身重力而产生的应力,附加应力是指由于建筑物荷载的作用在自重应力基础上增加的那部分应力。

由于土体的可压缩性,地基土会在附加应力作用下产生变形,如变形较小,不致引起建筑物产生裂缝或破坏,不影响建筑物的正常使用,这是容许的;相反,则会引起建筑物产生裂缝、倾斜甚至破坏,或者影响建筑物的正常使用。

一、土的自重应力

(一)自重应力的计算

1. 均质土的自重应力

码 8-1　微课-土体自重应力计算

如图 8-2 所示,设地面为无限广阔的水平面,土层均匀,在土的自重作用下,土中任一竖直面均是对称面,在竖直面上不存在摩擦作用,即无切应力。因此,地面下深度 z 处水平面上的自重应力 σ_{cz} 可按该面上单位面积的土柱重量计算,即

$$\sigma_{cz} = \frac{W}{A} = \frac{\gamma z A}{A} = \gamma z \quad (\text{kPa}) \tag{8-1}$$

式中　γ——土的重度,kN/m^3;

A——土柱体的底面面积,m^2;

W——土柱体的重量,kN。

自重应力随深度按直线规律变化,即自重应力沿深度呈三角形分布(见图 8-2)。

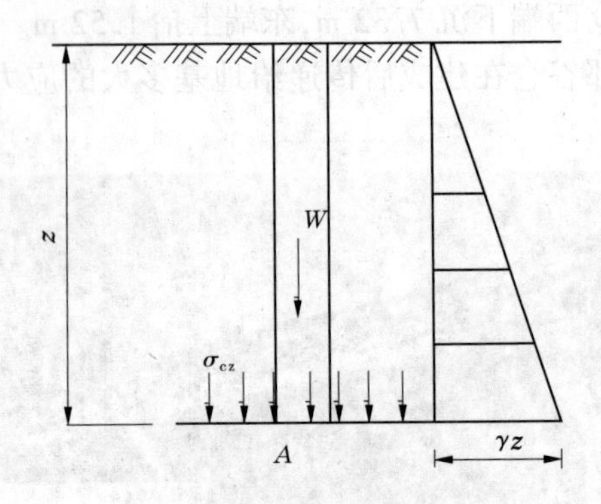

图 8-2　均质土的自重应力

2. 成层土的自重应力

地基土通常为成层的,各土层重度不同。设第 i 层土的厚度为 h_i,重度为 γ_i,则第 n 层底面处土的自重应力计算式为:

$$\sigma_{cz} = \gamma_1 h_1 + \gamma_2 h_2 + \gamma_3 h_3 + \cdots + \gamma_n h_n = \sum_{i=1}^{n} \gamma_i h_i \tag{8-2}$$

在地下水位以下的透水层中,应取浮重度进行计算。

(二)地下水对自重应力的影响

由于土体是由许多颗粒组成的,在地下水位以下的透水层中,地下水存在于土粒间的孔隙当中,土粒相当于浸没在水当中,也就会受到水的浮力作用,从而使得土粒间相互传递的自重作用减小。这样,对于含水层,用浮重度来计算自重应力,正好相当于扣除了浮力的作用。

(三)不透水层对自重应力的影响

以上所讲浮力作用是针对透水层而言的,对于不透水层,也就是遇到完整的岩层或密实黏土层,颗粒间很致密,地下水进入不到孔隙当中。这样,从不透水层开始往下,浮力消失,其重度要以天然重度计,而且含水层高度范围内的水重也要作用在该层面上,即透水与不透水的界面处,自重应力增加一个地下水的水压力。

应当注意,在此所讨论的自重应力是指土颗粒之间接触点传递的粒间应力,故又称为有效自重应力。一般土层形成地质年代较长,在自重作用下变形早已稳定,故自重应力不再引起建筑物基础沉降,但对近期沉积或堆积的土层以及地下水位升降等情况,尚应考虑自重应力作用下的变形。

【例 8-1】　已知某成层土各层物理性质指标如图 8-3 所示,地下水位于地面下 3.5 m 处。试计算其自重应力并绘制自重应力分布图。

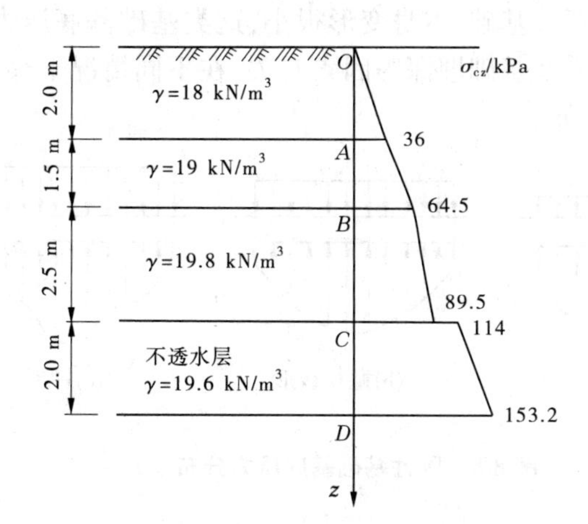

图 8-3　某成层土各层物理性质指标

解:从地面往下作一竖直基准线 Oz,各层面处用字母 O、A、B、C、D 标记。

(1)O 处:$z=0,\sigma_{cz}=0$。

(2)A 处:$z=2.0\ m,\sigma_{cz}=18\times2=36(kN/m^2)=36\ kPa$。

(3)B 处:$z=3.5\ m,\sigma_{cz}=36+19\times1.5=64.5(kPa)$。

(4)C 处上:$z=6\ m,\sigma_{cz}=64.5+(19.8-9.8)\times2.5=89.5(kPa)$。

(5)C 处下:$z=6\ m,\sigma_{cz}=89.5+9.8\times2.5=114(kPa)$。

或 $\sigma_{cz}=64.5+19.8\times2.5=114(kPa)$。

(6)D 处:$z=8\ m,\sigma_{cz}=114+19.6\times2.0=153.2(kPa)$。

在 Oz 线的一侧按比例绘制各层面处的 σ_{cz} 值,并依次连接成折线,即自重应力分布图。

二、基底压力

基底压力是指基础底面处,由建筑物荷载(包括基础)作用给地基土体单位面积上的压力。在计算地基中的附加应力时,需先求出基底压力,由于地基中的附加应力不仅与建筑物荷载大小有关,还与基底面上的荷载分布有关,所以需要研究基底压力的大小与分布情况。

(一)基底压力的分布规律

基底压力的分布是指基底压力在基础底面范围内平面上各处的分布情况,受许多因素的影响,比如基础的形状、尺寸、刚度、埋深,地基土的性质,上部荷载的大小、分布等。

柔性基础如土坝、土堤、路基等,由于刚度很小,其本身没有调整荷载重新分配的能力,所以基底压力分布与其上部荷载分布情况相同(见图 8-4)。

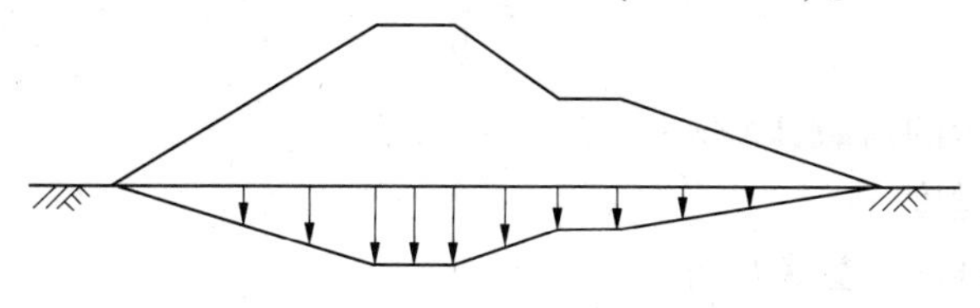

图 8-4　土坝基底压力分布

刚性基础如混凝土、砖石等基础,本身变形很小,这类基础基底压力分布与作用在基底面上的荷载大小、土的性质及基础埋深等因素有关,在不同情况下会产生马鞍形、抛物线形、钟形等分布,如图 8-5 所示。

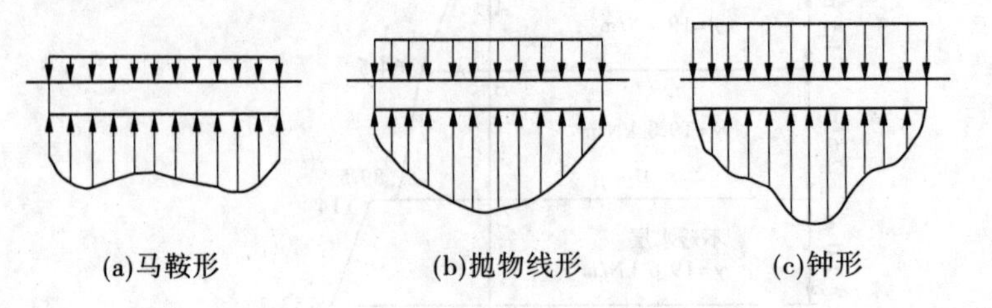

图 8-5　刚性基础基底压力分布

(二)基底压力的简化计算

要想准确确定基底压力的分布是很困难的,在一定条件下可做简化计算,即当基础刚度比较大、荷载强度不太大时,假设基底压力按直线分布。直线分布是指将基底面各处压力按比例绘制时,所形成的图形为直边多边形(如三角形、矩形、梯形等)。

基础的形状多种多样,此处只讨论最常见的矩形基础和条形基础。矩形基础是指基础底面为矩形,且长度 L 与宽度 B 的比值不太大,一般 $L/B<10$ 时,可视为矩形基础;条形基础是指一边远大于另一边,理论上为 $L/B=\infty$,但在实用上 $L/B\geqslant10$ 时即可视为条形基础。

1. 中心荷载作用下的基底压力

矩形基础在中心荷载作用下,基底压力简化为均匀分布,其平均压力值按下式计算:

$$p=\frac{P}{A}=\frac{F+G}{A} \tag{8-3}$$

式中　p——基底压力,kPa;

P——基底面以上荷载,包括上部结构、基础及基础上回填土的荷载,P 一般分作两部分进行计算,$P=F+G$;

F——上部结构传至基础顶面的荷载,kN;

G——基础自重和基础上的土重,kN, $G=\overline{\gamma}Ad$,其中 $\overline{\gamma}$ 为基础及基础上填土的平均重度,一般取 20 kN/m^3,但地下水位以下部分应取浮重度,d 为基础埋深,m;

A——基础底面面积,m^2。

条形基础在中心荷载作用下的基底压力,同样简化为均匀分布,计算式为:

$$p=\frac{\overline{P}}{B} \tag{8-4}$$

式中　$\overline{P}$——每延米的荷载,kN/m;

B——基础宽度,m。

2. 偏心荷载作用下的基底压力

偏心荷载分为单向偏心和双向偏心,常见的为单向偏心,即偏心荷载作用于矩形基底的一个对称轴上,单向偏心荷载下的基底压力为梯形分布或三角形分布(见图 8-6)。设计时通常将基底长边方向取与偏心方向一致,此时基底边缘的最大压力 p_{max} 和最小压力 p_{min} 按材料力学中偏心受压公式计算,即

$$p_{\substack{max \\ min}} = \frac{P}{A} \pm \frac{M}{W} \tag{8-5}$$

式中　p_{max}、p_{min}——基底边缘的最大压力和最小压力,kPa;

M——作用于基础底面的力矩,kN·m,$M=Pe$;

W——基础底面的抵抗矩,m^3,对于矩形基础 $W=\frac{BL^2}{6}$,B、L 为矩形基础的边长,L(二次方边)为荷载偏心一边的边长;

e——偏心距,m。

将 $M=Pe$、$W=\frac{BL^2}{6}$代入式(8-5)得:

$$p_{\substack{max \\ min}} = \frac{P}{A}\left(1 \pm \frac{6e}{L}\right) \tag{8-6}$$

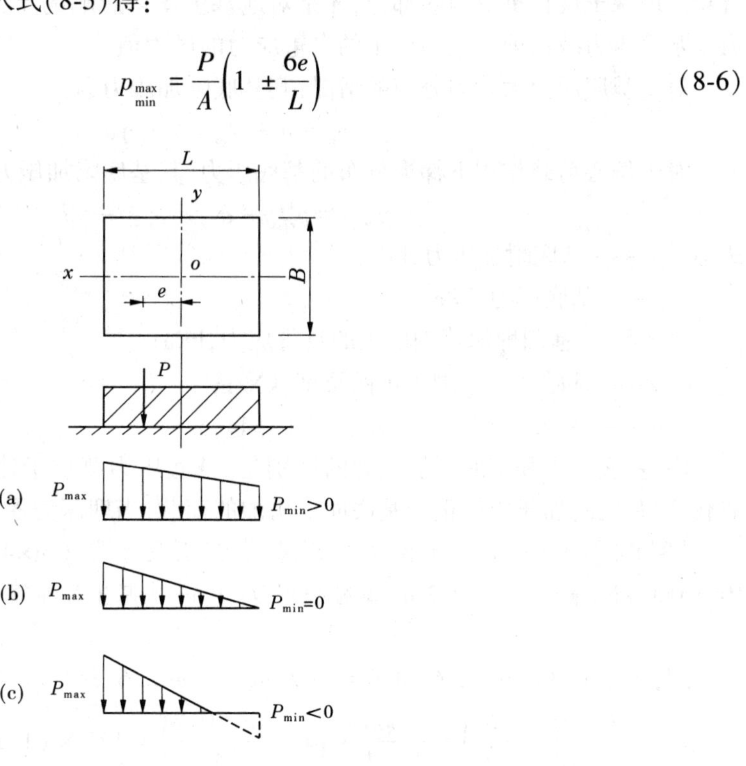

图 8-6　偏心荷载下基底压力分布

由式(8-6)可见:

(1)当 $e<L/6$ 时,$p_{min}>0$,基底压力呈梯形分布;

(2)当 $e=L/6$ 时,$p_{min}=0$,基底压力呈三角形分布;

上述两种情况都可利用式(8-5)和式(8-6)计算基底压力。

(3)当 $e>L/6$ 时,式(8-6)中的 $p_{min}<0$,即基础一侧将出现拉应力,而基底与土体之间几乎不能承受拉力,事实上基底压力将重新分配,使得另一侧压力将更加增大,式(8-5)及

式(8-6)不再适用,重新分配后的基底压力可根据静力平衡条件求得。

对于条形基础在偏心荷载作用下的基底压力,可按以下公式计算:

$$p_{\substack{max \\ min}} = \frac{\overline{P}}{B}\left(1 \pm \frac{6e}{B}\right) \tag{8-7}$$

式中 $\overline{P}$——每延米的荷载,kN/m;

B——基础宽度,m。

(三)基底附加压力

基底附加压力也就是基底净压力,是指在基础底面处的地基面上受到的压力增量。

若基础直接建在地基表面(不进行开挖),地基面上受到的压力增量就是基底压力值,而往往基础建在地面下一定深度,建基础之前需首先开挖一个基础埋深的土层,若基础及上部建筑的荷载正好等于开挖的土层荷载,对基底面来说,相当于没有增加荷载,只有超出埋深土层自重应力的部分,才是对地基土产生影响的压力值。实际上基底附加压力是基底压力减去埋深范围内土的自重应力的压力值。

对于基底压力为均匀分布的情况,其基底附加压力为:

$$p_0 = p - \sigma_{cz} = p - \gamma d \tag{8-8}$$

对于偏心荷载作用下梯形分布的基底压力,其基底附加压力为:

$$p_{0max} = p_{max} - \sigma_{cz} = p_{max} - \gamma d \tag{8-9}$$

式中 p_0——基底附加压力,kPa;

p——基底压力,kPa;

σ_{cz}——基础埋深范围内土的自重应力,kPa;

γ——基础埋深范围内土的重度,kN/m³;

d——基础埋设深度,从天然地面算起,m。

注:基底压力和基底附加压力的区别是,基底压力侧重于建筑物(连同基础)产生的荷载,而基底附加压力侧重于基底面上增加的荷载,当埋深为零时,两者数值相等。

【例 8-2】 如图 8-7 所示,一矩形基础,底面尺寸为 2 m×4 m,作用一竖向偏心荷载 P=1 000 kN,偏心距 e=0.2 m,基础埋深 d=1 m,地基土体重度 γ=18 kN/m³。试求基底压力及基底附加压力。

解:由于 e=0.2 m,$L/6$=4/6=0.67(m),即 $e<L/6$,故可用式(8-6)计算基底压力:

$$p_{\substack{max \\ min}} = \frac{P}{A} \times \left(1 \pm \frac{6e}{L}\right) = \frac{1\,000}{2 \times 4} \times \left(1 \pm \frac{6 \times 0.2}{4}\right) = 125 \times (1 \pm 0.3) = \begin{matrix} 162.5 \\ 87.5 \end{matrix} \text{(kPa)}$$

基底附加压力为:

$$p_{\substack{0max \\ min}} = p_{\substack{max \\ min}} - \gamma d = \begin{matrix} 162.5 \\ 87.5 \end{matrix} - 18 \times 1 = \begin{matrix} 144.5 \\ 69.5 \end{matrix} \text{(kPa)}$$

基底压力及基底附加压力分布见图 8-7。

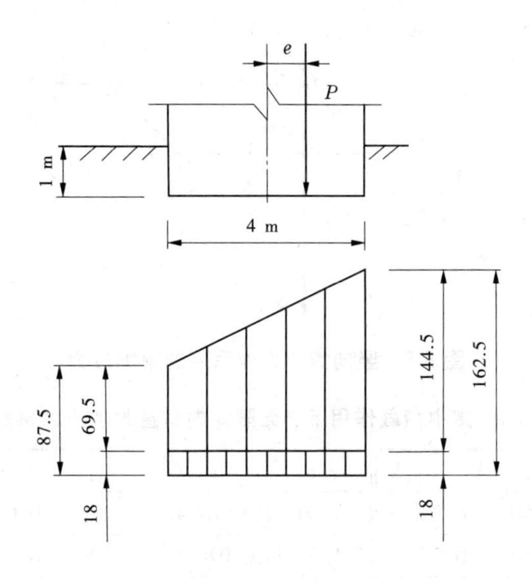

图 8-7　例 8-2 图

三、地基中的附加应力

在附加应力计算中，目前多将土体近似看作弹性体。在地基中某点的规则六面体上，受到的附加应力有各面上的法向应力和剪应力，这些应力按照弹性理论已有定解。这里仅介绍与地基变形主要相关的法向应力 σ_z，它是作用在水平面上的法向应力，方向竖直向下。

（一）竖向集中荷载作用下地基中的附加应力

竖向集中力是一种理想的情况，在实践中是没有集中力的，利用它的解答，通过叠加原理或者积分的方法，可以得到各种分布荷载作用的土中应力。

如图 8-8 所示，按照布西奈斯克的弹性理论解答，在均匀的各向同性的半无限弹性体表面，作用一集中力 P，在地面下某点 $M(x,y,z)$ 的应力 σ_z 为

$$\sigma_z = \frac{3P}{2\pi} \times \frac{z^3}{R^5} = \frac{3P}{2\pi z^2} \frac{1}{\left[1+\left(\frac{r}{z}\right)^2\right]^{\frac{5}{2}}} = \alpha \frac{P}{z^2} \tag{8-10}$$

式中　P——作用于坐标原点的集中力，kN；

R——计算点 M 与至集中力 P 作用点的距离，$R=\sqrt{x^2+y^2+z^2}$；

α——附加应力系数，$\alpha = \dfrac{3}{2\pi\left[1+\left(\frac{r}{z}\right)^2\right]^{\frac{5}{2}}}$，$\alpha$ 是 (r/z) 的函数，可由公式计算或查表 8-1 得到。

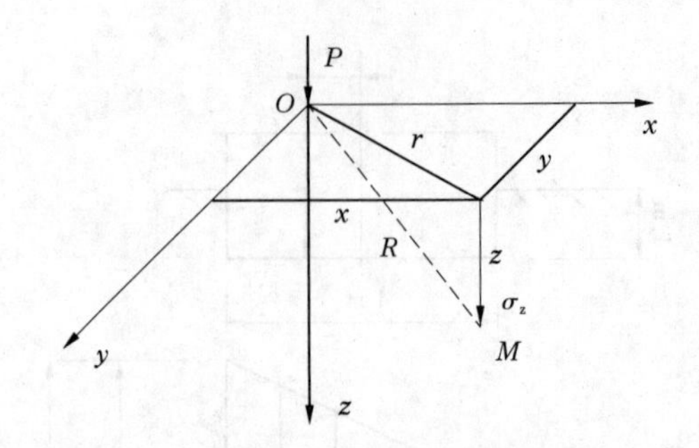

图 8-8　竖向集中力作用下的附加应力

表 8-1　集中荷载作用下半无限体内垂直附加应力系数 α

r/z	α	r/z	α	r/z	α	r/z	α	r/z	α
0	0.477 5	0.50	0.273 3	1.00	0.084 4	1.50	0.025 1	2.00	0.008 5
0.05	0.474 5	0.55	0.246 6	1.05	0.074 4	1.55	0.022 4	2.20	0.005 8
0.10	0.465 7	0.60	0.221 4	1.10	0.065 8	1.60	0.020 0	2.40	0.004 0
0.15	0.451 6	0.65	0.197 8	1.15	0.058 1	1.65	0.017 9	2.60	0.002 9
0.20	0.432 9	0.70	0.176 2	1.20	0.051 3	1.70	0.016 0	2.80	0.002 1
0.25	0.410 3	0.75	0.156 5	1.25	0.045 4	1.75	0.014 4	3.00	0.001 5
0.30	0.384 9	0.80	0.138 6	1.30	0.040 2	1.80	0.012 9	3.50	0.000 7
0.35	0.357 7	0.85	0.122 6	1.35	0.035 7	1.85	0.011 6	4.00	0.000 4
0.40	0.329 4	0.90	0.108 3	1.40	0.031 7	1.90	0.010 5	4.50	0.000 2
0.45	0.301 1	0.95	0.095 6	1.45	0.028 2	1.95	0.009 5	5.00	0.000 1

从式(8-10)可以看出,在集中力作用线上,附加应力随深度增加而减小,在同一深度 z 处,离 P 越远,附加应力越小,如图 8-9 所示,这一现象称为附加应力的扩散。而在地面上作用有两个集中力时,它们对地面下同一点均产生附加应力,该点附加应力将叠加,如图 8-10 所示,这一现象称为附加应力的积聚。

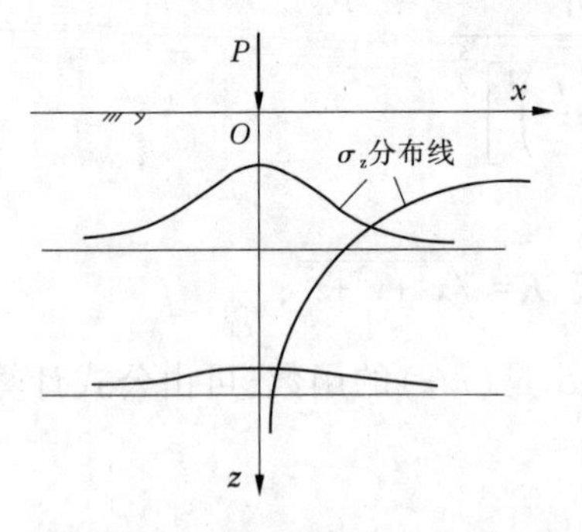

图 8-9　竖向集中荷载下 σ_z 分布

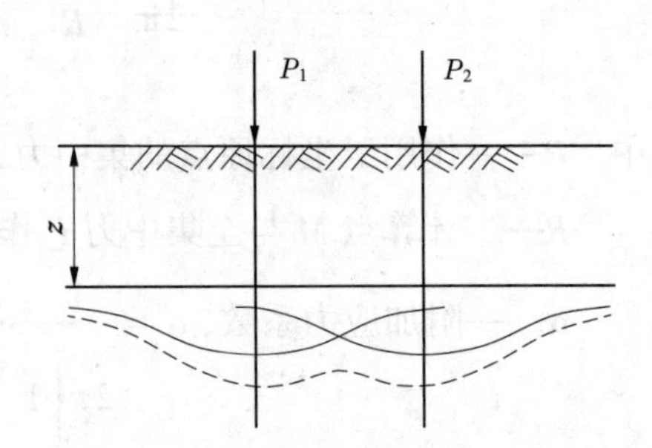

图 8-10　两个集中力作用下 σ_z 的叠加

因附加应力的扩散和积聚作用,邻近基础将互相影响,引起基础的附加沉降,旧建筑物在新建筑物作用下可能产生裂缝和倾斜等。因此,在工程设计和施工中必须考虑邻近建筑的相互影响。

(二)矩形基础在竖向均布荷载作用下地基中的附加应力

1.矩形基础某角点下的计算

如图8-11,在均布荷载作用下,矩形基础角点 c 下深度 z 处 M 点的竖向附加应力表示成如下形式:

$$\sigma_z = \alpha_c p \tag{8-11}$$

式中　p——竖向矩形均布荷载,kPa;

α_c——竖向矩形均布荷载作用时,角点下的附加应力系数,它是 L/B 和 z/B 的函数,可由表8-2查得,注意 L 为矩形基底的长边,B 为短边。

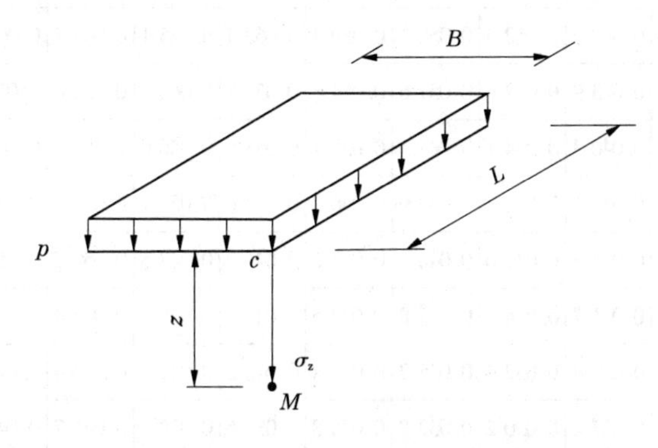

图8-11　矩形基底竖向均布荷载作用下的附加应力

表8-2　矩形基础在竖向均布荷载作用时角点下的附加应力系数 α_c 值

z/B	L/B													
	1.0	1.2	1.4	1.6	1.8	2.0	2.2	2.4	2.6	2.8	3.0	4.0	5.0	10.0
0	0.250 0	0.250 0	0.250 0	0.250 0	0.250 0	0.250 0	0.250 0	0.250 0	0.250 0	0.250 0	0.250 0	0.250 0	0.250 0	0.250 0
0.2	0.248 6	0.248 9	0.249 0	0.249 1	0.249 1	0.249 1	0.249 1	0.249 1	0.249 2	0.249 2	0.249 2	0.249 2	0.249 2	0.249 2
0.4	0.240 1	0.242 0	0.242 9	0.243 4	0.243 7	0.243 9	0.244 0	0.244 1	0.244 2	0.244 2	0.244 2	0.244 3	0.244 3	0.244 3
0.6	0.222 9	0.227 5	0.230 0	0.231 5	0.232 4	0.232 9	0.233 3	0.233 3	0.233 7	0.233 8	0.233 9	0.234 1	0.234 2	0.234 2
0.8	0.199 9	0.207 5	0.212 0	0.214 7	0.216 5	0.217 6	0.218 3	0.218 8	0.219 2	0.219 4	0.219 6	0.220 0	0.220 2	0.220 3
1.0	0.175 2	0.185 1	0.191 1	0.195 5	0.198 1	0.199 9	0.201 2	0.202 0	0.202 6	0.203 1	0.203 4	0.204 2	0.204 4	0.204 6
1.2	0.151 6	0.162 6	0.170 5	0.175 8	0.179 3	0.181 8	0.183 6	0.184 9	0.185 8	0.186 5	0.187 0	0.188 2	0.188 5	0.188 9
1.4	0.130 8	0.142 3	0.150 8	0.156 9	0.161 3	0.164 4	0.166 7	0.168 5	0.169 6	0.170 5	0.171 2	0.173 0	0.173 5	0.174 0
1.6	0.112 3	0.124 1	0.132 9	0.139 6	0.144 5	0.148 2	0.150 9	0.153 0	0.154 5	0.155 7	0.156 7	0.159 0	0.159 8	0.164 0
1.8	0.096 9	0.108 3	0.117 2	0.124 1	0.129 4	0.133 4	0.136 5	0.138 9	0.140 8	0.142 3	0.143 4	0.146 3	0.147 4	0.148 3
2.0	0.084 0	0.094 7	0.103 4	0.110 3	0.115 8	0.120 2	0.123 6	0.126 3	0.128 4	0.130 0	0.131 4	0.135 0	0.136 3	0.137 5
2.2	0.073 2	0.083 2	0.091 7	0.098 4	0.103 9	0.108 4	0.112 0	0.114 9	0.117 2	0.119 1	0.120 5	0.124 8	0.126 4	0.127 9
2.4	0.064 2	0.073 4	0.081 3	0.087 9	0.093 4	0.097 9	0.101 6	0.104 7	0.107 1	0.109 2	0.110 8	0.115 6	0.117 5	0.119 4

续表 8-2

z/B	L/B													
	1.0	1.2	1.4	1.6	1.8	2.0	2.2	2.4	2.6	2.8	3.0	4.0	5.0	10.0
2.6	0.056 6	0.065 1	0.072 5	0.078 8	0.084 2	0.088 7	0.092 4	0.095 5	0.098 1	0.100 3	0.102 0	0.107 3	0.109 5	0.111 8
2.8	0.050 2	0.058 0	0.064 9	0.070 9	0.076 1	0.080 5	0.084 2	0.087 5	0.090 0	0.092 3	0.094 2	0.099 9	0.102 4	0.105 0
3.0	0.044 7	0.051 9	0.058 3	0.064 0	0.069 0	0.073 2	0.076 9	0.080 1	0.082 8	0.085 1	0.087 0	0.093 1	0.095 9	0.099 0
3.2	0.040 1	0.046 7	0.052 6	0.058 0	0.062 7	0.066 8	0.070 4	0.073 5	0.076 2	0.078 6	0.080 6	0.087 0	0.090 0	0.093 5
3.4	0.036 1	0.042 1	0.047 7	0.052 7	0.057 1	0.061 1	0.064 6	0.067 7	0.070 4	0.072 7	0.074 7	0.081 4	0.084 7	0.088 6
3.6	0.032 6	0.038 2	0.043 3	0.048 0	0.052 3	0.056 1	0.059 4	0.062 4	0.065 1	0.064 7	0.069 4	0.076 3	0.079 9	0.084 2
3.8	0.029 6	0.034 8	0.039 5	0.043 9	0.047 9	0.051 6	0.054 8	0.057 7	0.060 3	0.062 6	0.064 6	0.071 7	0.075 3	0.080 2
4.0	0.027 0	0.031 8	0.036 2	0.040 3	0.044 1	0.047 4	0.050 7	0.053 5	0.056 0	0.058 8	0.060 3	0.067 4	0.071 2	0.076 5
4.2	0.024 7	0.029 1	0.033 3	0.037 1	0.040 7	0.043 9	0.046 9	0.049 6	0.052 1	0.054 3	0.056 3	0.063 4	0.067 4	0.073 1
4.4	0.022 7	0.026 8	0.030 6	0.034 3	0.037 6	0.040 7	0.043 6	0.046 2	0.048 5	0.050 7	0.052 7	0.059 7	0.063 9	0.070 0
4.6	0.020 9	0.024 7	0.028 3	0.031 7	0.034 8	0.037 8	0.040 5	0.043 0	0.045 3	0.047 4	0.049 3	0.056 4	0.060 6	0.067 1
4.8	0.019 3	0.022 9	0.026 2	0.029 4	0.032 4	0.035 2	0.037 8	0.040 2	0.042 4	0.044 4	0.046 3	0.053 3	0.057 6	0.064 5
5.0	0.017 9	0.021 2	0.024 3	0.027 4	0.030 2	0.032 8	0.035 8	0.037 6	0.039 7	0.041 7	0.043 5	0.050 4	0.054 7	0.062 0
6.0	0.012 7	0.015 1	0.017 4	0.019 6	0.021 8	0.023 8	0.025 7	0.027 6	0.029 3	0.031 0	0.032 5	0.038 8	0.043 1	0.052 1
7.0	0.009 4	0.011 2	0.013 0	0.014 7	0.016 4	0.018 0	0.019 5	0.021 0	0.022 4	0.023 8	0.025 1	0.030 6	0.034 6	0.044 9
8.0	0.007 3	0.008 7	0.010 1	0.011 4	0.012 7	0.014 0	0.015 3	0.016 5	0.017 4	0.018 7	0.019 8	0.024 6	0.028 3	0.039 4
9.0	0.005 8	0.006 9	0.008 0	0.009 1	0.010 2	0.011 2	0.012 2	0.013 2	0.014 2	0.015 2	0.016 1	0.020 2	0.023 5	0.035 1
10.0	0.004 7	0.005 6	0.006 5	0.007 4	0.008 3	0.009 2	0.010 0	0.010 8	0.011 6	0.012 4	0.013 2	0.016 7	0.019 8	0.031 6

2. 矩形基础下任意位置的附加应力计算——角点法

若计算点不在某角点正对的下方，可将荷载作用面划分为几个部分，使得计算点在每个部分的角点下。如果计算点在基底面以外，可先补一部分荷载再划分，最后减去所补部分的作用。即采用叠加原理求出计算点的竖向应力 σ_z 值，这种计算方法一般称为角点法。

根据计算点位置的不同，可有以下四种情况(见图 8-12)。

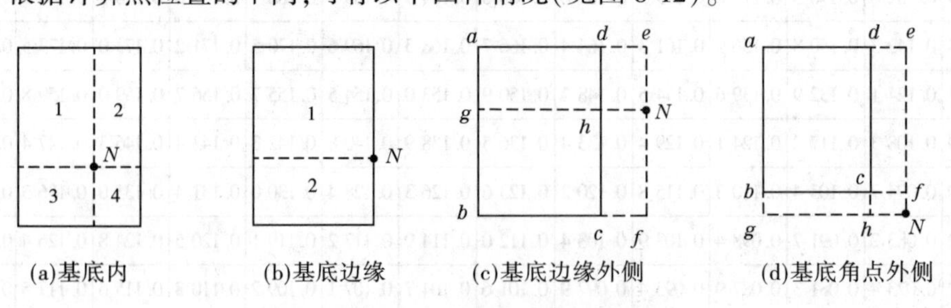

(a)基底内　(b)基底边缘　(c)基底边缘外侧　(d)基底角点外侧

图 8-12　角点法应用示意图

(1)计算点在基底面内 N 点下,如图 8-12(a)所示,则

$$\sigma_z = (\alpha_{c1} + \alpha_{c2} + \alpha_{c3} + \alpha_{c4})p$$

(2)计算点在基底边缘 N 点下,如图 8-12(b)所示,则

$$\sigma_z = (\alpha_{c1} + \alpha_{c2})p$$

(3)计算点在基底边缘外侧 N 点下,如图 8-12(c)所示,则

$$\sigma_z = (\alpha_{cNa} + \alpha_{cNb} - \alpha_{cNd} - \alpha_{cNc})p$$

(4)计算点在基角点外侧 N 点下,如图 8-12(d)所示,则

$$\sigma_z = (\alpha_{cNa} - \alpha_{cNb} - \alpha_{cNd} + \alpha_{cNc})p$$

【例 8-3】 如图 8-13 所示,一矩形基础,底面尺寸为 2 m×3.4 m,基础及其上部荷载 P=1 360 kN。试求图中 A 点以下 z=4 m 处的竖向附加应力 σ_z。

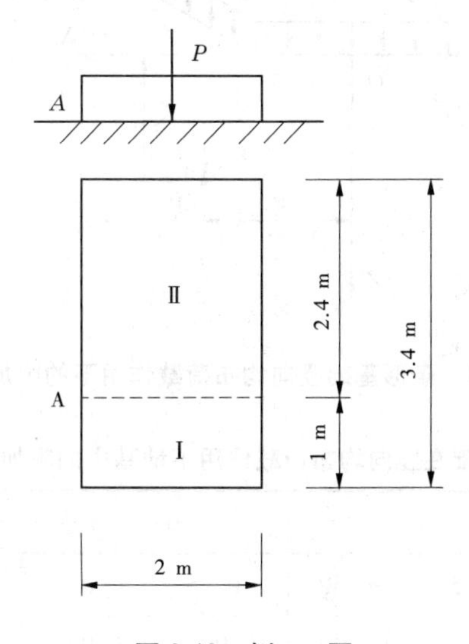

图 8-13　例 8-3 图

解:基底面受中心荷载作用,基底压力按均匀分布简化,基底压力为

$$p = \frac{1\ 360}{2 \times 3.4} = 200(\text{kPa})$$

过 A 点将矩形底面分为Ⅰ、Ⅱ两部分。

对部分Ⅰ:

$L/B = 2/1 = 2, z/B = 4/1 = 4$,查表 8-2 得 $\alpha_c^{\text{I}} = 0.047\ 4$。

对部分Ⅱ:

$L/B = 2.4/2 = 1.2, z/B = 4/2 = 2$,查表 8-2 得 $\alpha_c^{\text{II}} = 0.094\ 7$。

$$\sigma_z = (\alpha_c^{\text{I}} + \alpha_c^{\text{II}})p = (0.047\ 4 + 0.094\ 7) \times 200 = 28.42(\text{kPa})$$

说明:如果基础底面有埋深,计算中应以 p_0 代替 p。

(三)条形基础在竖向均布荷载作用下地基中的附加应力

条形基础由于一边很长,沿长边各个断面均可看作对称面,其中一个面的应力情况即

可代表所有面的情况，在计算方法上不同于角点法，相比之下，计算更为便捷。

如图 8-14 所示，设宽度为 B 的条形基础产生均布荷载 p，土中任一点的竖向应力 σ_z 由弹性理论中的弗拉曼公式在荷载分布宽度范围内积分得到，可表示为如下形式：

$$\sigma_z = \alpha_z^s p \tag{8-12}$$

式中　p ——竖向条形均布荷载，kPa；

α_z^s ——竖向条形均布荷载作用下地基中的附加应力系数，它是 x/B 和 z/B 的函数，可由表 8-3 查得，注意此时坐标系的原点是在均布荷载的中点处。

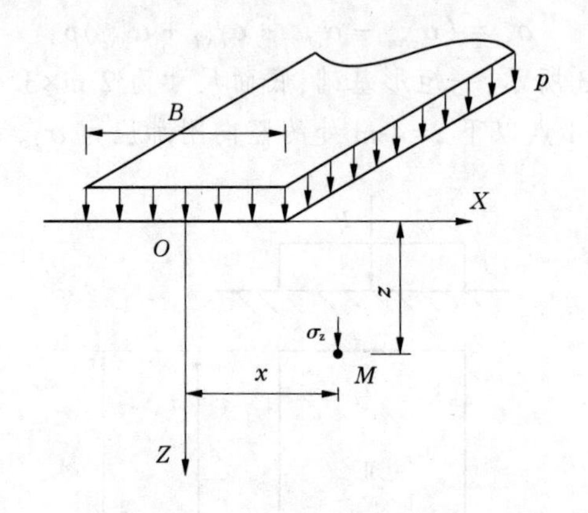

图 8-14　条形基础竖向均布荷载作用下的附加应力

表 8-3　条形基础在竖向均布荷载作用下地基中的附加应力系数 α_z^s 值

z/B	x/B							
	-1.0	-0.75	-0.50	-0.25	0	+0.25	+0.50	+0.75
0.01	0.001	0	0.500	0.999	0.999	0.999	0.500	0
0.1	0.002	0.011	0.499	0.988	0.997	0.988	0.499	0.011
0.2	0.011	0.091	0.498	0.936	0.978	0.936	0.498	0.091
0.4	0.056	0.174	0.489	0.797	0.881	0.797	0.489	0.174
0.6	0.111	0.243	0.468	0.679	0.756	0.679	0.468	0.243
0.8	0.155	0.276	0.440	0.586	0.642	0.586	0.440	0.276
1.0	0.186	0.288	0.409	0.511	0.549	0.511	0.409	0.288
1.2	0.202	0.287	0.375	0.450	0.478	0.450	0.375	0.287
1.4	0.210	0.279	0.348	0.401	0.420	0.401	0.348	0.279
2.0	0.205	0.242	0.275	0.298	0.306	0.298	0.275	0.242

【例 8-4】　如图 8-15 所示，某条形基础宽度 $B=4$ m，其上作用垂直中心荷载 $\bar{p}=600$ kN/m。试求基础中点下 9 m 范围内的附加应力 σ_z，并绘制应力分布图。

解：中心荷载作用基底压力简化为均匀分布：

$$p = \frac{\bar{p}}{B} = \frac{600}{4} = 150(\text{kPa})$$

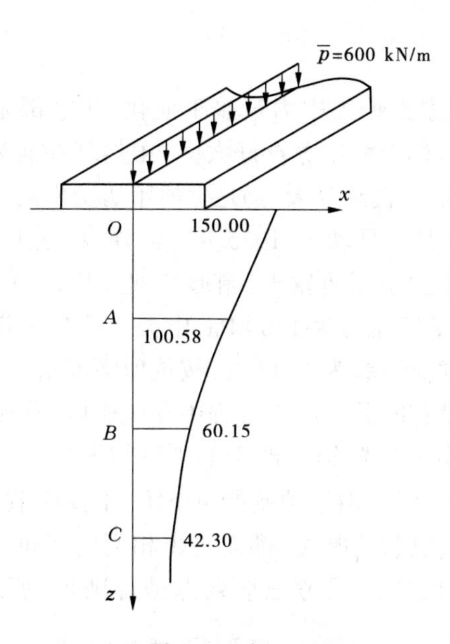

图 8-15　例 8-4 图

按图示建立坐标系，坐标原点在基础中心处，z 轴向下，x 轴向右（或左），取 $z=3$ m，6 m、9 m 几个点进行计算，分别以 A、B、C 标记。当 $z=3$ m 时，$x/B=0$，$z/B=3/4=0.75$，附加应力系数 α_z^s 由表 8-4 经线性内插而得。

$$\alpha_z^s = 0.642 + \frac{0.8-0.75}{0.8-0.6} \times (0.756-0.642)$$
$$= 0.670\ 5$$
$$\sigma_z = 0.670\ 5 \times 150 = 100.58(\text{kPa})$$

同理可得其他点的附加应力 σ_z，如表 8-4 所示。

表 8-4　σ_z 计算

点位	z/m	z/B	α_z^s	σ_z/kPa
O	0	0	1	150.00
A	3	0.75	0.670 5	100.58
B	6	1.5	0.401	60.15
C	9	2.25	0.282	42.30

任务二　确定土的压缩性指标

❖引例❖

20 世纪 50 年代中叶，国家正在集中力量搞工业化，住宅都是 6 层以下，更无力顾及公共建筑。上海展览馆(当时称上海中苏友好大厦)虽然现在看来规模不算很大，当时却是标志性建筑，如图 8-16 所示。直到今天，仍是上海市历史性的标志性建筑之一。

上海展览馆于 1954 年 5 月 4 日动工，1955 年 3 月建成，施工时间 10 个月。中央大厅采用天然地基，地基为高压缩性淤泥质软土，箱形基础。基础埋深为 0.5 m，平面尺寸为 46.5 m×46.5 m，高 7.27 m，基底压力为 130 kPa，中央大厅与两翼之间设置了沉降缝。持力层的容许承载力，按现场载荷试验为 140 kPa，按抗剪强度指标计算，容许值为 150 kPa，两者相当接近，承载力似乎没有问题。施工过程中和建成后，发现沉降量很大，

1957 年，在仔细观察和分析展览馆内严重的裂隙情况后，专家们做出了展览馆裂隙修补后可以继续使用的结论。但是由于地基严重下沉，不仅使散水倒坡，而且建筑物室内外连接，内外网之间的水、暖、电管道断裂，都需付出相当的代价。由此可见，地基上的重要建筑，必须按变形控制设计，不能只考虑承载力是否满足，那地基土的压缩性怎么确定呢？

图 8-16　上海展览馆

❖知识准备❖

土的压缩性是指土在压力作用下体积缩小而被压密的性能，在建筑物荷载作用下，土体会产生压缩变形，当荷载 $p<600$ kPa 时，土粒和水本身的变形很小，可以忽略不计。因而土体发生变形主要是由于孔隙中孔隙水和气体被挤出，孔隙体积随之减小的，其变形主要是竖向的压缩变形。土的压缩性的大小，工程上一般采用压缩试验来确定。

一、压缩性指标确定

码 8-2　微课-固结试验

(一)室内压缩试验

土的室内压缩试验亦称固结试验,是研究土压缩性最基本的方法。试验主要仪器为侧限压缩仪(又称固结仪),如图 8-17 所示。试验时将切有土样的环刀置于刚性护环中,由于金属环刀及刚性护环的限制,使得土样在竖向压力作用下只能发生竖向变形,而无侧向变形。在土样上下放置的透水石是土样受压后排出孔隙水的两个界面。压缩过程中竖向压力通过刚性板施加给土样,土样产生的压缩量可通过百分表量测。常规压缩试验通过逐级加荷进行试验,常用的分级加荷量 p 为 50 kPa、100 kPa、200 kPa、300 kPa、400 kPa。

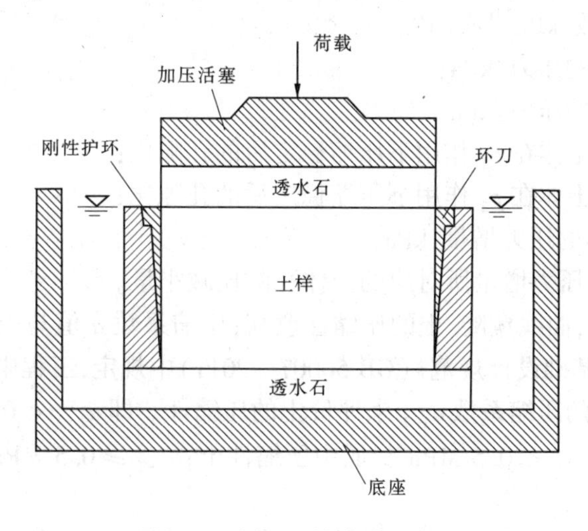

图 8-17　侧限压缩试验示意图

根据压缩过程中土样变形与土的三相指标的关系(见图 8-18),可以导出试验过程孔隙比 e_i 与压缩量 $\sum \Delta H_i$ 的关系,即

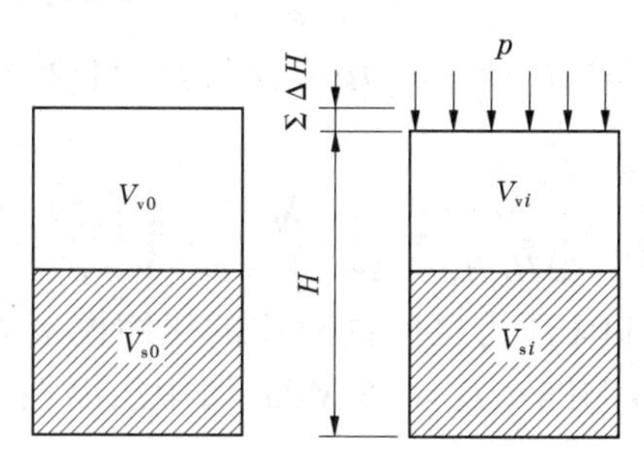

图 8-18　土的压缩试验原理

$$e_i = e_0 - \frac{\sum \Delta H_i}{H_0}(1 + e_0) \tag{8-13}$$

式中　e_i——第 i 级荷载作用下稳定后土样的孔隙比;

e_0——压缩前土样的孔隙比；

$\sum \Delta H_i$——第 i 级荷载作用稳定后相应的总变形量；

H_0——压缩前土样的原始高度。

(二)压缩性指标

1. 压缩系数 a

通常可将常规压缩试验所得的 $e-p$ 数据采用普通直角坐标绘制成 $e-p$ 曲线。设压力由 p_1 增至 p_2，相应的孔隙比由 e_1 减小到 e_2，当压力变化范围不大时，可将 M_1M_2 一小段曲线用割线来代替，用割线 M_1M_2 的斜率来表示土在这一段压力范围的压缩性，即

$$a=\tan\alpha=-\frac{\Delta e}{\Delta p}=\frac{e_1-e_2}{p_2-p_1} \tag{8-14}$$

式中 a——压缩系数，kPa^{-1} 或 MPa^{-1}；

p_1——增压前的压力，kPa；

p_2——增压后的压力，kPa；

e_1——增压前土体在 p_1 作用下压缩稳定后的孔隙比；

e_2——增压后土体在 p_2 作用下压缩稳定后的孔隙比；

Δp——所施加的压力增量，kPa；

Δe——相应于压力增量所对应的土体孔隙比减小量。

压缩系数 a 愈大，曲线愈陡，土的压缩性愈高；压缩系数 a 值与土所受的荷载大小有关。我国《建筑地基基础设计规范》(GB 50007—2011)中规定，工程中一般采用 100~200 kPa 压力区间内对应的压缩系数 a_{1-2} 来评价土的压缩性。即 $a_{1-2}<0.1\ MPa^{-1}$，属低压缩性土；$0.1\ MPa^{-1}\leqslant a_{1-2}<0.5\ MPa^{-1}$，属中压缩性土；$a_{1-2}\geqslant 0.5\ MPa^{-1}$，属高压缩性土。

2. 压缩模量 E_s

土在完全侧限的条件下竖向应力增量 Δp(如从 p_1 增至 p_2)与相应的竖向应变 ε 的比值，称为土的压缩模量，即

$$E_s=\frac{\Delta p}{\varepsilon} \tag{8-15}$$

压力增量 $\Delta p=p_2-p_1$，竖向应变 $\varepsilon=(H_1-H_2)/H_1$，可以导出压缩系数 a 与压缩模量 E_s 之间的关系：

$$E_s=\frac{\Delta p}{\Delta H/H_1}=\frac{\Delta p}{\Delta e/(1+e_1)}=\frac{1+e_1}{a} \tag{8-16}$$

同样，可以用 100~200 kPa 压力区间内对应的压缩模量 E_s 值评价土的压缩性，即 $E_s<4$ MPa，属高压缩性土；4 MPa $\leqslant E_s\leqslant$ 15 MPa，属中压缩性土；$E_s>15$ MPa，属低压缩性土。

3. 压缩指数 C_c

将 $e-\lg p$ 曲线直线段的斜率用 C_c 来表示，称为压缩指数，即

$$C_c=\frac{e_1-e_2}{\lg p_2-\lg p_1}=\frac{e_1-e_2}{\lg\frac{p_2}{p_1}} \tag{8-17}$$

压缩指数 C_c 与压缩系数 a 不同，它在压力较大时为常数，不随压力变化而变化。C_c 值越大，土的压缩性越高，低压缩性土的 C_c 一般小于 0.2，高压缩性土的 C_c 值一般大于 0.4。

❖技能应用❖

技能 1　测定土的压缩指标

一、目的要求

掌握土的压缩试验基本原理和试验方法，了解试验的仪器设备，熟悉试验的操作步骤，掌握压缩试验成果的整理方法，计算压缩系数、压缩模量，并绘制土的压缩曲线。

二、试验原理

由土力学知识知道，土体在外力作用下的体积减少是由孔隙体积减少引起的，可以用孔隙比的变化来表示。在侧向不变形的条件下，试样在荷载增量 Δp 作用下，孔隙比的变化 Δe 可用无侧向变形条件下的压缩量公式表示为：$s=\frac{e_1-e_2}{1+e_1}H$。式中：s 为土样在 Δp 作用下压缩量(cm)；H 为土样在 p_1 作用下压缩稳定后的厚度(cm)；e_1、e_2 分别为土样厚为 H 时的孔隙比和在 Δp 作用下压缩稳定后(压缩沉降量为 s)的孔隙比，孔隙比 e_2 对应的压力为 $p_2=p_1+\Delta p$，e_2 的表达式为：$e_2=e_1-\frac{s}{H}(1+e_1)$。

由上述公式可知，只要知道土样在初始条件下：$p_0=0$ 时的高度 H_0 和孔隙比 e_0，就可以计算出每级荷载 p_i 作用下的孔隙比 e_i。由 (p_i,e_i) 可以绘出 $e-p$ 曲线。

三、试验方法

土的最小干密度试验宜采用漏斗法和量筒法，土的最大干密度试验采用振动锤击法。

四、仪器设备

(1)固结容器。由环刀、护环、透水板、水槽以及加压上盖组成。①环刀：内径为 61.8 mm 和 79.8 mm，高度为 20 mm，环刀应具有一定的刚度，内壁应保持较高的光洁度，宜涂一薄层硅脂或聚四氟乙烯；②透水板：由氧化铝或不受腐蚀的金属材料制成，其渗透系数应大于试样的渗透系数。用固定式容器时，顶部透水板直径应小于环刀内径 0.2~0.5 mm；用浮环式容器时上下端透水板直径相等，均应小于环刀内径。

(2)加压设备。应能垂直地在瞬间施加各级规定的压力，且没有冲击力，压力准确度应符合现行国家标准《岩土工程仪器基本参数及通用技术条件》(GB/T 15406—2007)的规定。

(3)变形量测设备。量程 10 mm，最小分度值为 0. 01 mm 的百分表或准确度为全量程 0.2%的位移传感器。

五、试验步骤

(1)在固结容器内放置护环、透水板和薄型滤纸,将带有试样的环刀装入护环内,在导环、试样上依次放上薄型滤纸、透水板和加压上盖,并将固结容器置于加压框架正中,使加压上盖与加压框架中心对准,安装百分表或位移传感器。(注:滤纸和透水板的湿度应接近试样的湿度。)

(2)施加 1 kPa 的预压力使试样与仪器上下各部件之间接触,将百分表或传感器调整到零位或测读初读数。

(3)确定需要施加的各级压力,压力等级宜为 12.5 kPa、25 kPa、50 kPa、100 kPa、200 kPa、400 kPa、800 kPa、1 600 kPa、3 200 kPa。第一级压力的大小应视土的软硬程度而定,宜用 12.5 kPa、25 kPa 或 50 kPa。最后一级压力应大于土的自重压力与附加压力之和。只需测定压缩系数时,最大压力不小于 400 kPa。

(4)需要确定原状土的先期固结压力时,初始段的荷重率应小于 1,可采用 0.5 或 0.25。施加的压力应使测得的 e-log$p$ 曲线下段出现直线段。对超固结土,应进行卸压、再加压来评价其再压缩特性。

(5)对于饱和试样,施加第一级压力后应立即向水槽中注水浸没试样。非饱和试样进行压缩试验时,须用湿棉纱围住加压板周围。

(6)需要进行回弹试验时,可在某级压力下固结稳定后退压,直至退到要求的压力,每次退压至 24 h 后测定试样的回弹量。

(7)试样的初始孔隙比,应按下式计算:$e_0 = \dfrac{(1+\omega_0)G_s\rho_w}{\rho_0} - 1$。式中,$e_0$ 为试样的初始孔隙比。

(8)各级压力下试样固结稳定后的单位沉降量,应按下式计算:$S_i = \dfrac{\sum \Delta h_i}{h_0} \times 10^3$。式中,$S_i$ 为某级压力下的单位沉降量,mm/m;h_0 为试样初始高度,mm;$\sum \Delta h_i$ 为某级压力下试样固结稳定后的总变形量(等于该级压力下固结稳定读数减去仪器变形量),mm;10^3 为单位换算系数。

(9)各级压力下试样固结稳定后的孔隙比,应按下式计算:$e_i = e_0 - \dfrac{1+e_0}{h_0}\Delta h_i$。式中,$e_i$ 为各级压力下试样固结稳定后的孔隙比。

(10)某一压力范围内的压缩系数,应按下式计算:$a_V = \dfrac{e_i - e_{i+1}}{p_{i+1} - p_i}$。式中,$a_V$ 为压缩系数,MPa^{-1};p_i 为某级压力值,MPa。

(11)某一压力范围内的压缩模量,应按下式计算:$E_s = (1+e_0)/a_V$。式中,E_s 为某压力范围内的压缩模量,MPa。

(12)某一压力范围内的体积压缩系数,应按下式计算:$m_V = \dfrac{1}{E_s} = \dfrac{a_V}{1+e_0}$。式中,$m_V$

为某压力范围内的体积压缩系数，MPa^{-1}。

(13)若采用快速加压法，在每小时观察测微表读数后即加下一级荷载，但最后一级荷重应观察到压缩稳定为止。

任务三　地基变形计算

❖引例❖

安徽佛子岭水库为一混凝土连拱坝，1954 年建成，坝高 75.9 m，长 510 m，是治理淮河水患的第一座大型工程，由于清基不彻底，坝底有软弱岩层未清除，致使坝基发生不均匀沉降变形，坝体发生多条裂缝，后经过两次大规模加固补强处理，但 1996 年仍被定为“病坝”，仍需要彻底处理。由此可见，在工程建设之前预算地基最终沉降量十分必要，那么，地基沉降量该如何计算？

❖知识准备❖

由于地基土体在建筑物荷载作用下会产生压缩变形，使得建筑物发生沉降，沉降量或沉降差较大时，就会影响建筑物的正常使用，严重时还可使建筑物开裂、倾斜，甚至倒塌。因此，为了保证建筑物的安全和正常使用，必须计算地基土体的沉降量、沉降差，把地基的变形值控制在容许的范围内。

地基土层在建筑物荷载作用下达到固结稳定时的最大沉降量，称为地基最终沉降量。通常采用分层总和法和规范法(应力面积法)计算地基最终沉降量。

一、分层总和法

码 8-3　微课-地基沉降量计算

(一)计算原理

分层总和法一般取基底中心点下地基附加应力来计算各分层土的竖向压缩量，认为基础的平均沉降量 s 为各分层上竖向压缩量 s_i 之和。在计算出 s_i 时，假设地基土只在竖向发生压缩变形，没有侧向变形，故可利用室内侧限压缩试验成果进行计算。

$$s = \sum_{i=1}^{n} s_i \tag{8-18}$$

式中　s——地基最终沉降量，mm；

s_i——第 i 分层土的竖向压缩量，mm。

(二)计算公式

各分层的沉降量可按下式计算：

$$s_i = \Delta H_i = \frac{e_{1i} - e_{2i}}{1 + e_{1i}} H_i = \frac{\Delta e_i}{1 + e_{1i}} H_i \tag{8-19}$$

式中　ΔH_i——施加荷载达沉降稳定后第 i 分层土的沉降量，mm；

H_i——施加荷载前第 i 分层土的厚度，mm；

e_{1i} ——对应于第 i 分层土应力 p_{1i} 从土的压缩曲线上得到的孔隙比，p_{1i} 即第 i 分层土上下层面自重应力值的平均值；

e_{2i} ——对应于第 i 分层土应力 p_{2i} 从土的压缩曲线上得到的孔隙比，p_{2i} 即第 i 分层土自重应力平均值 p_{1i} 与应力增量 Δp_i（上下层面附加应力值的平均值）之和。

若引入压缩系数 a，压缩模量 E_s，上式可变为：

$$s_i = \frac{a_i}{1 + e_{i1}} \Delta p_i H_i \tag{8-20}$$

式中 a_i ——第 i 分层土的压缩系数，kPa^{-1} 或 MPa^{-1}。

$$s_i = \frac{\Delta p_i}{E_{si}} H_i \tag{8-21}$$

式中 E_{si} ——第 i 分层土的压缩模量，kPa 或 MPa。

（三）计算步骤

（1）地基土分层。成层土的层面（不同土层的压缩性及重度不同）及地下水位面（水位下土受到浮力）是天然的分层界面，其中较厚土层需再分，分层厚度一般不宜大于 0.4B（B 为基底宽度）。

（2）计算各分层界面处土的自重应力，土的自重应力应从天然地面起算。

（3）计算基底压力及基底附加压力。

（4）计算各分层界面处附加应力。

（5）确定计算深度（压缩层厚度）。一般取地基附加应力等于自重应力的 20%深度处作为沉降计算深度的限值（$\sigma_z/\sigma_{cz} \leq 0.2$）；若在该深度以下为高压缩性土，则应取地基附加应力等于自重应力的 10%深度处作为沉降计算深度的限值（$\sigma_z/\sigma_{cz} \leq 0.1$）；

（6）计算各分层土的压缩量 s_i：$s_i = \dfrac{e_{1i} - e_{2i}}{1 + e_{1i}} H_i$。

（7）计算总变形量：$s = \sum s_i = \sum\limits_{i=1}^{n} \dfrac{e_{1i} - e_{2i}}{1 + e_{1i}} H_i$。

二、应力面积法

（一）计算原理

应力面积法是《建筑地基基础设计规范》（GB 50007—2011）中推荐使用的一种计算地基最终沉降量的方法，故又称为规范法。应力面积法一般按地基土的天然分层面划分计算土层，引入土层平均附加应力的概念，通过平均附加应力系数，将基底中心以下地基中 $z_{i-1} \sim z_i$ 深度范围的附加应力按等面积原则化为相同深度范围内矩形分布时的分布应力大小，再按矩形分布应力情况计算土层的压缩量，各土层压缩量的总和即为地基的计算沉降量。

理论上基础的平均沉降量可表示为

$$s' = \sum_{i=1}^{n} \Delta s'_i = \sum_{i=1}^{n} \frac{p_0}{E_{si}} (z_i \overline{\alpha}_i - z_{i-1} \overline{\alpha}_{i-1}) \tag{8-22}$$

式中　n——沉降计算深度范围划分的土层数；

p_0——基底附加压力，kPa；

$\overline{\alpha}_i, \overline{\alpha}_{i-1}$——平均竖向附加应力系数，对于矩形面积上均布荷载作用时角点下平均竖向附加应力系数 $\overline{\alpha}$ 值，可从表 8-5 查得；

$\overline{\alpha}_i p_0, \overline{\alpha}_{i-1} p_0$——分别将基底中心以下地基中 $z_{i-1} \sim z_i$ 深度范围附加应力，按等面积化为相同深度范围内矩形分布时分布应力的大小。

表 8-5　矩形面积受铅直均布荷载作用下基础中心点下地基的平均附加应力系数 $\overline{\alpha}$

z/b	l/b												
	1.0	1.2	1.4	1.6	1.8	2.0	2.4	2.8	3.2	3.6	4.0	5.0	>10
0	1.000	1.000	1.000	1.000	1.000	1.000	1.000	1.000	1.000	1.000	1.000	1.000	1.000
0.1	0.997	0.998	0.998	0.998	0.998	0.998	0.998	0.998	0.998	0.998	0.998	0.998	0.998
0.2	0.987	0.990	0.991	0.992	0.992	0.992	0.993	0.993	0.993	0.993	0.993	0.993	0.993
0.3	0.967	0.973	0.976	0.978	0.979	0.979	0.980	0.980	0.981	0.981	0.981	0.981	0.982
0.4	0.936	0.947	0.953	0.956	0.958	0.965	0.961	0.962	0.962	0.963	0.963	0.963	0.963
0.5	0.900	0.915	0.924	0.929	0.933	0.935	0.937	0.939	0.939	0.940	0.940	0.940	0.940
0.6	0.858	0.878	0.890	0.898	0.903	0.906	0.910	0.912	0.913	0.914	0.914	0.915	0.915
0.7	0.816	0.840	0.855	0.865	0.871	0.876	0.881	0.884	0.885	0.886	0.887	0.887	0.888
0.8	0.775	0.801	0.819	0.831	0.839	0.844	0.851	0.855	0.857	0.858	0.859	0.860	0.860
0.9	0.735	0.764	0.784	0.797	0.806	0.813	0.821	0.826	0.829	0.830	0.831	0.832	0.833
1.0	0.698	0.723	0.749	0.764	0.775	0.783	0.792	0.798	0.801	0.803	0.804	0.806	0.807
1.1	0.663	0.694	0.717	0.733	0.744	0.753	0.764	0.771	0.775	0.777	0.779	0.780	0.782
1.2	0.631	0.663	0.686	0.703	0.715	0.725	0.737	0.744	0.749	0.752	0.754	0.756	0.758
1.3	0.601	0.633	0.657	0.674	0.688	0.698	0.711	0.719	0.725	0.728	0.730	0.733	0.735
1.4	0.573	0.605	0.629	0.648	0.661	0.672	0.687	0.696	0.701	0.705	0.708	0.711	0.714
1.5	0.548	0.580	0.604	0.622	0.637	0.643	0.664	0.676	0.679	0.683	0.686	0.690	0.693
1.6	0.524	0.556	0.580	0.599	0.613	0.625	0.641	0.651	0.658	0.663	0.666	0.670	0.675
1.7	0.502	0.533	0.558	0.577	0.591	0.603	0.620	0.631	0.638	0.643	0.646	0.651	0.656
1.8	0.482	0.513	0.537	0.556	0.571	0.583	0.600	0.611	0.619	0.624	0.629	0.633	0.638
1.9	0.463	0.493	0.517	0.536	0.551	0.563	0.581	0.593	0.601	0.606	0.610	0.616	0.622
2.0	0.446	0.475	0.499	0.518	0.533	0.545	0.563	0.575	0.584	0.590	0.594	0.600	0.606
2.1	0.429	0.459	0.482	0.500	0.515	0.528	0.546	0.559	0.567	0.574	0.578	0.585	0.591
2.2	0.414	0.443	0.466	0.484	0.499	0.511	0.530	0.543	0.552	0.558	0.563	0.570	0.577

续表 8-5

z/b	l/b												
	1.0	1.2	1.4	1.6	1.8	2.0	2.4	2.8	3.2	3.6	4.0	5.0	>10
2.3	0.400	0.428	0.451	0.469	0.484	0.496	0.515	0.528	0.537	0.544	0.548	0.556	0.564
2.4	0.387	0.414	0.436	0.454	0.469	0.481	0.500	0.513	0.523	0.530	0.535	0.543	0.551
2.5	0.374	0.401	0.423	0.441	0.455	0.468	0.486	0.500	0.509	0.516	0.522	0.530	0.539
2.6	0.362	0.389	0.410	0.428	0.442	0.455	0.473	0.487	0.496	0.504	0.509	0.518	0.528
2.7	0.351	0.377	0.398	0.416	0.430	0.442	0.461	0.474	0.484	0.492	0.497	0.506	0.517
2.8	0.341	0.366	0.387	0.404	0.418	0.430	0.449	0.463	0.472	0.480	0.486	0.495	0.506
2.9	0.331	0.356	0.377	0.393	0.407	0.419	0.438	0.451	0.461	0.469	0.475	0.485	0.496
3.0	0.322	0.346	0.366	0.383	0.397	0.409	0.427	0.441	0.451	0.459	0.465	0.474	0.487
3.1	0.313	0.337	0.357	0.373	0.387	0.398	0.417	0.430	0.440	0.448	0.454	0.464	0.477
3.2	0.305	0.328	0.348	0.364	0.377	0.389	0.407	0.420	0.431	0.439	0.445	0.455	0.468
3.3	0.297	0.320	0.339	0.355	0.368	0.379	0.397	0.411	0.421	0.429	0.436	0.446	0.460
3.4	0.289	0.312	0.331	0.346	0.359	0.371	0.388	0.402	0.412	0.420	0.427	0.437	0.452
3.5	0.282	0.304	0.323	0.338	0.351	0.362	0.380	0.393	0.403	0.412	0.418	0.429	0.444
3.6	0.276	0.297	0.315	0.330	0.343	0.354	0.372	0.385	0.395	0.403	0.410	0.421	0.436
3.7	0.269	0.290	0.308	0.323	0.335	0.346	0.364	0.377	0.387	0.395	0.402	0.413	0.429
3.8	0.263	0.284	0.301	0.316	0.328	0.339	0.356	0.369	0.379	0.388	0.394	0.405	0.422
3.9	0.257	0.277	0.294	0.309	0.321	0.332	0.349	0.362	0.372	0.380	0.387	0.398	0.415
4.0	0.251	0.271	0.288	0.302	0.314	0.325	0.342	0.355	0.365	0.373	0.379	0.391	0.408
4.1	0.246	0.265	0.282	0.296	0.308	0.318	0.335	0.348	0.358	0.366	0.372	0.384	0.402
4.2	0.241	0.260	0.276	0.290	0.302	0.312	0.328	0.341	0.352	0.359	0.366	0.377	0.396
4.3	0.236	0.255	0.270	0.284	0.296	0.306	0.322	0.335	0.345	0.363	0.359	0.371	0.390
4.4	0.231	0.250	0.265	0.278	0.290	0.300	0.316	0.329	0.339	0.347	0.353	0.365	0.384
4.5	0.226	0.245	0.260	0.273	0.285	0.294	0.310	0.323	0.333	0.341	0.347	0.359	0.378
4.6	0.222	0.240	0.255	0.268	0.279	0.289	0.305	0.317	0.327	0.335	0.341	0.353	0.373
4.7	0.218	0.235	0.250	0.263	0.274	0.284	0.299	0.312	0.321	0.329	0.336	0.347	0.367
4.8	0.214	0.231	0.245	0.258	0.269	0.279	0.294	0.306	0.316	0.324	0.330	0.342	0.362

续表 8-5

z/b	l/b												
	1.0	1.2	1.4	1.6	1.8	2.0	2.4	2.8	3.2	3.6	4.0	5.0	>10
4.9	0.210	0.227	0.241	0.253	0.265	0.274	0.289	0.301	0.311	0.319	0.325	0.337	0.357
5.0	0.206	0.223	0.237	0.249	0.260	0.269	0.284	0.296	0.306	0.313	0.320	0.332	0.352

注：l、b 分别为矩形的长边与短边，z 为计算点距基础底面的垂直距离。

(二)沉降计算经验系数 ψ_s

为提高计算准确度，规范规定按式(8-22)计算得到的沉降 s' 尚应乘以一个沉降计算经验系数 ψ_s。ψ_s 定义为根据地基沉降观测资料推算的最终沉降量 s 与由式(8-22)计算得到的 s' 之比，一般根据地区沉降观测资料及经验确定，也可按表 8-6 查取。

表 8-6　沉降计算经验系数 ψ_s

基底附加压力 p_0/kPa	$\overline{E}_s$				
	2.5	4.0	7.0	15.0	20.0
$p_0 \geqslant f_{ak}$	1.4	1.3	1.0	0.4	0.2
$p_0 \leqslant 0.75f_{ak}$	1.1	1.0	0.7	0.4	0.2

注：f_{ak} 为地基承载力特征值。

$\overline{E}_s$ 为沉降计算深度范围内压缩模量当量值，按下式计算：

$$\overline{E}_s = \frac{\sum_{i=1}^{n} A_i}{\sum_{i=1}^{n} A_i / E_{si}} \tag{8-23}$$

式中　A_i——第 i 层土附加应力曲线所围的面积。

综上所述，应力面积法的地基最终沉降量计算公式为

$$s = \psi_s s' = \psi_s \sum_{i=1}^{n} \frac{p_0}{E_{si}}(z_i\overline{\alpha}_i - z_{i-1}\overline{\alpha}_{i-1}) \tag{8-24}$$

(三)沉降计算深度的确定

《建筑地基基础设计规范》(GB 50007—2011)规定沉降计算深度 z_n 由下列要求确定：

$$\Delta s'_n \leqslant 0.025 \sum_{i=1}^{n} s'_i \tag{8-25}$$

式中　$\Delta s'_n$——自试算深度往上 Δz 厚度范围的压缩量(包括考虑相邻荷载的影响)，Δz 的取值按表 8-7 确定。

s'_i——在计算深度范围内，第 i 层土的计算变形值。

表 8-7　Δz 的取值

b/m	$b \leqslant 2$	$2 < b \leqslant 4$	$4 < b \leqslant 8$	$8 < b$
Δz/m	0.3	0.6	0.8	1.0

如确定的沉降计算深度下部仍有较软弱土层，应继续往下进行计算，同样也应满足式(8-25)。

当无相邻荷载影响，基础宽度在1～30 m范围内时，地基沉降计算深度也可按下列简化公式计算：

$$z_n = b(2.5 - 0.4\ln b) \tag{8-26}$$

式中　b——基础宽度。

在计算深度范围内存在基岩时，z_n 取至基岩表面；当存在较厚的坚硬黏性土层，其孔隙比小于0.5，压缩模量大于50 MPa，或存在较厚的密实砂卵石层，其压缩模量大于80 MPa时，z_n 可取至该层土表面。

❖技能应用❖

技能2　计算地基土的压缩沉降量

墙下条形基础宽度为2.0 m，传至地面的荷载为100 kN/m，基础埋置深度为1.2 m，地下水位在基底以下0.6 m，如图8-19所示，计算时黏土层的饱和重度与天然重度取值相同，地基土的室内压缩试验 $e-p$ 数据如表8-8所示，用分层总和法求基础中点的沉降量。

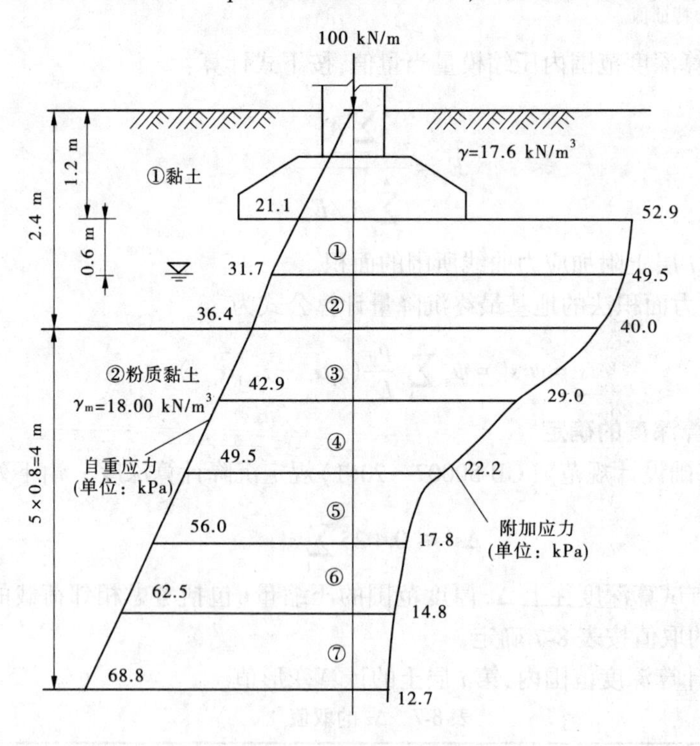

图8-19　地基土物理性质指标

表 8-8　地基土的室内压缩试验 $e-p$ 数据

地基土	不同荷载(kPa)下的孔隙比				
	0	50	100	200	300
黏土①	0.651	0.625	0.608	0.587	0.570
粉质黏土②	0.978	0.889	0.855	0.809	0.773

(1)地基分层。

考虑分层厚度不超过 $0.4b=0.8$ m 以及地下水位,基底以下厚 1.2 m 的黏土层分成两层,层厚均为 0.6 m,其下粉质黏土层分层厚度均取为 0.8 m。

(2)计算自重应力。

计算分层处的自重应力,地下水位以下取浮重度进行计算。

计算各分层上下界面处自重应力的平均值,作为该分层受压前所受侧限竖向应力 p_1,各分层点的自重应力值及各分层的平均自重应力值见图 8-19 及表 8-9。

(3)计算竖向附加应力。

基底平均附加应力为:

$$p_0=\frac{100+20\times2.0\times1.2}{2.0\times1.0}-1.2\times17.6=52.9(\text{kPa})$$

查条形基础竖向应力系数表,可得应力系数 k_z^s 及计算各分层点的竖向附加应力,并计算各分层上下界面处附加应力的平均值,见图 8-19 及表 8-9 。

(4)将各分层自重应力平均值和附加应力平均值之和作为该分层受压后的总应力 p_2。

(5)确定压缩层深度。

一般可按 $\sigma_z/\sigma_c=0.2$ 来确定压缩层深度,在 $z=4.4$ m 处,$\sigma_z/\sigma_c=14.8/62.5=0.237>0.2$,在 $z=5.2$ m 处,$\sigma_z/\sigma_c=12.7/69.0=0.184<0.2$,所以压缩层深度可取为基底以下 5.2 m。

(6)计算各分层的压缩量。

如第③层:

$$s_3=\frac{e_{1i}-e_{2i}}{1+e_{1i}}H_3=\frac{0.901-0.872}{1+0.901}\times800=11.8(\text{mm})$$

各分层的压缩量列于表 8-9 中。

(7)计算基础平均最终沉降量。

$$s=\sum_{i=1}^{7}s_i=7.7+6.6+11.8+9.3+5.5+4.7+3.8=49.4(\text{mm})$$

表 8-9　分层总和法计算地基最终沉降

分层点	深度 z_i/m	自重应力 σ_c/kPa	附加应力 σ_z/kPa	层号	层厚 H_i/m	自重应力平均值 p_{1i}/kPa	附加应力平均值 Δp_i/kPa	总应力平均值 p_{2i}/kPa	受压前孔隙比 e_{1i}（对应 p_{1i}）	受压后孔隙比 e_{2i}（对应 p_{2i}）	分层压缩量 s_i/mm
0	0	21.1	52.9								
				①	0.6	26.4	51.2	77.6	0.637	0.616	7.7
1	0.6	31.7	49.5								
				②	0.6	34.1	44.8	78.9	0.633	0.615	6.6
2	1.2	36.4	40.0								
				③	0.8	39.7	34.5	74.2	0.901	0.873	11.8
3	2.0	42.9	29.0								
				④	0.8	46.2	25.6	71.8	0.896	0.874	9.3
4	2.8	49.5	22.2								
				⑤	0.8	52.8	20.0	72.8	0.887	0.874	5.5
5	3.6	56.0	17.8								
				⑥	0.8	59.3	16.3	75.6	0.883	0.872	4.7
6	4.4	62.6	14.8								
				⑦	0.8	65.7	13.8	79.4	0.878	0.869	3.8
7	5.2	68.8	12.7								

【课后练习】

请扫描二维码，做课后练习与技能提升卷。

项目八　课后练习与技能提升卷

项目九　土的稳定性分析

【学习目标】

1. 会各种类型土体抗剪强度指标的测定方法。
2. 会进行不同情况下土压力的计算。
3. 会进行挡土墙验算。

【教学要求】

知识要点		重要程度
土的强度指标与测定	抗剪强度的库仑定律	B
	土的抗剪强度指标的测定	A
土压力计算	土压力的种类与影响因素	B
	土压力计算	A
挡土墙稳定性分析	挡土墙类型	B
	挡土墙验算	A
	提高重力式挡土墙稳定的构造措施	B

【项目导读】

土是固相、液相和气相组成的散体材料。一般而言,在外部荷载作用下,土体中的应力将发生变化。当外荷载达到一定程度时,土体将沿着其中某一滑裂面产生滑动,而使土体丧失整体稳定性。所以,土体的破坏通常都是剪切破坏(剪坏)。

在岩土工程中,土的抗剪强度是一个很重要的问题,是土力学中十分重要的内容。它不仅是地基设计计算的重要理论基础,而且是边坡稳定、挡土墙侧压力分析等许多岩土工程设计的理论基础。在工程建设实践中,道路的边坡、路基、土石坝、建筑物的地基等丧失稳定性的例子是很多的,所有这些事故均是由于土中某一点或某一部分的应力超过土的抗剪强度造成的。因此,为了保证土木工程建设中建(构)筑物的安全和稳定,就必须详细研究土的抗剪强度和土的极限平衡等问题。

思政案例 9-1

码 9-1　微课-地基承载力

任务一　土的强度指标与测定

❖引例❖

2009 年 6 月 27 日上海在建的莲花河畔景苑楼盘一幢 38 m 高、13 层的居民楼从根部断开倾覆，造成一名施工人员死亡。楼体桩基在距地表三四米处折断，楼体结构为框架剪力墙，桩基为具有良好承载力的水泥空心桩，桩长 2 m，楼体在粉砂土质地层上，北侧有防汛墙，南侧开挖有地下车库基坑，由于南侧土方在短时间内快速堆积，产生了巨大的侧压力，加之楼体前方由于开挖基坑出现临空面，导致楼体产生 10 cm 左右的位移，对预应力混凝土管桩产生很大的偏心弯矩，最终破坏桩基，导致楼体倾覆。因此，土体发生剪切破坏，蠕变失稳，地基丧失承载力是倾覆的主要原因。可见，土体发生剪切破坏危害极大，那么，土的抗剪强度是什么？如何确定土的抗剪强度指标？

❖知识准备❖

一、抗剪强度的库仑定律

土体发生剪切破坏时，将沿着其内部某一曲面（滑动面）产生相对滑动，而该滑动面上的剪应力就等于土的抗剪强度。1776 年，法国学者库仑根据砂土的试验结果[见图 9-1(a)]，将土的抗剪强度表达为滑动面上法向应力的函数，即

$$\tau_f = \sigma \tan\varphi \tag{9-1}$$

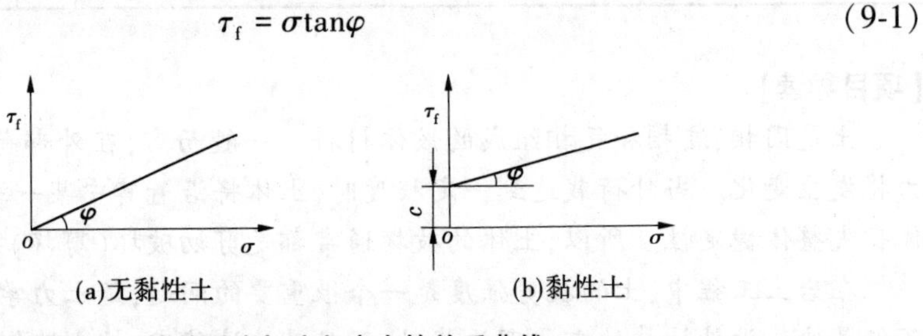

图 9-1　抗剪强度与法向应力的关系曲线

随后库仑又根据黏性土的试验结果[见图 9-1(b)]，提出更为普遍的抗剪强度表达形式：

$$\tau_f = c + \sigma \tan\varphi \tag{9-2}$$

式中　τ_f——土的抗剪强度，kPa；

σ——剪切滑动面上的法向应力，kPa；

c——土的黏聚力，kPa；

φ——土的内摩擦角，(°)。

上述土的抗剪强度数学表达式，也称为库仑定律，它表明在一般应力水平下，土的抗剪强度与滑动面上的法向应力之间呈直线关系。这一基本关系式能满足一般工程的精度要求，是目前研究土的抗剪强度的基本定律。

土的抗剪强度是指土体对于外荷载所产生的剪应力的极限抵抗能力。在外荷载作用下,土体中将产生剪应力和剪切变形,当土中某点由外力所产生的剪应力达到土的抗剪强度时,土就沿着剪应力作用方向产生相对滑动,该点便发生剪切破坏。剪切破坏是土体强度破坏的重要特点。因此,土的强度问题实质上就是土的抗剪强度问题。

在工程实践中与土的抗剪强度有关的工程问题主要有三类:第一类是以土作为建造材料的土工构筑物的稳定性问题[图 9-2(a)];第二类是土作为工程构筑物环境的安全性问题,即土压力问题[图 9-2(b)];第三类是土作为建筑物地基的承载力问题[图 9-2(c)]。因此,为了进行地基承载力计算、边坡稳定分析、挡土结构上土压力的估算、基坑支护设计、地基稳定性评价等,都需要认真研究土的抗剪强度。

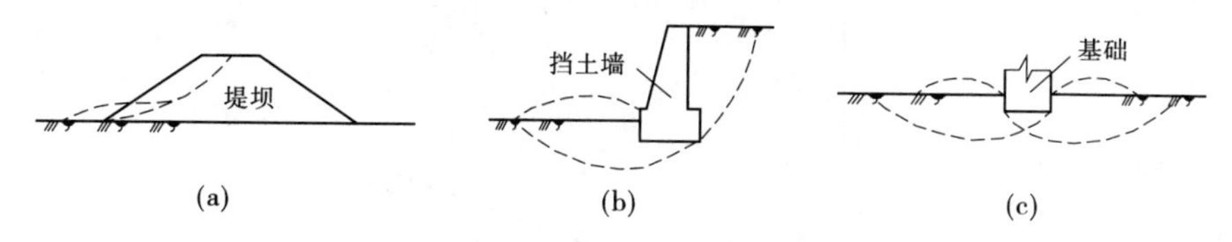

图 9-2　土体的剪切破坏现象

二、土的极限平衡条件

码 9-2　微课-土的极限平衡条件

(一)土中一点的应力状态

设某一土体单元上作用着的大、小主应力分别为 σ_1 和 σ_3,根据材料力学理论,此土体单元内与大主应力 σ_1 作用平面成 α 角的平面上的正应力 σ 和切应力 τ 可分别表示如下:

$$\left.\begin{aligned}\sigma &= \frac{1}{2}(\sigma_1 + \sigma_3) + \frac{1}{2}(\sigma_1 - \sigma_3)\cos 2\alpha \\ \tau &= \frac{1}{2}(\sigma_1 - \sigma_3)\sin 2\alpha\end{aligned}\right\} \tag{9-3}$$

上述关系也可用直角坐标系中直径为 $(\sigma_1 - \sigma_3)$、圆心坐标为$(\frac{\sigma_1 + \sigma_3}{2},0)$的莫尔应力圆上一点的坐标大小来表示,如图 9-3 中 A 点。

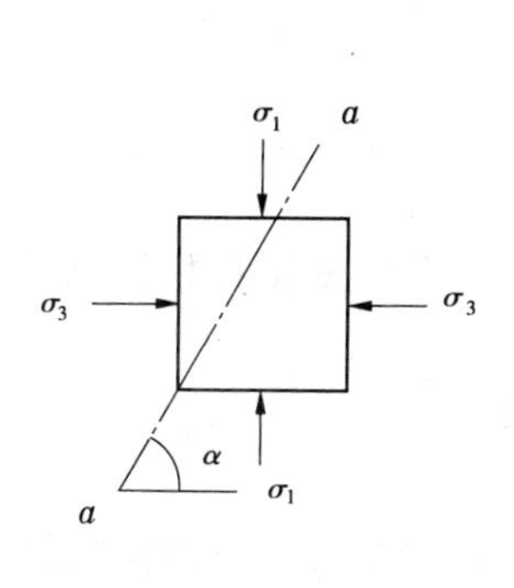

(a)单元体应力

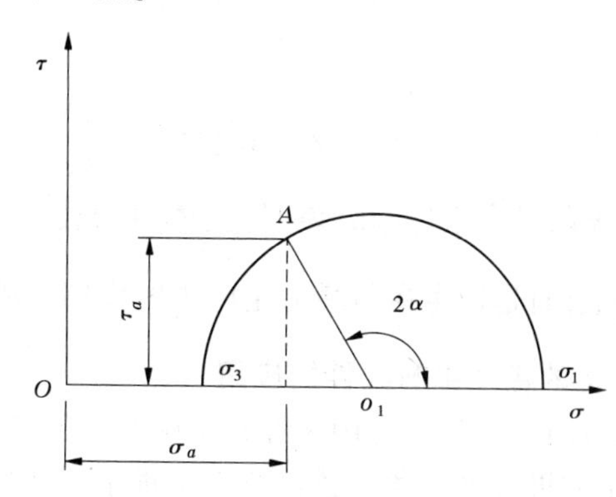

(b)莫尔应力圆

图 9-3　土中应力状态

(二) 土中应力与土的平衡状态

将抗剪强度包线与莫尔应力圆画在同一个坐标图上，观察应力圆与抗剪强度包线之间的位置关系，如图 9-4 所示。随着土中应力状态的改变，应力圆与强度包线之间的位置关系将发生三种变化，土中也将出现相应的三种平衡状态：

(1) 当整个莫尔应力圆位于抗剪强度包线的下方时，表明通过该点的任意平面上的切应力都小于土的抗剪强度，此时该点处于稳定平衡状态，不发生剪切破坏。

(2) 当莫尔应力圆与抗剪强度包线相切时(切点如图 9-4 中的 A 点)，表明在相切点所代表的平面上，切应力正好等于土的抗剪强度，此时该点处于极限平衡状态，相应的应力圆称为极限应力圆。

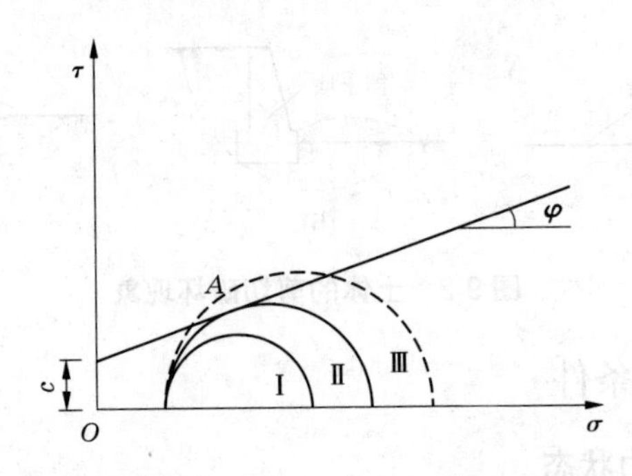

图 9-4　土中应力与土的平衡状态

(3) 当莫尔应力圆与抗剪强度包线相割时，表明该点某些平面上的切应力已超过了土的抗剪强度，此时该点已发生剪切破坏(由于此时地基应力将发生重分布，事实上该应力圆所代表的应力状态并不存在)。

(三) 土的极限平衡条件

根据应力圆与抗剪强度线相切时的几何关系，可建立土的极限平衡条件如下：

$$\sin\varphi = \frac{\sigma_1 - \sigma_3}{2c\cot\varphi + \sigma_1 + \sigma_3} \tag{9-4}$$

经三角函数变换得

$$\sigma_1 = \sigma_3\tan^2\left(45° + \frac{\varphi}{2}\right) + 2c\tan\left(45° + \frac{\varphi}{2}\right) \tag{9-5}$$

或

$$\sigma_3 = \sigma_1\tan^2\left(45° - \frac{\varphi}{2}\right) - 2c\tan\left(45° - \frac{\varphi}{2}\right) \tag{9-6}$$

土的极限平衡条件同时表明，土体剪切破坏时的破裂面不是发生在最大剪应力 τ_{max} 的作用面上，而是发生在与最大主应力的作用面成$(45°+\frac{\varphi}{2})$的平面上。

(四) 土的极限平衡条件的应用

土的极限平衡条件常用来评判土中某点的平衡状态，具体方法是根据实际最小主应力 σ_3 及土的极限平衡条件式(9-5)，可推求土体处于极限平衡状态时所能承受的最大主应力 σ_{1f}，或根据实际最大主应力 σ_1 及土的极限平衡条件式(9-6)，推求出土体处于极限平衡状态时所能承受的最小主应力 σ_{3f}，再通过比较计算值与实际值即可评判该点的平衡状态：

(1)当 $\sigma_1 < \sigma_{1f}$ 或 $\sigma_3 > \sigma_{3f}$ 时，土体中该点处于稳定平衡状态。

(2)当 $\sigma_1 = \sigma_{1f}$ 或 $\sigma_3 = \sigma_{3f}$ 时，土体中该点处于极限平衡状态。

(3)当 $\sigma_1 > \sigma_{1f}$ 或 $\sigma_3 < \sigma_{3f}$ 时，土体中该点处于破坏状态。

【例 9-1】 土样内摩擦角为 $\varphi = 23°$，黏聚力为 $c = 18$ kPa，土中大主应力和小主应力分别为 $\sigma_1 = 300$ kPa，$\sigma_3 = 120$ kPa。试判断该土样是否达到极限平衡状态？

解：应用土的极限平衡条件，可得土体处于极限平衡状态时，当大主应力 $\sigma_1 = 300$ kPa 时所对应的小主应力计算值 σ_{3f} 为：

$$\sigma_{3f} = \sigma_1 \tan^2\left(45° - \frac{\varphi}{2}\right) - 2c\tan\left(45° - \frac{\varphi}{2}\right)$$

$$= 300 \times \tan^2\left(45° - \frac{23°}{2}\right) - 2 \times 18 \times \tan\left(45° - \frac{23°}{2}\right)$$

$$= 107.6(\text{kPa})$$

计算结果表明 $\sigma_3 > \sigma_{3f}$，可判定该土样处于稳定平衡状态。上述计算也可以根据实际最小主应力 σ_3 计算 σ_{1f} 的方法进行。采用应力圆与抗剪强度包线相互位置关系来评判的图解法也可以得到相同的结果。

三、土的抗剪强度指标的测定

土的抗剪强度试验是确定土的抗剪强度指标 c、φ 的试验。测定土的抗剪强度的设备与方法很多，常用的室内试验有直接剪切试验、三轴压缩试验、无侧限抗压强度试验，野外常用的有十字板剪切试验等。各种试验的仪器、试验原理和方法都不一样，取决于土的性质和工程的规模。

(一)直接剪切试验

直接剪切试验是最早测定土的抗剪强度的试验方法，也是最简单的方法，所以在世界各国广泛应用。直接剪切试验的主要仪器为直剪仪，按照加荷载的方式不同分应力控制式与应变控制式两种。两者的区别在于施加水平剪切荷载的方式不同：应力控制式采用砝码与杠杆分级加荷；应变控制式采用手轮连续加荷，后者优于前者。我国目前普遍采用的是应变控制式直剪仪。

1. 试验装置

(1)应变控制式直剪仪：包括剪切盒(水槽、上剪切盒、下剪切盒)，垂直加压框架，负荷传感器或测力计及推动机构等，其技术条件应符合现行国家标准《岩土工程仪器基本参数及通用技术条件》(GB/T 15406—2007)的规定，如图 9-5 所示。

(2)位移传感器或位移计(百分表)：量程 5~ 10 mm，分度值 0.01 mm。

(3)天平：称量 500 g，分度值 0.1 g。

(4)环刀：内径 6.18 cm，高 2 cm。

(5)其他：饱和器、削土刀或钢丝锯、秒表、滤纸、直尺。

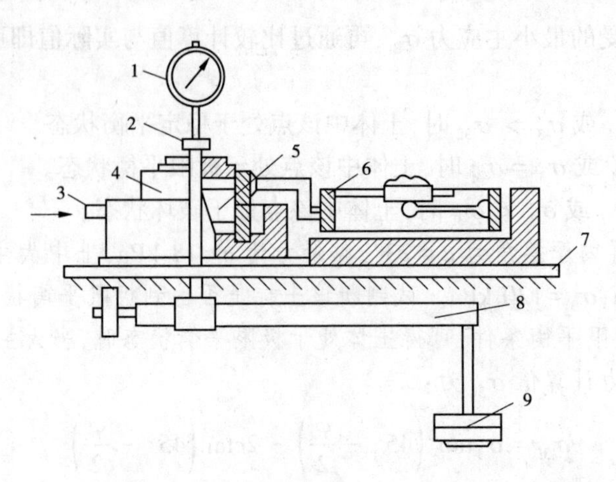

1—垂直变形百分表;2—垂直加压框架;3—推动座;4—剪切盒;
5—试样;6—测力计;7—台板;8—杠杆;9—砝码。

图 9-5　应变控制式直剪仪示意图

2. 试验方法

1) 试样制备

(1) 黏性土试样制备:

①从原状土样中切取原状土试样或制备给定干密度及含水率的扰动土试样。制备方法应符合《土工试样方法标准》(GB/T 50123—2019)第 4.5 节的规定。

②测定试样的含水率及密度,应符合《土工试样方法标准》(GB/T 50123—2019)第 5.2 节及第 6.2 节的规定。对于试样需要饱和时,应按《土工试样方法标准》(GB/T 50123—2019)第 4.6 节规定的方法进行抽气饱和。

(2) 砂类土试样制备:

①取过 2 mm 筛孔的代表性风干砂样 1 200 g 备用。按要求的干密度称每个试样所需风干砂量,精确至 0.1 g。

②对准上下盒,插入固定销,将洁净的透水板放入剪切盒内。

③将准备好的砂样倒入剪力盒内,拂平表面,放上一块硬木块,用手轻轻敲打,使试样达到要求的干密度,然后取出硬木块。

(3) 垂直压力应符合下列规定:每组试验应取 4 个试样,在 4 种不同垂直压力下进行剪切试验。可根据工程实际和土的软硬程度施加各级垂直压力,垂直压力的各级差值要大致相等。也可取垂直压力分别为 100 kPa、200 kPa、300 kPa、400 kPa,各个垂直压力可一次轻轻施加,若土质松软,也可分级施加以防试样挤出。

2) 试样安装与剪切的步骤

(1) 快剪试验:

①对准上下盒,插入固定销。在下盒内放不透水板。将装有试样的环刀平口向下,对准剪切盒口,在试样顶面放不透水板,然后将试样徐徐推入剪切盒内,移去环刀。对砂类土,应按《土工试样方法标准》(GB/T 50123—2019)第 21.3.1 条第 2 款的规定制备和安装试样。

②转动手轮,使上盒前端钢珠刚好与负荷传感器或测力计接触。调整负荷传感器或测力计读数为零。顺次加上加压盖板、钢珠、加压框架,安装垂直位移传感器或位移计,测记起始读数。

③应按《土工试样方法标准》(GB/T 50123—2019)第21.3.1条第3款的规定施加垂直压力。

④施加垂直压力后,立即拔去固定销。开动秒表,宜采用0.8~1.2 mm/min的速率剪切,4~6 r/min的均匀速度旋转手轮,使试样在3~5 min内剪损。当剪应力的读数达到稳定或有显著后退时,表示试样已剪损,宜剪至剪切变形达到4 mm,当剪应力读数继续增加时,剪切变形应达到6 mm为止,手轮每转一转,同时测记负荷传感器或测力计读数并根据需要测记垂直位移读数,直至剪损为止。

⑤剪切结束后,吸去剪切盒中积水,倒转手轮,移去垂直压力框架、钢珠、加压盖板等,取出试样。需要时,测定剪切面附近土的含水率。

(2)固结快剪试验:

①试样安装和定位应符合上述快剪试验的规定。试样上下两面的不透水板改放湿滤纸和透水板。

②当试样为饱和样时,在施加垂直压力5 min后,往剪切盒水槽内注满水;当试样为非饱和土时,仅在活塞周围包以湿棉花,防止水分蒸发。

③在试样上施加规定的垂直压力后,测记垂直变形读数。当每小时垂直变形读数变化不大于0.005 mm时,认为已达到固结稳定。试样也可在其他仪器上固结,然后移至剪切盒内,继续固结至稳定后,再进行剪切。

④试样达到固结稳定后,剪切应按快剪试验第④项执行,剪切后取试样测定剪切面附近试样的含水率。

(3)慢剪试验:

①安装试样应符合上述快剪试验的规定,试样固结应符合固结快剪试验第①项~第③项的规定。待试样固结稳定后进行剪切。剪切速率应小于0.02 mm/min。

也可按下式估算剪切破坏时间:

$$t_f = 50t_{50} \tag{9-7}$$

式中　t_f——达到破坏所经历的时间,min;

t_{50}——固结度达到50%的时间,min。

②剪损标准应按快剪试验第④项的规定选取。

③应按快剪试验第⑤项的规定进行拆卸试样及测定含水率。

3. 试样的剪应力计算

$$\tau = \frac{CR}{A_0} \times 10 \tag{9-8}$$

式中　τ——剪应力,kPa;

C——测力计率定系数,N/0.01 mm;

R——测力计读数,0.01 mm;

A_0——试样初始的面积,cm^2。

4. 关系曲线绘制

以剪应力为纵坐标,剪切位移为横坐标,绘制剪应力 τ 与剪切位移 ΔL 关系曲线。选取剪应力 τ 与剪切位移 ΔL 关系曲线上的峰值点或稳定值作为抗剪强度 S。当无明显峰点时,取剪切位移 $\Delta L=4$ mm 对应的剪应力作为抗剪强度 S。以抗剪强度 S 为纵坐标,垂直单位压力 p 为横坐标,绘制抗剪强度 S 与垂直压力 p 的关系曲线。根据图上各点,绘一实测的直线。直线的倾角为土的内摩擦角 φ,直线在纵坐标轴上的截距为土的黏聚力 c。各种试验方法所测得的 c、φ 值,快剪试验应表示为 c_q 及 φ_q,固结快剪试验应表示为 c_{cq} 及 φ_{cq},慢剪试验应表示为 c_s 及 φ_s。

快剪试验和固结快剪试验的土样宜为渗透系数小于 1×10^{-6}cm/s 的细粒土。

(二)三轴剪切试验

三轴剪切试验是针对直剪仪的缺点而发展起来的,是测定土的抗剪强度的较为完善的一种方法。三轴试验又分为不固结不排水试验、固结不排水试验、固结排水试验。用于分析地基的长期稳定性可用三轴固结不排水的有效抗剪强度指标 c'、φ',对分析短期稳定宜采用不固结不排水指标。

(三)无侧限抗压强度试验

该试验仅适用于测定饱和黏性土的不排水抗剪强度,其值为无侧限抗压强度值的一半。

(四)十字板剪切试验

该试验属原位测试,是按不排水剪切条件得到的试验数据,接近无侧限抗压强度试验方法,适用于饱和软黏土。

任务二　土压力计算

❖引例❖

2014 年 5 月 11 日 5 时 48 分,山东再生能源公司黄岛生产加工点因暴雨积水导致挡土墙倒塌,压倒职工居住板房,造成 18 人死亡,3 人受伤。直接经济损失 1 523.37 万元。

调查表明:强降雨和大量积水造成挡土墙主动土压力和挡土墙后的静水压力急剧增加,并超过挡土墙极限承载能力,导致挡土墙倒塌,压倒靠近的简易板房,是事故发生的直接原因。

可见,土压力的大小会影响挡土墙的安全。那么,土压力类型有哪些?它们的大小如何计算?它们的大小受哪些因素的影响?

❖知识准备❖

一、土压力的种类与影响因素

土压力是指挡土墙墙后填土对墙背产生的侧压力。由于土压力是挡土墙的主要外荷载,因此设计挡土墙时首先要确定作用在墙背上土压力的性质、大小、方向和作用点。土压力的计算是个比较复杂的问题,它涉及填料、挡土墙及地基三者之间的相互作用,不仅与挡土墙的高度、结构形式、墙后填料的性质、填土面的形状及荷载情况有关,还与挡土墙的位移大小和方向及填土的施工方法等有关。

(一)土压力的种类

码 9-3　微课-土压力类型

根据挡土墙的位移情况和墙后土体所处的应力状态,土压力可分为静止土压力、主动土压力和被动土压力三种。

当挡土墙在土压力的作用下无任何方向的位移或转动而保持原来的位置,土体处于静止的弹性平衡状态,此时墙背所受的土压力称为静止土压力,用 E_0 表示,如图 9-6(a)所示。如船闸的边墙、地下室的侧墙、涵洞的侧墙及其他不产生位移的挡土构筑物,通常可视为受静止土压力作用。

当挡土墙在土压力的作用下,向离开土体的方向移动或转动时,随着位移量的增加,墙后的土压力逐渐减小,当位移量达某一微小值时,墙后土体开始下滑,作用在墙背上的土压力达最小值,墙后土体达到主动极限平衡状态。此时作用在墙背上的土压力称为主动土压力,用 E_a 表示,如图 9-6(b)所示。多数挡土墙按主动土压力计算。

挡土结构在外荷载作用下向土体方向位移,位移量越大,土压力越大,当位移量达到某一值的时候,墙后土体达到被动极限平衡,此时挡土墙承受的土压力称为被动土压力,用 E_p 表示,如图 9-6(c)所示。如桥台受到桥上荷载的推力作用,作用在台背上的土压力可按被动土压力计算。

土压力和挡土墙位移关系曲线如图 9-7 所示。

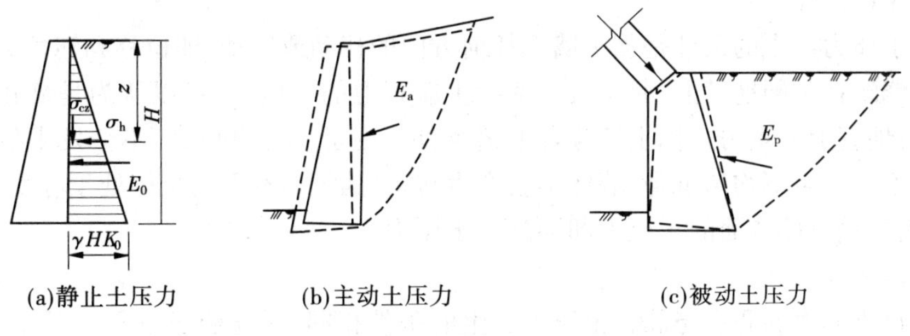

图 9-6　挡土墙的三种土压力

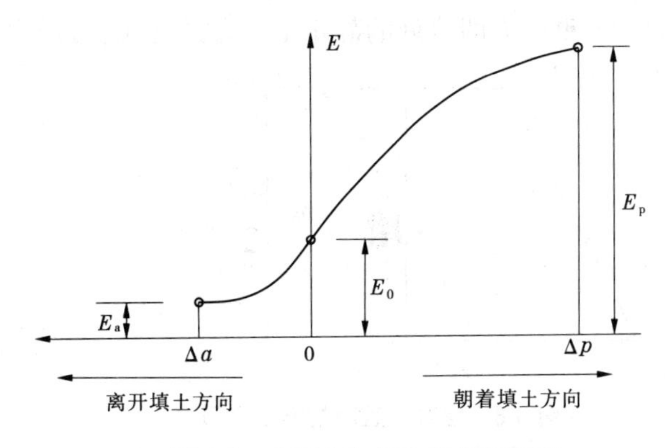

图 9-7　土压力和挡土墙位移关系

试验研究表明:①土压力的大小是随挡土墙的位移而变化的,作用在挡土墙上的实际土压力并非只有上述三种特定状态(主动土压力、静止土压力、被动土压力)的值;②达到主动土压力所需要的挡土墙位移值远小于达到被动土压力所需要的挡土墙位移值;③三种土压力的大小关系为:$E_a < E_0 < E_p$。

在实际工程中,一般按三种特定状态的土压力进行挡土墙设计,此时应该弄清实际工程与哪种状态较为接近,以便选择相应的计算理论公式。

(二)土压力的影响因素

影响土压力大小的因素主要可以归纳为以下几方面:

(1)挡土墙的位移。挡土墙的位移方向和位移量的大小,决定土压力的类型和大小,是影响土压力大小的最主要的因素。

(2)挡土墙的形状。挡土墙的剖面形状,包括墙背是竖直或是倾斜、墙背是光滑或是粗糙,都影响土压力的大小。

(3)填土的性质。挡土墙后填土的性质,包括填土的松密程度、干湿程度、土的强度指标的大小及填土表面的形状(水平、上斜等),均影响土压力的大小。

由此可见,土压力的大小及其分布规律受到墙体可能位移的方向、墙后填土的性质、填土面的形状、墙的截面刚度和地基的变形等一系列因素影响。

二、土压力计算

(一)静止土压力

1. 产生的条件

静止土压力产生的条件是挡土墙无任何方向的移动或转动,即位移和转角为零。

对于修筑在坚硬地基上,断面很大的挡土墙背上的土压力,可以认为是静止土压力。例如,岩石地基上的重力式挡土墙符合上述条件。由于墙的自重大,不会发生位移,又因地基坚硬不会产生不均匀沉降,墙体不会产生转动,挡土墙背面的土体处于静止的弹性平衡状态,因此挡土墙背面的土压力即为静止土压力。

2. 计算公式

计算自重应力的假定与静止土压力产生的条件相同,因此静止土压力可按下述方法计算。在填土表面下任意深度 z 处取一微小单元体(见图 9-8),其上作用着竖向的土自重应力 $\sigma_{cz} = \gamma z$,水平向的土自重应力即该处的静止土压力强度 p_0,可按下式计算:

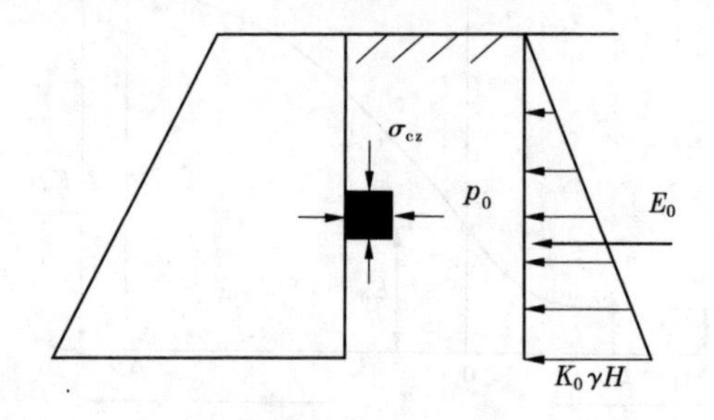

图 9-8　墙背竖直时的静止土压力

$$p_0 = K_0\gamma z \tag{9-9}$$

式中　K_0——土的侧压力系数或称静止土压力系数；

γ——墙后填土的重度，kN/m^3。

静止土压力系数 K_0 与土的性质、密实程度等因素有关，K_0 可以在室内用 K_0 试验仪直接测定，也可在三轴剪切试验测得和用旁压仪在原位试验中测得。在实际工程中，缺少试验资料时，K_0 也可采用经验值，可采用经验公式估算：砂土 $K_0 = 1 - \sin\varphi'$，黏性土 $K_0 = 0.95 - \sin\varphi'$，超固结土 $K_0 = OCR^{0.5}(1 - \sin\varphi')$。式中，$\varphi'$ 为土的有效内摩擦角。静止土压力系数 K_0 参考值，见表 9-1。

表 9-1　静止土压力系数 K_0 值

土名	砾石、卵石	砂土	粉土	粉质黏土	黏土
K_0	0.20	0.25	0.35	0.45	0.55

由图 9-8 可知，静止土压力沿墙高呈三角形分布，如取纵向单位墙长计算，则作用在墙背上的静止土压力的合力即为三角形的面积，计算公式为：

$$E_0 = \frac{1}{2}\gamma h^2 K_0 \tag{9-10}$$

式中　h——挡土墙高度，m。

那么，静止土压力 E_0 的作用点即在三角形的形心处，在距墙底$\frac{h}{3}$处。

（二）朗肯土压力理论

朗肯土压力理论：墙后填土达到极限平衡状态时，填土中任一土单元体都处于极限平衡状态，根据土单元体的极限理论来建立土压力的计算公式。为了满足土体的极限平衡条件，朗肯在基本理论推导中，做出如下的假定：

（1）挡土墙为刚形体。

（2）墙背光滑、垂直。

（3）墙后填土表面水平。

（4）墙后各点均处于极限平衡状态。

1. 朗肯主动土压力计算

考察挡土墙后土体表面下深度 z 处的微小单元体的应力状态变化过程。当挡土墙在土压力的作用下向远离土体的方向位移时，作用在微元体上的竖向应力 σ_{cz} 保持不变，而水平向应力 σ_x 逐渐减小，直至达到土体处于极限平衡状态。土体处于极限平衡状态时的最大主应力为 $\sigma_1 = \sigma_{cz} = \gamma z$，而最小主应力 $\sigma_3 = \sigma_x$ 即为主动土压力强度 p_a。根据土的极限平衡条件，可推导出主动土压力强度 p_a 的计算公式如下：

$$p_a = \gamma z K_a - 2c\sqrt{K_a} \tag{9-11}$$

式中　p_a——墙背任一点处的主动土压力强度，kPa；

K_a——朗肯主动土压力系数，$K_a = \tan^2\left(45° - \frac{\varphi}{2}\right)$；

c——土的黏聚力,kPa;

γ——墙后填土的重度,kN/m³;

φ——土的内摩擦角,(°);

z——计算点离填土表面的距离,m。

当墙后填土为无黏性土时,由于 $c=0$,所以:

$$p_a = \gamma z K_a \tag{9-12}$$

由式(9-12)可知,无黏性土的主动土压力强度分布为三角形分布,如图 9-9 所示,作用在单位长度挡土墙上的主动土压力的大小即为三角形的面积,计算公式为式(9-13),作用点的位置通过三角形的形心,作用点离墙底的距离为$\frac{h}{3}$。

$$E_a = \frac{1}{2}\gamma h^2 K_a \tag{9-13}$$

由式(9-11)知,黏性土的主动土压力强度由两部分组成,一部分是由土的自重引起的土压力 $\gamma z K_a$;另一部分是由土的黏聚力 c 引起的负侧压力 $2c\sqrt{K_a}$,这两部分土压力叠加的结果如图 9-10 所示,图中 ade 部分为负侧压力,即拉力。实际上挡土墙与填土之间是不能承担压力的,因而 p_a 随深度 z 的增加会逐渐由负值变小而等于 0。由于产生的拉力将使土脱离墙体,故计算土压力时,该部分应略去不计。因此,黏性土的土压力分布实际为 abc 部分。a 点离填土面的深度 z_0 称为临界深度,在填土面无荷载的情况下,可令式(9-11)的 $p_a = 0$,即

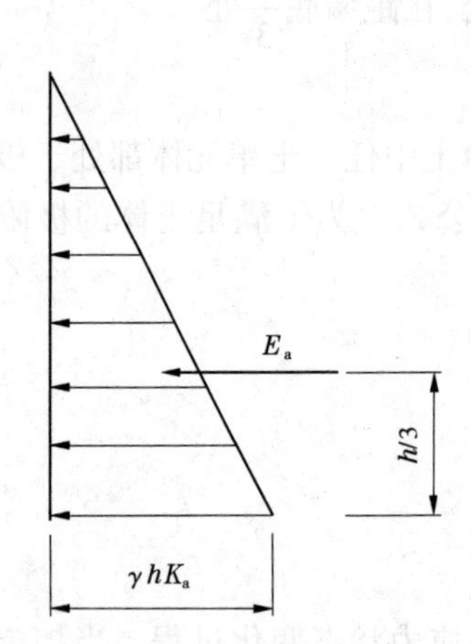

图 9-9　无黏性土的 p_a 分布

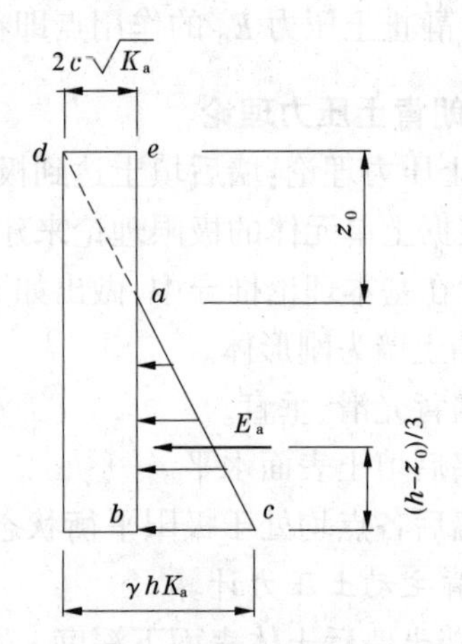

图 9-10　黏性土的 p_a 分布

$$\gamma z_0 K_a - 2c\sqrt{K_a} = 0$$

故临界深度:

$$z_0 = \frac{2c}{\gamma\sqrt{K_a}} \tag{9-14}$$

若取单位墙长计算,则主动土压力 E_a 为:

$$E_a = \frac{1}{2}(h - z_0)(\gamma h K_a - 2c\sqrt{K_a})$$

$$= \frac{1}{2}\gamma h^2 K_a - 2ch\sqrt{K_a} + \frac{2c}{\gamma} \tag{9-15}$$

E_a 通过三角形压力分布图 abc 形心，作用点距离墙底 $\frac{h - z_0}{3}$ 处。

尚需注意，当填土面有超载时，不能直接用式(9-14)计算临界深度，此时应按 z_0 处土压力强度 $p_a = 0$ 求解方程而得。

2. 朗肯被动土压力计算

被动土压力是填土处于被动极限平衡时作用在挡土墙上的土压力。由朗肯土压力原理可知，被动极限平衡时最小主应力为 $\sigma_3 = \sigma_z = \gamma z$，而最大主应力 $\sigma_1 = \sigma_x$ 即为被动土压力强度 p_p。代入极限平衡条件，整理后可得被动土压力强度：

黏性土

$$p_p = \gamma z K_p + 2c\sqrt{K_p} \tag{9-16}$$

无黏性土

$$p_p = \gamma z K_p \tag{9-17}$$

式中　p_p——墙背任一点处的被动土压力强度，kPa；

K_p——朗肯被动土压力系数，$K_p = \tan^2\left(45° + \frac{\varphi}{2}\right)$；

其余符号意义同前。

由式(9-16)和式(9-17)可知，无黏性土的被动土压力强度呈三角形分布[见图9-11(a)]，黏性土的被动土压力强度则呈梯形分布[见图9-11(b)]。

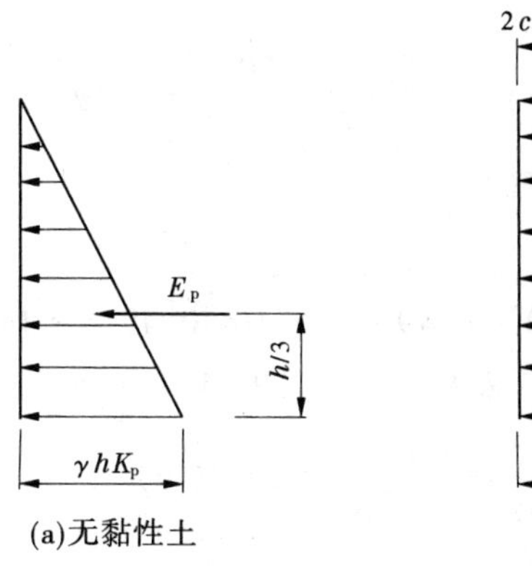

(a)无黏性土

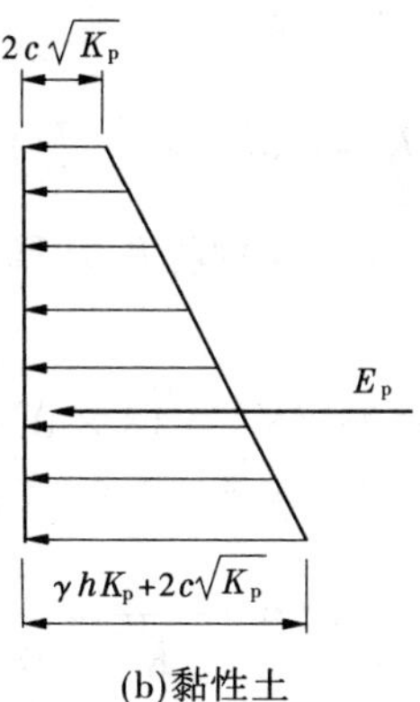

(b)黏性土

图 9-11　被动土压力分布

如取单位墙长计算，则被动土压力 E_p 为：

黏性土

$$E_p = \frac{1}{2}\gamma h^2 K_p + 2ch\sqrt{K_p} \tag{9-18}$$

无黏性土

$$E_p = \frac{1}{2}\gamma h^2 K_p \tag{9-19}$$

E_p 通过三角形或梯形压力分布的形心。

朗肯土压力理论应用弹性半空间体的应力状态,根据土的极限平衡理论推导和计算土压力。其概念明确,计算公式简便,但由于假定墙背竖直、光滑、填土面水平,使计算条件和适用范围受到限制,计算结果与实际有出入,所得主动土压力值偏大,被动土压力值偏小,其结果偏于安全。

利用朗肯土压力理论计算土压力的步骤如下:

(1)判断是否符合朗肯土压力的基本假定条件。

(2)计算朗肯土压力系数:K_a 或 K_p。

(3)计算墙背上特征点处的土压力强度,包括墙顶和墙底两处(在求黏性土的主动土压力时,还需计算临界深度 z_0)。

(4)绘制土压力强度分布图。

(5)计算土压力 E_a、E_p,即求土压力分布图的面积。

(6)确定土压力作用点。

【例 9-2】 某挡土墙,高 6 m,墙背直立光滑,填土面水平。填土的物理力学性质指标为 $c = 10$ kPa,$\varphi = 20°$,$\gamma = 18$ kN/m³。试求主动土压力及作用点,并绘出土压力强度分布图。

解:(1)判断。已知该墙满足朗肯土压力条件,故可按朗肯土压力公式计算沿墙高的土压力强度。

(2)计算朗肯土压力系数:

$$K_a = \tan^2(45° - \frac{\varphi}{2}) = \tan^2(45° - \frac{20°}{2}) = 0.49$$

(3)计算墙背上特征点处的土压力强度。

墙顶处:

$$p_a = \gamma z K_a - 2c\sqrt{K_a} = 18 \times 0 \times 0.49 - 2 \times 10\sqrt{0.49} = -14(\text{kPa})$$

因在墙顶处出现拉力,故须计算临界深度 z_0,由式(9-14)得:

$$z_0 = \frac{2c}{\gamma\sqrt{K_a}} = \frac{2 \times 10}{18 \times \sqrt{0.49}} = 1.59(\text{m})$$

墙底处:

$$p_a = \gamma h K_a - 2c\sqrt{K_a}\sigma_a = \gamma h K_a - 2c\sqrt{K_a}$$

$$= 18 \times 6 \times 0.49 - 2 \times 10\sqrt{0.49} = 38.92(\text{kPa})$$

(4)绘制土压力强度分布图(见图 9-12)。

(5)计算土压力 E_a。

土压力分布图如图 9-12 所示,其主动土压力 E_a 为

$$E_a = \frac{1}{2} \times 38.92 \times (6 - 1.59) = 85.81(\text{kN/m})$$

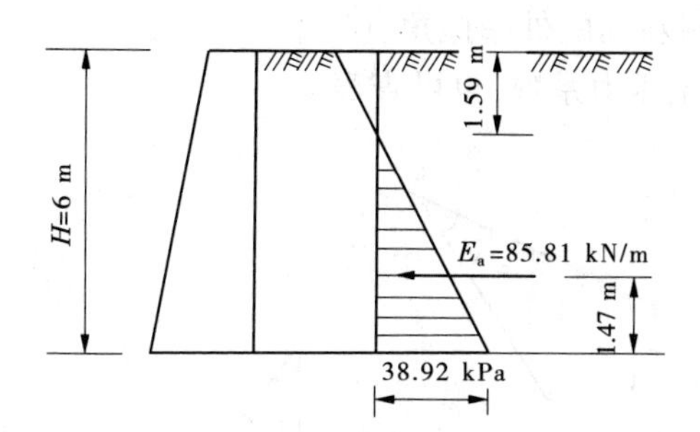

图 9-12　主动土压力分布图

(6)确定土压力作用点。

$$E_a\text{作用点距离墙底的距离} = \frac{h - z_0}{3} = \frac{6 - 1.59}{3} = 1.47\ (\mathrm{m})$$

(三)库仑土压力理论

库仑土压力理论是根据墙后土体处于极限平衡状态并形成一滑动楔体时,从楔体的静力平衡条件得出的土压力计算理论。基本假设有:

(1)挡土墙为刚性体。

(2)墙后填土为粗粒土,$c=0$。

(3)滑动面为过墙踵的平面。

(4)滑动土楔体为刚性体。

与朗肯土压力理论相比,库仑土压力理论可以考虑墙背倾斜(α角)、填土面倾斜(β角)及墙背与填土间的摩擦角(δ)等因素的影响。如图 9-13(a)所示,倾角为θ的滑动破坏面 BC 通过墙踵 B 点,取墙后滑动楔体 ABC 进行分析,当滑动楔体向下或向上移动,土体处于极限平衡状态时,根据楔体的静力平衡条件可求得墙背上的主动或被动土压力。分析时一般沿墙长度方向取 1 m 墙长计算。

1. 主动土压力

如图 9-13(a)所示,当楔体 ABC 向下滑动处于极限平衡状态时,作用在滑动土楔上的力有土楔体的自重 W、滑裂面 BC 上的反力 R 和墙背面对土楔的反力 E(土体作用在墙背上的土压力与 E 大小相等、方向相反)。滑动土楔在 W、R、E 的作用下处于平衡状态,因此三力必形成一个封闭的力矢三角形,如图 9-13(b)所示。根据正弦定理并求出 E 的最大值即为墙背的库仑主动土压力:

$$E_a = \frac{1}{2}\gamma H^2 K_a \tag{9-20}$$

其中:

$$K_a = \frac{\cos^2(\varphi - \alpha)}{\cos^2\alpha\cos(\alpha + \delta)\left[1 + \sqrt{\dfrac{\sin(\varphi + \delta)\sin(\varphi - \beta)}{\cos(\alpha + \delta)\cos(\alpha - \beta)}}\right]^2} \tag{9-21}$$

式中　α——墙背与竖直线的夹角,(°),俯斜时取正号,仰斜时取负号;

β——墙后填土面的倾角,(°);

δ——土与墙背材料间的外摩擦角,(°);

K_a——库仑主动土压力系数,也可查表。

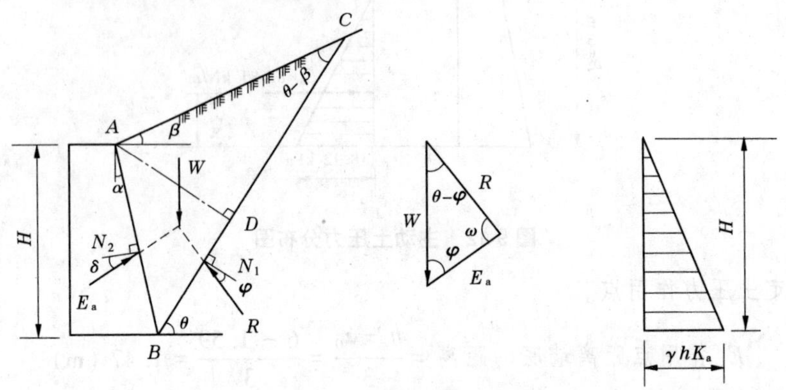

(a)土楔 *ABC* 上的作用力　　(b)力矢三角形　　(c)主动土压力分布图

图 9-13　库仑主动土压力计算图

对 z 求导数,得到主动土压力强度沿墙高的分布计算公式:

$$p_a = \frac{dE_{a(z)}}{dz} = \frac{d}{dz}\left(\frac{1}{2}\gamma z^2 K_a\right) = \gamma z K_a \tag{9-22}$$

可见库仑主动土压力强度沿墙高呈三角形分布[见图 9-13(c)],E_a 的作用方向与墙背的法线夹角为 δ,作用点距离墙底 $\frac{h}{3}$ 处。必须注意图中所示的土压力分布图只表示其大小,而不表示其作用方向。

2. 被动土压力

按照主动土压力公式的推导方法,可求得被动土压力的计算公式:

$$E_p = \frac{1}{2}\gamma H^2 K_p \tag{9-23}$$

式中　K_p——被动土压力系数:

$$K_p = \frac{\cos^2(\varphi + \alpha)}{\cos^2\alpha\cos(\alpha - \delta)\left[1 - \sqrt{\frac{\sin(\varphi + \delta)\sin(\varphi + \beta)}{\cos(\alpha - \delta)\sin(\alpha - \beta)}}\right]^2} \tag{9-24}$$

显然当满足朗肯土压力理论条件时,库仑土压力理论与朗肯土压力理论的被动土压力计算公式也相同。由此可见,朗肯土压力理论实际上是库仑土压力理论的特例。

同理墙顶以下任意深度 z 处的库仑被动土压力强度计算公式为:

$$p_p = \frac{dE_{p(z)}}{dz} = \frac{d}{dz}\left(\frac{1}{2}\gamma z^2 K_p\right) = \gamma z K_p \tag{9-25}$$

被动土压力强度沿墙高也呈三角形分布,E_p 的作用方向与墙背法线夹角为 δ,作用点距墙底 $\frac{h}{3}$ 处。

利用库仑土压力理论计算土压力的步骤如下:

(1)判断是否符合库仑土压力的基本假定条件;

(2)计算库仑土压力系数:K_a 或 K_p;

(3)计算土压力 E_a、E_p;

(4)确定土压力作用点。

【例 9-3】 挡土墙高 $h=5$,墙背俯斜,倾角 $\alpha=10°$,填土面坡脚 $\beta=30°$,墙后填料为粗砂,重度 $\gamma=18\ \text{kN/m}^3$,$\varphi=36°$,砂与墙背间摩擦角 $\delta=\frac{2}{3}\varphi$,试用库仑公式求作用在墙背上的主动土压力 E_a。

解:(1)判断是否符合库仑土压力的基本假定条件:根据题中已知条件,判定符合库仑土压力理论的假定条件。

(2)计算库仑土压力系数:

已知墙背与填土间的摩擦角 $\delta=\frac{2}{3}\varphi=24°$ 及 $\alpha=10°$,$\beta=30°$,$\varphi=36°$,故库仑主动土压力系数为:

$$K_a=\frac{\cos^2(36°-10°)}{\cos^2 10°\cos(10°+24°)\left[1+\sqrt{\frac{\sin(36°+24°)\sin(36°-30°)}{\cos(10°+24°)\cos(10°-30°)}}\right]^2}$$

$$=\frac{0.808}{0.970\times0.829\times\left[1+\sqrt{\frac{0.866\times0.105}{0.829\times0.94}}\right]^2}=0.558$$

(3)计算土压力:

$$E_a=\frac{1}{2}\gamma h^2K_a=\frac{1}{2}\times18\times5^2\times0.558=125.6\ (\text{kN/m})$$

(4)确定土压力作用点:

E_a 的作用点距墙底 $\frac{5}{3}$ m = 1.67 m,作用方向与墙背法线的夹角为24°。

任务三　挡土墙稳定性分析

❖引例❖

1952 年在多瑙河达纳畔特建造一堵码头岸墙,岸长 528.2 m,高 14.0 m,由钢筋混凝土沉箱建成。沉箱在河边预制,浮运到设计地点,然后在墙后回填砂砾石至高程 97.23 m,随后用钢筋混凝土将岸墙接高至 101.09 m,并在墙顶做一道加强的横梁和纵向通道,最后回填砂砾石至墙顶。当沉箱大约半数就位并回填墙后第一阶段砂砾石接近完成时,墙岸突然大规模地向前滑移,发生滑动的岸墙长达 203 m,最大滑动距离竟达 6 m。

分析原因得知:岸上临时堆放 6.0~8.0 m 高的砂砾石,作为岸墙后回填之用。由于堆料与已回填完第一阶段砂砾石产生实际土压力比设计土压力大得多,同时堆料超载引起下卧淤泥质黏土中的孔隙水压力,同时大大降低了它的摩阻力,结果导致了这一严重的滑动事故。那么,挡土墙如何保证其稳定性?

❖知识准备❖

一、挡土墙类型

常用的挡土墙,按其结构形式可分为重力式、悬臂式、扶臂式、锚杆及锚定板式和加筋挡土墙等。一般应根据工程需要、土质情况、材料供应、施工技术以及造价等因素合理选择。

重力式挡土墙,一般由石块或混凝土材料砌筑,墙身截面较大。根据墙背倾斜方向分为俯斜、直立、倾斜三种(见图 9-14)。重力式挡土墙适用于墙高一般小于 6 m、地基稳定、开挖土石方时不会危及相邻建筑物安全的地段,高度较大时宜用衡重式。重力式挡土墙依靠墙身自重抵挡土压力引起的倾覆弯矩,其结构简单,能就地取材,在土建工程中应用最广。

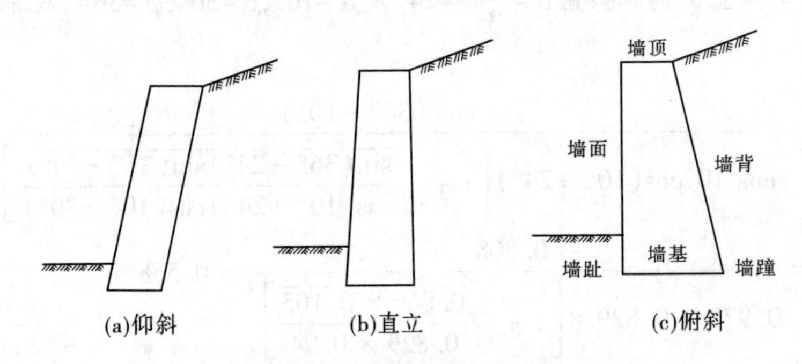

图 9-14 重力式挡土墙形式

悬臂式挡土墙,一般由钢筋混凝土建造,墙的稳定主要依靠墙踵悬臂以上土重维持。墙体内设置钢筋承受拉应力,故墙身截面较小。它适用于墙高小于 5 m、地基土质差、当地缺少石料等情况。多用于市政工程及贮料仓库。

扶臂式挡土墙,当墙高大于 10 m 时,挡土墙立臂挠度较大。为了增强立臂的抗弯性能,常沿墙纵向每隔一定距离(0.3~0.6) h 设置一道扶臂,故称为扶臂式挡土墙,扶臂间填土可增加抗滑和抗倾覆能力,一般用于重要的大型土建工程。扶臂式挡土墙设计时,可按图 9-15 初选截面尺寸,然后可将墙身及墙踵作为三边固定的板,用有限元或有限差分计算机程序进行优化计算,使设计最为经济合理。

锚定板及锚杆式挡土墙,锚定板挡土墙由预制的钢筋混凝土立柱、墙面、钢拉杆和埋在填土中的锚定板在现场拼装而成(见图 9-16)。这种结构依靠填土与结构的相互作用力而维持其自身的稳定。与重力式挡土墙相比,其结构轻、柔性大、工程量少、造价低、施工方便,特别适用于地基承载力不大的地区。设计时,为了维持锚定板的挡土结构内力平衡,必须保证锚定板的抗拔力大于墙面上的土压力;为了保证锚定板挡土结构周边的整体稳定,必须满足土的摩擦阻力(锚定板的被动土压力)大于由土的自重和超载引起的土压力。锚杆式挡土墙是利用墙嵌入坚实岩层的灌浆锚杆作拉杆的一种挡土墙。

除上述挡土结构外,还有混合式挡土墙、构架式挡土墙、板桩墙和加筋挡土墙等。

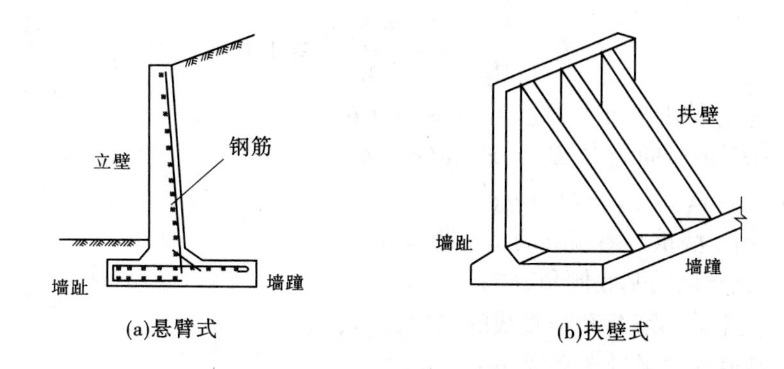

(a)悬臂式 (b)扶壁式

图 9-15 悬臂式和扶壁式挡土墙形式

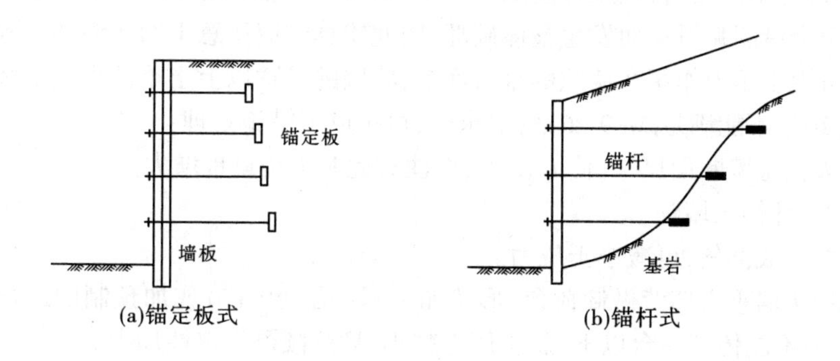

(a)锚定板式 (b)锚杆式

图 9-16 锚定板式与锚杆式挡土墙

二、挡土墙验算

(一)重力式挡土墙验算

挡土墙的截面尺寸一般按试算确定,即先根据挡土墙场地的工程地质条件、填土性质及墙身材料和施工条件等,凭经验初步拟定截面尺寸,然后进行验算。如不满足要求,则修改截面尺寸或采取其他措施。

作用在挡土墙上的荷载有:土压力 E_a,挡土墙自重 G。墙面埋入土中部分受有被动土压力,但一般可忽略不计,其他结果偏于安全。

验算挡土墙的稳定性时,仍采用《建筑地基基础设计规范》(GB 50007—2011)的安全系数法,所以计算土压力及挡土墙所受到的重力时,其荷载分项系数采用 1.0。验算挡土墙墙体的结构强度时,根据所用的材料,参照有关结构设计规范进行,土压力作为外荷载,应采用设计值,即乘以 1.1~1.2 的土压力增大系数。

1. 抗倾覆稳定性验算

从挡土墙破坏的宏观调查来看,其破坏大部分是倾覆。要保证挡土墙在土压力的作用下不发生绕墙趾点的倾覆,要求对墙趾点的抗倾覆力矩大于倾覆力矩。即抗倾覆安全系数应满足:

$$K_t = \frac{M_1}{M_2} = \frac{Gx_0 + E_{az}x_f}{E_{ax}z_f} \geqslant 1.6 \tag{9-26}$$

式中　E_{ax} ——E_a 的水平分力,$E_{ax} = E_a\cos(\alpha + \delta)$;

E_{az} ——E_a 的竖向分力,$E_{az} = E_a\sin(\alpha + \delta)$;

$x_f = b - z\tan\alpha$、$z_f = z - b\tan\alpha_0$;

x_0—— 挡土墙重心离墙趾的水平距离,m;

α_0—— 挡土墙的基底倾角,(°);

α—— 挡土墙的墙背和竖直线的夹角,(°);

b—— 基底的水平投影宽度,m;

z—— 土压力作用点离墙踵的高度,m。

在软弱地基上倾覆时,墙趾可能陷入土中,力矩中心点内移,导致抗倾覆安全系数降低,有时甚至会沿圆弧滑动而发生整体破坏,因此验算时应注意土的压缩性。验算悬臂式挡土墙时,可视土压力作用在墙踵的垂直面上,将墙踵悬臂以上土重计入挡土墙自重。

若验算结果不能满足式(9-26)的要求时,可按以下措施处理:

(1)增大挡土墙断面尺寸,使 G 增大,但注意此时工程量也增大。

(2)加大,即伸长墙趾。

(3)墙背做成仰斜,可减小土压力。

(4)在挡土墙垂直墙背做卸荷台,形状如牛腿(见图 9-17)或加预制的卸荷板。则平台以上土压力不能传到平台以下,总土压力减小,且抗倾覆稳定性加大。

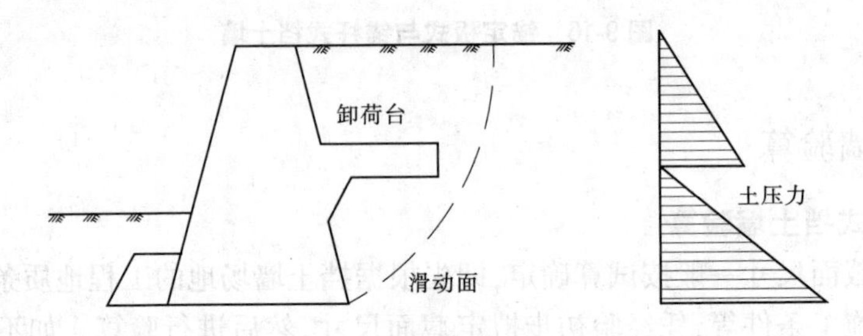

图 9-17　有荷载台的挡土墙

2. 抗滑动稳定性验算

在土压力作用下,挡土墙也有可能沿基础面滑动,因此要求基底的抗滑动力 F_1 大于其滑动力 F_2,即抗滑安全系数 K_s 应满足:

$$K_s = \frac{F_1}{F_2} = \frac{(G_n + E_{an})\mu}{E_{at} - G_t} \geqslant 1.3 \tag{9-27}$$

式中　G_n——G 直至于墙底的分力,$G_n = G\cos\alpha_0$;

G_t——G 平行于墙底的分力,$G_t = G\sin\alpha_0$;

E_{an}——E_a 垂直于墙底的分力,$E_{an} = E_a\sin(\alpha + \alpha_0 + \delta)$;

μ—— 土对挡土墙基底的摩擦系数,宜按试验确定,也可按表 9-2 选用。

表 9-2　土对挡土墙基底的摩擦系数

土的类别		摩擦系数 μ
黏性土	可塑	0.25~0.30
	硬塑	0.30~0.35
	坚硬	0.35~0.45
粉土		0.30~0.40
中砂、粗砂、砾砂		0.40~0.50
碎石土		0.40~0.60
软质岩石		0.40~0.60
块石、表面粗糙的硬质岩石		0.65~0.75

注:1. 对易风化的软质岩石和塑性指数 I_P 大于 22 的黏性土,基底摩擦系数应通过试验确定。

2. 对碎石土,可根据其密实度、填充物状况、风化程度等确定。

若验算不能满足式(9-27)要求,则应采取以下措施加以解决:

(1)修改挡土墙的截面尺寸,以加大 G 值。

(2)挡土墙底面做成砂、石垫层,以提高 μ 值。

(3)挡土墙底做成逆坡,以利用滑动面上部分反力来抗滑。

(4)在软土地基上,其他方法无效或不经济时,可在墙踵后加拖板,利用拖板上的土来抗滑,拖板与挡土墙之间应用钢筋连接。

(5)加大被动土压力(抛石、加荷等)

3. 地基承载力与墙身强度的验算

挡土墙在自重及土压力的垂直分力作用下基底压力按线性分布计算。其验算方法及要求完全同天然地基浅基验算方法,同时要求基底合力的偏心不应大于基础宽度的 1/4,挡土墙墙身材料强度应按《混凝土结构设计规范》(GB 50010—2010)和《砌体结构设计规范》(GB 50003—2011)中相关内容的要求验算。

三、提高重力式挡土墙稳定的构造措施

挡土墙的构造必须满足强度和稳定性的要求,同时应考虑就地取材、经济合理、施工养护的方便。

(一)墙背的倾斜形式

墙型的合理选择,对挡土墙设计的安全和经济有较大的影响,如果按照相同的计算方法和计算指标进行计算,主动土压力以仰斜为最小,直立居中,俯斜最大。因此,就墙背所受主动土压力而言,仰斜墙背较为合理。然而墙背的倾斜形式还应根据使用要求、地形和施工等条件综合考虑确定。一般挖坡建墙宜用仰斜,其土压力小,且墙背可与边坡紧密贴合,墙背仰斜时期坡度不宜缓于 1:0.25(高宽比),且坡面应尽量与墙背平行。如果在填方地区筑墙,可采用直立或俯斜形式,便于施工易使墙后填土夯实,俯斜墙背的坡度不大于 1:0.36,而在山坡上建墙,宜采用直立墙,因为俯斜墙土压力较大,而用倾斜墙时,其墙

身较高,使砌筑的工程量增加。

(二)墙顶的宽度和墙趾台阶

挡土墙的顶宽如无特殊要求,对于一般块石挡土墙不宜小于0.4 m;混凝土挡土墙不宜小于0.2 m。挡墙高较大时,基底压力常常是控制截面的重要因素。为了使基底压力不超过地基土的承载力,在墙趾处宜设台阶。

(三)基底逆坡及基底埋置深度

为了增加挡土墙的抗滑稳定性,常将基底做成逆坡。但是基底逆坡过大,可能使墙身连同基地下的一块三角形土体一起滑动,因此一般土质地基的基底逆坡不宜大于1:10,岩石地基不宜大于1:5。挡土墙基底埋置深度(如基底倾斜,则基底埋深从最浅的墙趾计算)应根据地基的承载力、冻结深度、岩石的风化程度、水流冲刷等原因确定,在土质地基中基底埋置深度不宜小于0.5 m;在软质岩石地基中不宜小于0.3 m。

此外,重力式挡土墙每隔10~20 m设置一道伸缩缝。当地基有变化时宜加设沉降缝。在拐角处应适当采取加强的构造措施。

挡土墙常因排水不良而大量积水,使土的抗剪强度指标下降,土压力增大,导致挡土墙破坏。因此,挡土墙应设置泄水孔,其间距宜取2~3 m,外斜坡度宜为5%,孔眼尺寸不宜小于ϕ 100 mm。墙后要做好反滤层和必要的排水盲沟,在墙顶地面宜铺设防水层。当墙后有山坡时,还应在坡下设置截水沟。

墙后填土宜选择透水性较强的填料,如砂土、砾石、碎石等,因为这类土的抗剪强度较稳定,即内摩擦角受浸水的影响很小,而且它们的内摩擦角较大,能够显著减小主动土压力;当采用黏性土填料时,宜掺入适量的石块;在季节性冻土地区,墙后填土应选用非冻胀性填料(如矿渣、碎石、粗砂等)。对于重要的、高度较大的挡土墙,不宜采用黏性土填料,因黏性土的性能不稳定,干缩湿胀,这种交错变化将使挡土墙产生较大的侧压力,而在设计中无法考虑,其数值也可能较计算压力大许多倍,以导致挡土墙外移,甚至失去控制发生事故。此外,墙后填土要分层次夯实,以提高填土质量。

【课后练习】

请扫描二维码,做课后练习与技能提升卷。

项目九 课后练习与技能提升卷

参考文献

[1] 杨仲元. 工程地质与土力学[M]. 北京:北京大学出版社,2021.
[2] 谢永亮,刘苍,邢芳. 工程地质与土工技术[M]. 北京:中国水利水电出版社,2016.
[3] 陈希哲. 土力学地基基础[M]. 北京:清华大学出版社,2004.
[4] 贾洪彪. 水利水电工程地质[M]. 武汉:中国地质大学出版社,2018.
[5] 周德泉. 工程地质实践教程[M]. 长沙:中南大学出版社,2014.
[6] 汝乃华,牛运光. 大坝事故与安全 · 土石坝[M]. 北京:中国水利水电出版社,2001.
[7] 汝乃华,姜忠胜. 大坝事故与安全 · 拱坝[M]. 北京:中国水利水电出版社,1995.
[8] 化建新,郑建国. 工程地质手册[M]. 北京:中国建筑工业出版社,2020.
[9] 夏林元,等. 北斗在高精度定位领域中的应用[M]. 北京:电子工业出版社,2020.
[10] 中华人民共和国国土资源部. 崩塌、滑坡、泥石流监测规范:DZ/T 0221—2006[S]. 北京:中国质检出版社,2006.
[11] 中华人民共和国国土资源部. 地面沉降调查与监测规范:DZ/T 0283—2015[S]. 北京:地质出版社,2015.
[12] 中华人民共和国住房和城乡建设部. 土工试验方法标准:GB/T 50123—2019[S]. 北京:中国计划出版社,2019.
[13] 中华人民共和国建设部. 土的工程分类标准:GB/T 50145—2007[S]. 北京:中国计划出版社,2008.
[14] 中华人民共和国住房和城乡建设部. 建筑地基基础设计规范:GB 50007—2011[S]. 北京:中国建筑工业出版社,2012.
[15] 中华人民共和国住房和城乡建设部,中华人民共和国国家质量监督检验检疫总局. 水利水电工程地质勘察规范:GB 50487—2008[S]. 北京:中国标准出版社,2009.